食品衛生学実験

安全をささえる衛生検査のポイント

杉山 章　岸本 満　和泉 秀彦 編

みらい

執筆者・執筆分担（五十音順）

＊和泉秀彦（いずみ　ひでひこ）……第2部 実験1～実験5
名古屋学芸大学

小栗重行（おぐり　しげゆき）……第3部 実験19～実験20・実験22・実験24・実験35
元愛知学泉大学

金田一秀（かねだ　かずひで）……第1部 1－5～1－9
東京医療保健大学　第2部 実験6～実験8・実験14～実験15

＊岸本　満（きしもと　みちる）……総論、第1部1－1～1－4・1－7 5 6
名古屋学芸大学　第2部 実験16、第4部 実験40・実験42

＊杉山　章（すぎやま　あきら）……第4部 実験36～実験37・実験43～実験44・実験51～実験53
元名古屋女子大学

仲尾玲子（なかお　れいこ）……第3部 実験25・実験34
元山梨学院大学　第4部 実験45～実験47

中川裕子（なかがわ　ゆうこ）……第2部 実験17
山梨学院短期大学　第4部 実験38～実験42・実験48～実験50

西　正人（にし　まさと）……第3部 実験26～実験29
北陸学院大学短期大学部

平野義晃（ひらの　よしあき）……第3部 実験23・実験30～実験33
東海学園大学

堀　光代（ほり　みつよ）……第3部 実験18・実験21
岐阜市立女子短期大学

山田千佳子（やまだ　ちかこ）……第2部 実験9～実験13
名古屋学芸大学

＊編者

はじめに

近年、私たちの食環境は豊かで便利になりましたが、生産や流通の複雑化、グローバル化が進む中で、食の安全には様々な問題、課題が生じています。サルモネラ属菌、ノロウイルス、腸管出血性大腸菌、カンピロバクターなどの微生物を原因とした大規模な食中毒事件の発生や、食品中の放射性物質、輸入食品、汚染化学物質、異物混入など人々に不安を与える情報は様々な形で報道され、かつインターネットなどで入手もしやすくなり、国民は食の安全に高い関心をもっています。事件、事故が発生した時、食品保健行政や食品事業に従事する人々は、社会に対して事象の原因や改善成果を科学的・客観的なデータに基づいて説明しなければなりません。食品の試験・検査のデータは、人々の安心や納得を得るためにも欠かせません。

食品は第一義的に安全であることが求められます。食品業界では、HACCPやISO 22000、FSSC22000などの食品衛生管理（フードセーフティマネジメント）システムを導入して事件や事故を予防するとともに、危機管理に力を入れています。食品の試験・検査のデータは、食品安全マネジメントシステムが正しく機能し、安全な食品が供給されているかを評価・確認するためにも活用されます。食品業界では、衛生管理は栄養士・管理栄養士が担当するケースが多く、微生物をはじめ、その他食品の危害要因に対して、科学的かつ客観的な知識を身に付けることが重要です。

本書では、食中毒や食品事故の要因となる微生物、寄生虫、異物の検査・検出法の他、食品添加物、器具・容器包装から溶出するおそれのある化学物質、腐敗・変敗の指標物質やアレルゲンの検査・検出法を学びます。さらに、食品衛生管理上で重要となる食品製造環境の清浄度検査、従事者の手指衛生検査、使用水や空気中の細菌検査の方法を学びます。

本書の試験・検査法については、2015年３月改訂の「食品衛生検査指針（微生物編）」に収載された公定法および最適法に準拠し、全体を通じてフローチャートを用いて操作の手順、ポイントを示すとともに、図表や写真を多く使用し、これから試験・検査法を学ぶ学生の方々にもわかりやすく、学びやすくすることを心がけました。

現在、厚生労働省は、すべての事業者・食品を対象にHACCP方式導入の義務化を方針とすることを提示しており、今後ますます食品安全衛生管理を担う人材が必要になります。本書との出会いをきっかけに試験・検査、食品安全、品質管理などの分野に興味をもち、それらの職種に就く方々が増えることを願っています。

本書の出版にあたり深いご理解と、ご配慮をいただきました株式会社みらい安田和彦氏はじめ編集部の皆様、特に根気強くご尽力いただいた海津あゆ美氏に深く感謝申し上げます。

2016年11月

著 者 一 同

目　次

第2部――微生物の検査

第3部―――化学物質の検査

第4部———製造環境の検査

総論　食品衛生の試験と検査

総論－1　食品衛生検査の目的と意義

1　検査の種類

試験・検査は、それを実施する立場やその目的により分類される。

食品事業者は品質管理業務のうち衛生管理活動を最重要要件と位置付けており、食品の安全性を確保するためHACCPシステム（Hazard Analysis and Critical Control Point monitoring system：危害分析重要管理点監視システム）、一般的衛生管理プログラム（PRPs：Prerequisite Programs）などを導入し、事業者の責務を果たす努力を日々行っている。加えて、品質向上や製造効率アップのためPDCAサイクル（Plan-Do-Check-Act cycle）などの継続的な品質改善や業務改善を図っている。これら衛生管理活動や改善活動において、試験・検査はどのような役割をもち、何に貢献しているのだろうか。

食品衛生法第３条で食品事業者は「自主検査」の実施に努めなければならないと規定されており、多くの事業者はPDCAサイクルのCheck活動の一つとして「自主検査」を実施し、衛生管理の有効性を点検・評価したり、食品の品質や製造現場の問題点を発見して改善活動につなげている。

これに対して「行政検査」と呼ばれる試験・検査は、食品衛生監視員が食品衛生法に基づいて実施する監視指導のために行う検査で、検疫所で行われる輸入食品のモニタリング検査や保健所で行われる収去検査などがある。

また、試験・検査は手法別に「微生物学的検査」「理化学的検査」「生物学的検査」と呼ばれ分類されることもある。

2　自主検査と適合性検査（公定法）の目的

自主検査は、以下に示す目的を果たすために実施される。①原材料や中間品、製品などの細菌検査や品質検査を行うことで、原材料受け入れの可否や各工程における品質確認、二次汚染状況の把握、殺菌工程の有効性確認、製品の出荷判定や安全性の評価ができる（工程管理・製品管理）。②製造工程や製造環境の微生物汚染検査や清浄度検査を行うことで、施設設備、機械器具、作業者の衛生状態が確認できる（環境衛生管理）。③アレルゲン、化学物質、異物などの汚染物質を日常的あるいは定期的に検査し、衛生管理状況の実態評価やリスク評価、衛生管理システムの構築や改善にそのデータを活用することができる。④新製品開発や製品デザイン変更時の安全性や品質を評価することができる。⑤食品事故（変質、異物混入、クレームなど）発生時の原因究明ができる。

自主検査の具体的な目的を以下に示す。

❶使用原料の品質、安全性の確認
❷製造工程設備の洗浄および殺菌効果の確認
❸製造工程の殺菌設備の殺菌効果の確認
❹製造工程の汚染有無の確認
❺製品の品質安全性の確認、品質保証規格の確認
❻製品の消費期限設定に関する検討・確認
❼新製品開発の危害分析（危害微生物）の検討・確認
❽製品の腐敗、変敗などの原因究明と対策
❾従業員の衛生管理教育
❿その他

出典：藤川浩・井上富士男編著『実践に役立つ！食品衛生管理入門』講談社サイエンティフィク 2014年　p.105　一部引用改変

また、行政検査は、①国産および輸入食品などの衛生上の監視指導（規格基準や指導基準の適合性確認）、②不衛生な食品、添加物、器具および容器包装の取り締まりや食品汚染源の調査（汚染実態の調査・確認）、③食中毒事件の原因物質の調査（事件原因調査）などを目的に実施される。

このうち食品の基準の適合性を判断する検査には公定法（規格法）があり、告示法、通知法と呼ばれるものを用いる。告示法とは食品衛生法などの法律に示されている試験法で、「食品、添加物等の規格基準」や「乳及び乳製品の成分規格に関する省令」に示された試験法が告示法にあたる。通知法には「特定加熱食肉製品を対象とした試験法」「液卵を対象とした試験法」などがある。

微生物検査を公定法として示す試験法は、培養による方法が基本である。培養法は一般的に検査手順が煩雑で日数やコストがかかるので、自主検査では迅速法または簡便法などと呼ばれる検査法を採用することが多い。この時、その検査法がバリデーション（妥当性確認）されている試験法であれば、公定法と同等の信頼性あるデータとして評価される。

総論－2　HACCPと微生物検査の役割

1　HACCPシステムとは

HACCPシステムは、食品の原材料の生産から製造（調理・加工）、保存、流通を経て最終消費者の手に渡るまでの各段階で、発生するおそれのある生物的、化学的、物理的危害について分析し、危害を防除するための監視を行うことによって食品の安全性、健全性および品質を確保することができるマネジメントシステムである。

世界各国でHACCPを導入する動きは活発で、HACCPは食品衛生管理の国際標準となっている。日本では1995（平成７）年に食品衛生法が改正し、HACCPの考え方を取り入れた総合衛生管理製造過程（通称マル総）の承認制度が導入され、その普及が図られてきた。現在は、特定の業種や大手企業を中心とした一部の食品事業者では浸透したが、食品業界全体では十分に普及しているとはいえない。しかし、2020年に向けてHACCP義務化が提案される中、事業者のHACCPへの関心は高まっておりHACCP導入に前向きな中小事業者も増加している。認証制度には都道府県、政令指定都市などが行う衛生管理認証制度や、業界内の衛生管理水準を向上させるために独自の衛生管理基準を定めて認証する業界団体認証制度などがある。

HACCPシステムでは、工程中のCCP（重要管理点）をその場で監視、確認、記録する「工程（プロセス）管理」が行われる。すなわち、食品原材料から最終製品が完成するまでの各工程で発生しうる危害を分析し、その危害が発生しないように重点的に衛生管理を行う。

2　HACCPシステムの構築

HACCPシステムの構築は12の手順にしたがって行う。手順を以下に示す。

【手順１】HACCPチームの編成
【手順２】製品の特徴を記述
【手順３】製品の使用方法を明確化
【手順４】製造工程一覧図、施設の図面および標準作業手順の作成
【手順５】製造工程一覧図の現場確認
【手順６】原則１：危害分析（HA）の実施
【手順７】原則２：重要管理点（CCP）の決定
【手順８】原則３：管理基準（CL）または許容限界の設定
【手順９】原則４：管理をモニタリングする方法を設定
【手順10】原則５：CCPが管理基準から逸脱した時にとられる改善措置の設定
【手順11】原則６：検証方法の設定
【手順12】原則７：すべての手法および記録に関する各種文書の作成・保存方法の決定

【手順１～５】は【手順６】原則１：危害分析（HA）の実施のための準備作業で、HACCPシステム構築の基本となる作業である。【手順６～12】は７原則とも呼ばれる。

「原則６：検証方法の設定」はHACCPシステムが適切に運用され、衛生管理が確実に機能しているかを検証するため、定期または不定期に試験・検査を実施する。製品の試験・検査のほか、試験・検査で使用する機械器具の保守点検、各種記録の点検、モニタリングで使用する計測機器の校正、苦情などの原因解析、HACCPプランの定期的な見直しなどを行うことを設定する。試験・検査の結果から管理基準（CL）の妥当性やモニタリングが正確に行われているかについても検証（確認）できる。

3　HACCPシステムとPRPsによる試験・検査の役割

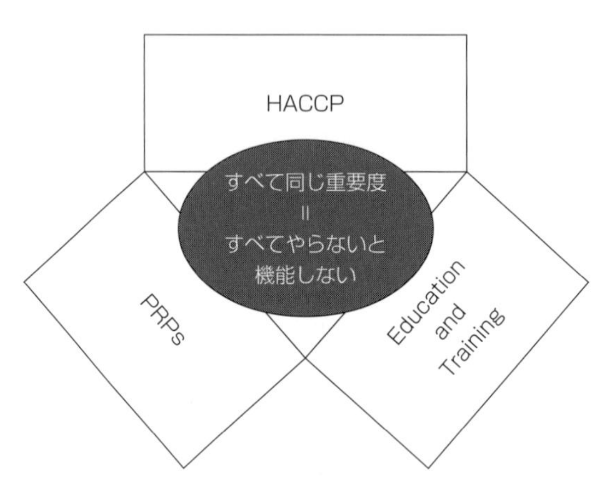

図１　HACCPとPRPsと教育・訓練の位置づけ

図１に示す「HACCPによる管理」「PRPsによる管理」「教育・訓練」は、現場での衛生管理上、３つがすべて同じ重要度であり、どれが欠けても機能しない。バランスよく構築しなくてはならない（図１）。その中で、HACCPシステム導入の前提となる一般的衛生管理プログラム（PRPs）では、環境微生物検査による衛生管理が重要な項目である。微生物の汚染源には施設設備、機器、原材料、製品、従事者の手指や衣服などがある。これら汚染源を対象にした環境微生物検査を実施すれば、危害の把握や汚染源・汚染経路の究明が可能である。また、汚染微生物の種類や菌数を把握し、定期的に監査データを蓄積し、解析することで根拠（エビデンス）に基づいた汚染防止対策が実施できるので、衛生管理や衛生慣行を自信をもって行うことができる。

HACCP、PRPsなどのマネジメントシステムの検証には、試験・検査が果たす役割は大きい。

第1部 微生物検査の基礎

1－1 バイオセーフティの考え方

「バイオセーフティ（biosafety：生物学的安全性）」は「バイオハザード（biohazard：生物災害）防止対策」を含む概念で、意図せず病原微生物や毒素に曝露することを予防するため、またこれらの偶発的な放出を予防するために実施する封じ込めの原則、技術、実践を表す用語である。

バイオハザードとは「病原体あるいはその産生物質に起因する人体の健康障害」のことで、バイオハザードの最も一般的なものが実験室内感染である。バイオセーフティで最も重要なことは、実験室内の作業者すべてが正しい安全な微生物学的操作ができるよう啓発、教育、訓練することである。病原微生物を取り扱う者は感染防止のための専門的知識と技術をもつことが不可欠であり、実験施設の管理者は安全性を確保するための組織体制を構築しなければならない。

病原微生物を取り扱う実験室には、世界保健機関（WHO）などが定める４つのリスク群分類に対応したBSL（Biosafety level）実験室がある。４つのリスク群分類の基準を以下に示す。

- リスク群１：個体および地域社会へのリスクは無い、ないし低い。ヒトや動物に疾患を起こす可能性の無い微生物。
- リスク群２：個体へのリスクが中等度、地域社会へのリスクは低い。ヒトや動物に疾患を起こす可能性はあるが実験室職員、地域社会、家畜、環境にとって重大な災害となる可能性のない病原体。実験室での曝露は、重篤な感染を起こす可能性はあるが、有効な治療法や予防法が利用でき、感染が拡散するリスクは限られる。
- リスク群３：個体へのリスクが高い、地域社会へのリスクは低い。通常、ヒトや動物に重篤な疾患を起こすが、通常の条件下では個体から他の個体への感染の拡散は起こらない病原体。有効な治療法や予防法が利用できる。
- リスク群４：個体および地域社会へのリスクが高い。通常、ヒトや動物に重篤な疾患を起こし、感染した個体から他の個体に、直接または間接的に容易に伝播され得る病原体。通常、有効な治療法や予防法が利用できない。

表１－１　リスク群分類とBSL分類の関連、主な作業方式、機器

リスク群	BSL	実験室の型	作業方式	安全機器
1	基本－BSL 1	基本教育、研究	GMT※1	特に無し；開放型作業台
2	基本－BSL 2	検査、研究 一般医療、診断	GMT※1＋保護衣、バイオハザード標識	開放型作業台＋エアロゾル発生の可能性ある場合はBSC※2
3	封じ込め－BSL 3	研究、特殊診断検査	BSL 2 ＋特別な保護衣、入域の制限、一定気流方向	全操作をBSC※2ないし、その他の封じ込め機器を用いて行う
4	高度封じ込め－BSL 4	特殊病原体施設	BSL 3 ＋入口部はエアロック、出口にシャワー、特別な廃棄物処理	クラスⅢBSC※2または陽圧スーツ＋クラスⅡBSC※2,（壁に固定した）両面オートクレーブ；給排気は濾過

※１　GMT：基準微生物実験技術
※２　BSC：生物学的安全キャビネット
出典：「実験室バイオセーフティ指針（WHO　第３版）」2004年
http://www.who.int/csr/resources/publications/biosafety/WHO_CDS_CSR_LYO_2004_11/en/

実験施設は、基本実験室－BSL１、基本実験室－BSL２、封じ込め実験室－BSL３、高度封じ込め実験室－BSL４のどれかに分類される。BSLの分類は設計上の特徴、建設方式、封じ込め設備、機器、各リスク群の病原体に対して指示される作業と操作の方式の組み合わせに基づいて行われる。表１－１に各BSLの各事項の基本を示す。これは、BSL分類に取り扱われている病原体のリスク群分類とは相関するが必ずしも一致するものではない。

１－２　微生物検査上の基本的注意

1　微生物学実験の特徴

一般の生物学・化学・物理学実験とは次の点で大きく異なる。

❶実験器具、培地類は使用前後に適切に滅菌し、無菌操作が必要となる。
❷病原性微生物による感染と汚染の危険性がある。
❸バイオハザードを常に意識し、バイオセーフティに習熟しなければならない。
❹細菌の種類を同定するために、目的とする菌のみを分離しなければならない。それ以外の菌の自然的・人為的混入（Contamination）を避けるための知識、技術、操作が求められる。

2　微生物学実験の一般的注意事項

❶白衣などの実験着を必ず着用する。実験室を出る時は白衣を着用しない。
❷実験室内では飲食行動はしない。
❸長い髪はたばねること。
❹実験の前には実験台および手指をアルコールなどにより消毒する。

❺教員の指示に忠実に行動し、注意力散漫による誤操作を防ぐためにも実験中は静粛にする。
❻微生物の取り扱い操作中は塵埃などが発生しないように、窓やドアを不必要に開放しない。
❼実験台や器具は常に整理整頓し、必要なもの以外は台上に置かない。
❽化学薬品や火炎を使うので取り扱いには注意する。ガスバーナーは使用しない時には炎を小さくしておくか消しておく（着衣、髪などを焦がさないこと）。
❾培養した菌液をこぼすなどの実験操作中の事故は、教員に直ちに知らせ、指示にしたがって処理を行う。決して勝手に始末してはならない。
❿実験に用いた培地、器具、汚物、材料などは指示された方法により処理する。
⓫実験終了後は、必ず手指を消毒し、原則として実験台および周辺や白衣を消毒してから退室する。ガス栓、電気、水道なども点検・確認すること。
⓬実験中に得た観察記録や結果データはその場で詳細に記録する。

3　検体の採取に関する注意点

検体（サンプル）の採取（サンプリング）方法は検査の目的によりデザインされるが、ロット全体の許容可能性を評価するための検査では、検体はそのロットの構成を代表するよう採取しなければならない。ロットとは、均一の条件下で製造され取り扱われた一定量の食品ないし食品の単位をいう。

製造環境検体は採取対象により、表面接触（スタンプ）検体、拭き取り検体、使用水など様々だが、自主検査などで行う日常検査ではその採取手順、採取箇所、採取方法などを標準化し、計画的に行うべきである。

食品検体は微生物の分布が不均一で、しかも取り扱いにより微生物が増殖、死滅することがあるので、採取、運搬、実験室での保管などが検査結果に影響を及ぼす。

原則として包装検体はそのまま採取し、非包装検体は必ず滅菌済みの容器に無菌的に採取する。変質や腐敗のおそれのあるものは低温（４℃以下）で保存し、採取後４時間以内に検査する。また、菌の同定を目的とする場合、結果が分かるまでは検体は冷蔵庫で保存する。採取量は固形の場合には、汚染にばらつきの可能性が高いので、５か所以上から合計約200 g、液体の場合には約200 mLが基本である。

4　一般的な試料調製法

実験室に持ち込まれた検体は試料調製を行う。試料調製は、食品衛生法にその方法が規定されている食品についてはその調製法に準拠して行う。

1　固体試料

粉末状：滅菌スプーンなどで内容物をよく混合し、原則25 gを採取する。混合均一化が容易なものは10 gでもよい。

固形状：ブレンダーやストマッカー（マスティケーター）を用いる。備えのない時は、滅菌したピンセット、はさみ、メスで材料を細かく切断したのち、滅菌乳鉢でよくすりつぶす。乳鉢で試料を磨砕する時は、感染菌の汚染に十分な注意を払う。必要な場合はアルコール消毒したガーゼで乳鉢および乳棒を覆って材料の磨砕を行う。使用後は乳鉢と乳棒は煮沸消毒する。

固体表面（抽　出）：食品を滅菌生理食塩水で混和して、菌が浮遊してくる液を試料とする。検体表面のみが汚染されている可能性が考えられる場合に用いられる。

固体表面（拭き取り）：ガーゼ、タンポンなどの拭き取り器材（滅菌済み）を用いて100 cm^2（10 cm×10 cm）を拭く。市販の拭き取り用器材を用いる場合はその使用方法に準じる。

2 液体試料

容器のまま約30 cmの振り幅で7秒間に25回混合し、混合後3分以内に内容物を一定量採取する。粘度の高い半流動状の試料は、滅菌スプーンなどで内容物をよく混合し、原則25 gを採取する。混合均一化が容易なものは10 gでもよい。

3 試料液の調製

固体試料は、ストマッカーの滅菌ポリ袋あるいは滅菌したブレンダーカップに採取した試料を入れ、9倍量の滅菌希釈水（試料が25 gの時は225 mL、10 gの時は90 mL）を加えて均質化したものを試料液とする。

液体試料は、採取したものをそのまま試料液として用いる。

ストマッカーで均質化する時は、滅菌ポリ袋に試料と滅菌希釈水を入れ、内部の空気をできるだけ除去したのち、装置に装てんし、30～60秒動作させる。ブレンダーを用いる時はカッター部をモーター部に接続、高速回転では温度が上昇する可能性があるので低速（約8,000回転/分）で動作させ、均一にする。拭き取り試料は、一定量の滅菌希釈水で洗い出した液を試料液とする。

4 試料液の希釈

試料液は必要に応じ、滅菌希釈水で10倍段階希釈して希釈試料液を調製する。メスピペット、マイクロピペットなどを用いて試料液1 mLを滅菌希釈水9 mLに接種して、試験管ミキサーなどで激しく振盪、混合する（10倍希釈液）。さらに希釈が必要な時はこの操作を繰り返し、100倍、1,000倍…の希釈液を調製する。

この時、ピペットおよびマイクロピペットチップは新しいものと交換すること。

試料の秤量から希釈試料液の調製までの所要時間はできるだけ短くし、調製した希釈試料液は直ちに培地と混合するなどの操作を行う。細菌数算定の場合は、全操作を15分以内に終了させるようにする。

１－３　微生物学的検査に必要な機器・器具

1　機器

インキュベータ、オートクレーブ、恒温水槽、冷蔵庫、天秤は最低限必要な機器である。乾熱滅菌器、試験管ミキサー、冷凍庫、光学顕微鏡、ストマッカー、ブレンダー、蒸留水(精製水)製造器、pHメーター、クリーンベンチ、遠心機なども備えるとよい。

1　インキュベータ（図１－１）

微生物を培養する恒温器。庫内を30℃、35℃、37℃などの温度に保持して自動温度調節する。シャーレを入れる時は狭い間隔だと庫内温度が不均一になるので、シャーレ間の間隔や側壁からの距離は2.5 cmくらい空けるとよい。また設置場所は窓際や熱源のあるところは避け、周囲の温度が高くならない10～28℃の環境がよい。

2　オートクレーブ（図１－２）

密閉した容器の中で蒸気を発生させて培地、希釈水、廃棄物や乾熱滅菌できないものなどを滅菌する。圧力を上げることで100℃以上の高温になるため確実な滅菌法である。通常121℃で15分間行われる。

3　恒温水槽

恒温水槽は寒天培地が固化しないように45～50℃に保持するための機器である。糞便系大腸菌群（*E. coli*）の推定試験で44.5℃±0.2℃にして培養する時などに用いる。専用の山形の蓋をすることで水の蒸発を防ぎ、温度を一定に保つことにも役立つ。水槽の水は毎日交換する。

4　乾熱滅菌器（図１－３）

綿栓をした試験管や三角フラスコ、ガラス製のシャーレ、ピペットなどはこの中に

図１－１　インキュベータ

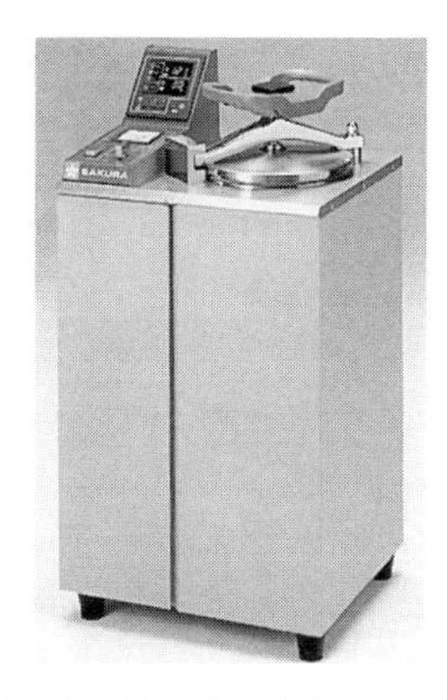

図１－２　オートクレーブ

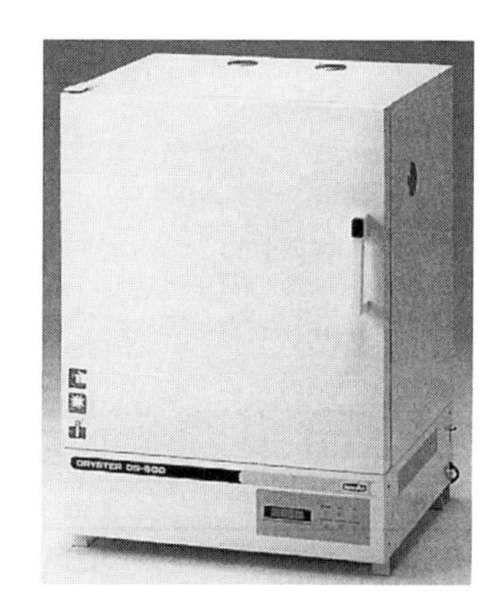

図１－３　乾熱滅菌器

入れて160～180℃で１時間滅菌する。綿栓した状態で滅菌するのは綿栓に形をつける意味もある。

5　光学顕微鏡

光学顕微鏡は細菌や真菌の形態観察やグラム染色性の判定で用いる。細菌や酵母では倍率を600～1,500倍、カビは100～400倍で観察する。細菌のグラム染色塗抹標本は1,000倍に拡大して観察するが、高倍率にするには油浸レンズを用いる。1,000倍以上では対物レンズと標本の間の空気の層があるため像が結べなくなるので、ガラスと同じ屈折率をもつ油浸オイル（イマージョンオイル）を充填する必要がある。光学顕微鏡には生物顕微鏡、位相差顕微鏡、暗視野顕微鏡、蛍光顕微鏡などがある。位相差顕微鏡、暗視野顕微鏡は湿潤標本で細菌や真菌、原虫を生きたまま無染色で観察できる。生物顕微鏡の構造、各部の名称、使用法については「１－９　顕微鏡観察」（p.43）を参照する。

6　ストマッカー（図１－４）

ホモジナイザー、マスティケーターという呼び名もあるが、ストマッキング（胃の運動）に似ていることから名付けられた。専用の滅菌袋に検体と滅菌希釈水を入れ、ストマッカーのドアとパドルの間に挟み、通常30～60秒間作動させる。２枚のパドルが交互に滅菌袋を押し付け、検体を破砕し均質化するとともに、微生物が希釈水に分散し抽出される。

7　クリーンベンチ（図１－５）

寒天培地の乾燥や菌株の接種（植菌）など厳密な無菌操作はこの中で行う。あるいは、空中に飛散しやすいカビ胞子を取り扱う時にも使用する。前面または両側面にガラス戸があり、そこから手を入れて操作する。箱内の滅菌は備え付けの紫外線滅菌灯か適当な滅菌液で行う。フィルターで無菌ろ過された空気がエアーカーテンとなって操作口に流れるので雑菌の混入を防ぐ。

図１－４　ストマッカー
BagMixer400CC〔フナコシ〕

図１－５　クリーンベンチ

2　器具

1　試験管

大試験管（直径30または22 mm×高さ200 mm）、中試験管（16または18 mm×170 mm）、小試験管（13 mm×100 mm）などがある。培地作成に用いる試験管は、通常の化学実験に用いる試験管よりも肉厚のものを用いるほうが栓をする時に割れなくて都合がよい。また、試験管の口はシリコン栓やステンレスキャップが多用されるためリムなしのもの（直口式）を用いるとよい。

2　ダーラム発酵管（図１－６）

ガス発生の有無を調べるもので、胴に標線を付した試験管の中に、一方を封じたガラス管（ダーラム管；直径８mm×高さ30 mm程度）を、封じたほうを上に向けて入れたもの。ガストラップ管ともいう。試験管内に培地を入れシリコン栓またはステンレスキャップをしてオートクレーブで滅菌すると、このダーラム管中から気泡が抜ける。培養後ダーラム管中にガスが貯まることにより培養菌のガス発生が確認できる。

3　シャーレ（図１－７）

シャーレはドイツ語で「皿」の意味でペトリ皿ともいう。平板培養する時に用いられる。現在は滅菌済みのプラスチック製のディスポーザブル品が汎用され、深型（90 mm×19 mm）、および浅型（90 mm×13 mm）がある。深型は混釈培養、浅型は表面培養に用いる。使用後の処置においてオートクレーブで滅菌する際、小さく固まるので滅菌バッグに入れたまま滅菌、廃棄することができる。

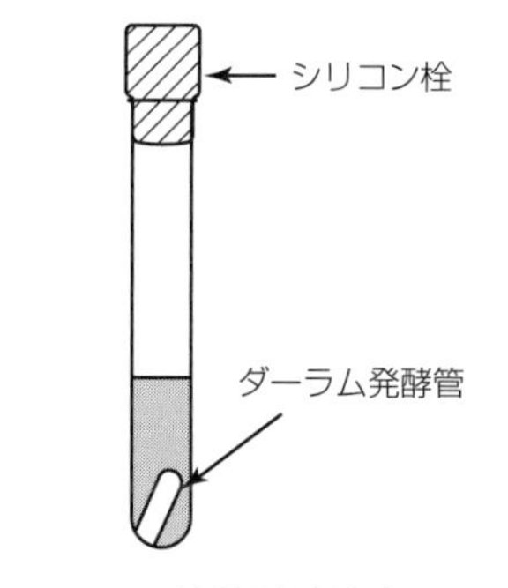

図１－６　培養試験管中に入れたダーラム発酵管

図１－７　シャーレ

4　白金耳・白金線および白金鉤（図１－８）

微生物の接種に用いるもので白金耳ホルダーの先に取り付ける。白金耳は長さ50～80 mmくらいの白金線やニクロム線またはステンレス線の先端を丸めて内径２～４ mmの輪にしたもの、白金線は先端を真っ直ぐ伸ばしたもの、また白金鉤は先端を５ mm程Ｌ字型に曲げたものである。一般的に白金耳は微生物を固形培地に塗り付ける（画線塗抹（p. 35参照））時に、白金線は微生物の穿刺培養（p. 36参照）に、また白金鉤は鉤の先端でカビの胞子が飛び散らないように菌のコロニーを掻き取ったり、逆さまにした平板培地や斜面培地に下方から押し付けるように植え付けるのに用いる。

5　綿栓またはシリコン栓など（図１－９）

綿栓は空気やその他の気体のみを通し、空気中の微生物やごみを通さない目的で、試験管や三角フラスコのような培養容器の口に差し込んで用いられる。脱脂綿は吸水するので綿栓としては用いない。

綿栓の作製に時間がかかったり、乾熱滅菌の際に焦げたりするため、その代用品として成形済みのスポンジ状の栓（シリコン栓）や紙製の栓が市販されている。

6　アルミキャップ（スチールキャップ）（図１－10）

綿栓と同じ目的で使用される。綿栓よりも簡便だが、容器の口との間に若干の隙間が生じるので、厳密な実験の培養には用いないほうがよい。菌懸濁液の希釈時によく利用される。

7　コンラージ棒（図１－11）

試料（菌の懸濁液）の一定量を平板培地上に落とし、その表面に平均に広げる時に用いる。直径２mmくらいのガラス棒の先端を直角ないし三角形に曲げたもので市販品もある。滅菌済みのプラスチック製のディスポーザブル品もある。

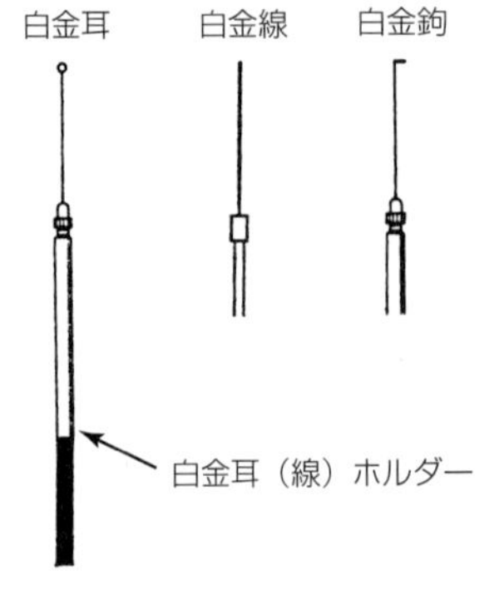

図１－８　白金耳・白金線および白金鉤

図１－９　シリコン栓

8　ターンテーブル（図１－12）

コンラージ棒を用いて菌の懸濁液を平板培地上に広げる時に、平板培地の入ったシャーレを回しながら行ったほうがより早く、より平均して広げることができる。このためにシャーレを乗せて回転させる台がターンテーブルである。フットスイッチのついた電動式のものもある。

9　コロニーカウンター（図１－13）

平板培地上にできたコロニー数を数える時はコロニーのできたシャーレを裏側から観察し、コロニーの箇所を１個ずつマーカーペンで印をつけながら計数していくが、次のように便利なコロニーカウンターも市販されている。

一つはマーカーペンの腹部にデジタル表示部があり、コロニー部をマーカーペンで印をつけていく時に感じる筆圧の回数をここに表示するものである（図１－13左）。もう一つはコロニーをみやすくするためにシャーレを置く台の下からブルーの照明を当て、台の上部にルーペが備えてあるもので、上記のような筆圧感知ペンで計数したものが台上のデジタル部に表示される（図１－13右）。

図１－10　アルミキャップ

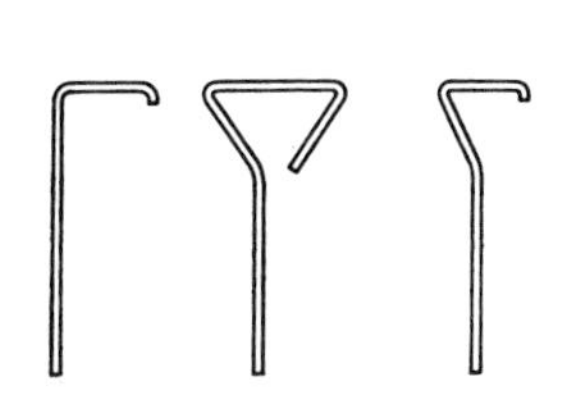

図１－11　コンラージ棒

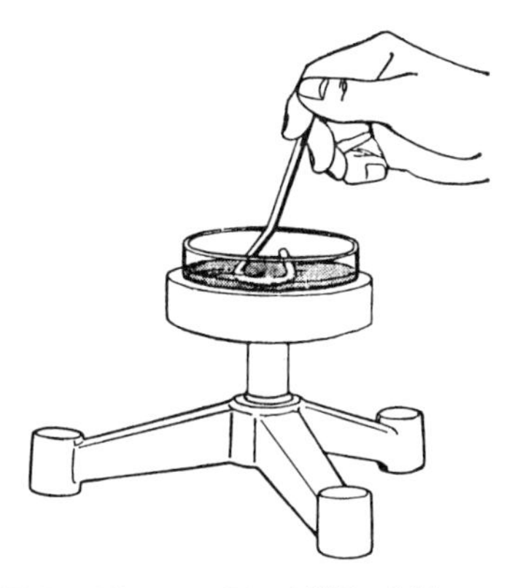

図１－12　コンラージ棒による平板培地への塗抹法

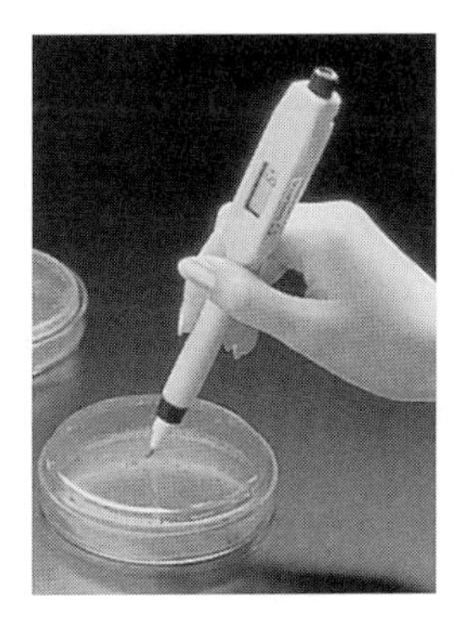

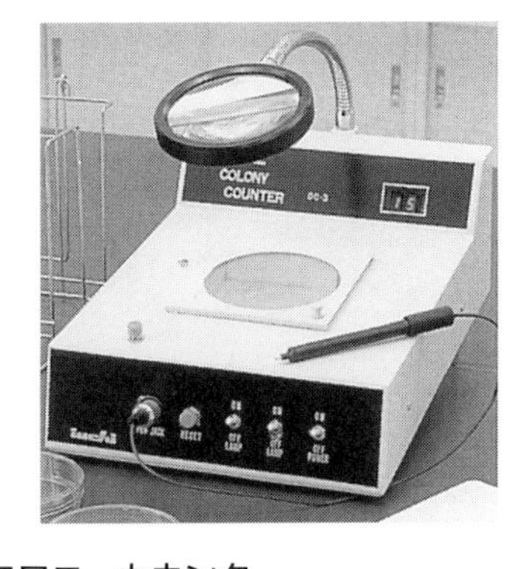

図１－13　コロニーカウンター

10　ピペット滅菌缶（図１－14）

ガラス製ピペットやガラス棒をこの中に入れて乾熱滅菌器で滅菌する。ステンレス製のものがよい。

11　滅菌ピペット

先端目盛りまたは中間目盛りの10 mLおよび１mLのメスピペット、トランスファーピペット、駒込ピペットを用いることが多い。ガラス製ピペットは乾熱滅菌して用いるが、滅菌包装したプラスチック製ピペットが市販されている。分注は必ず安全ピペッターやマイクロピペットを用いて行う。

12　マイクロピペット（図１－15）

通常のピペットを使用せずに、ピストン方式でピペッティングできる器具である。サンプル数が多い時やサンプル量が少ない時は、通常のピペットでは不都合なのでこれがよく使用される。一定の容量しか量れないもの（容量固定式）と一定範囲内で任意の容量が量れるもの（容量可変式）とがある。オートクレーブ可能なものも市販されており内部まで滅菌できる。

13　マイクロピペットチップ（図１－16）

マイクロピペットの先端に取り付ける細長い円錐状のプラスチック製チップで、この中に測定しようとしている液体が入る。容量によって数種のものがある。使い捨てで、異なるサンプルごとに新しいチップに付け換えて使用する。このチップを100本程度立てておける蓋付きラックがあり、これをアルミホイルで包んでオートクレーブで滅菌する。

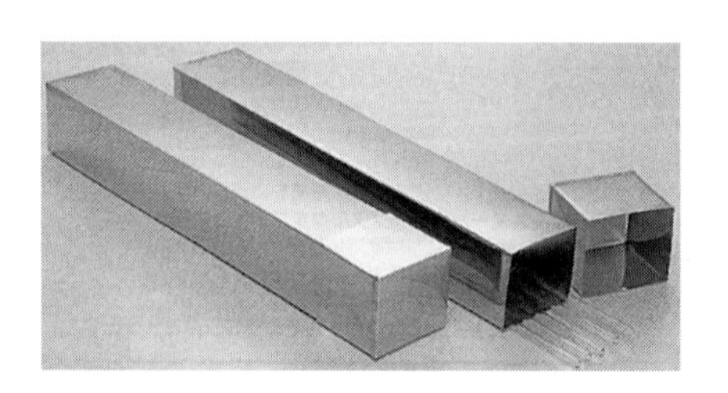

図１－14　ピペット滅菌缶

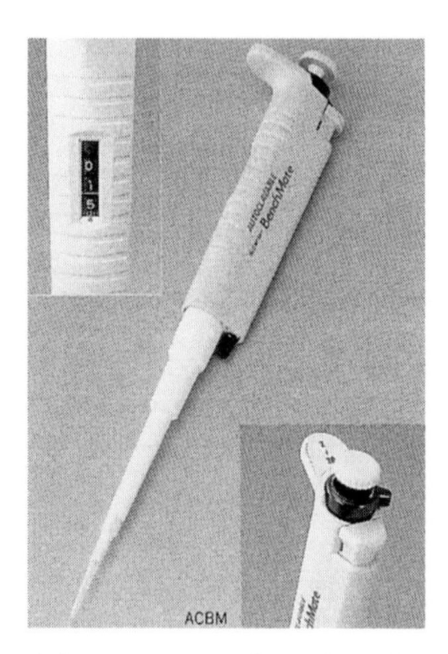

図１－15　マイクロピペット

図1－16　マイクロピペットチップ

図1－17　メンブランフィルター

14　メンブランフィルター（図１－17）

ろ過滅菌の一方法としてよく使われる。菌濃度のごく薄い液体または気体試料から菌を集め（除い）たり、気体や加熱により分解または蒸発のおそれのある液体を除菌する時に用いられる。種々の孔径、大きさ、化学的性質のものが市販されているので使用に適したものを選択できる。フィルターをフィルターホルダーに装着し、滅菌後使用する。フィルターホルダーに装着され、滅菌密封包装されたものも市販されている。

1－4　滅菌法および消毒法

滅菌とはすべての微生物を殺すこと、また消毒とは病原微生物のみを殺すこと、もしくは病原性を失わせること、感染力をなくすことをいう。滅菌には物理的な方法が、消毒には化学物質が使われることが多い。微生物実験では培地、その他の液体はもとより、使用するすべての器具を滅菌しておく必要がある。

1　滅菌法

滅菌法は、熱による滅菌、ろ過による滅菌、放射線による滅菌、紫外線による滅菌、ガスによる滅菌の５つに分類される。

1　熱による滅菌

❶乾熱滅菌

綿栓やシリコン栓をした試験管、三角フラスコやシャーレ、ガラス製ピペットなど主にガラス器具が乾熱滅菌器で滅菌される。ガラスピペットなどは金属製の容器（滅菌缶）に入れて、160～180℃で１時間加熱する。

❷火炎（焼却）滅菌

白金耳、白金線などの不燃性器具の滅菌に用いる。

❸オートクレーブ滅菌

通常の培地や液体はオートクレーブを用いて121℃、15分間湿熱滅菌する。この際以下の点に注意する。①オートクレーブの底に所定量の水を入れ、空炊きをしないこと。②上から水がかかってはいけないもの（例えば、綿栓やシリコン栓）は上から硫酸紙やアルミホイルで覆っておく。③密閉できる容器を滅菌する場合には、蓋をゆるめておく。そうしないと温度が121℃まで上昇しない。④滅菌が終わり、オートクレーブ内のものを取り出す時、圧力が下がりきったことを確認する。圧力の高いうちに蓋を開けると、培地が突沸し、綿栓を濡らしたり綿栓が飛び抜けたりして培地が使いものにならなくなったり、火傷の原因になる。

2 ろ過による滅菌

加熱により分解するおそれのある成分（培地成分、血清、血漿、抗生物質など）を含む培地などを滅菌する場合は、ろ過滅菌を行う。ろ過滅菌には前記のメンブランフィルターの他にもシャンベラン（Chamberland）型やザイツ（Seitz）型などがあるが、現在ではもっぱらメンブランフィルターが用いられる。いずれも微生物より小さな孔の空いたフィルターを通すことにより微生物を捕集し、無菌となったろ液を得る仕組みである。

3 放射線による滅菌

電磁波のうちγ（ガンマ）線は、主にDNAや酵素の変性分解により殺菌作用を示し、日本ではコバルト60のγ線照射が加熱滅菌できないプラスチックやゴム製品の滅菌に用いられている。

4 紫外線による滅菌

波長254 nm付近の紫外線が最も殺菌力が強く、芽胞も不活化させる。γ線より物質透過性が低いので、物の影や裏側にいる細菌には効果がなく、水中では表面から2～3 cm以内しか効果がない。実験室内やクリーンベンチ内などの大きな空間の滅菌に利用される。

5 ガス滅菌

エチレンオキシドによる滅菌が広く用いられるが、引火性、毒性があるので取り扱いには注意が必要である。エチレンオキシドはたんぱく質や核酸と結合し変性させることで殺菌をする。各種プラスチック製品の滅菌に使われるが、浸透性が強いので、滅菌後の器具は2週間以上放置して残留ガスを除去する必要がある。

2 消毒法

消毒には様々な消毒剤が使用されるが、そのほとんどに強い毒性や臭いがあるため食品やその包装には使用されない。それらの消毒には主に次亜塩素酸（塩素濃度として50～100 ppm）や逆性石けん（0.1～0.01%）が用いられる。その他消毒剤として石炭酸、クレゾール石けん液、エタノールなどがある。特に70～80%エタノールは強い臭気や毒性がないこと、すぐに蒸発することなどの理由で簡便な消毒法としてよく利用される。普通用いられる消毒薬はヨードチンキを除いて細菌芽胞に対してほとんど効果がない。

pHが6.5以下の酸性電解水（次亜塩素酸水）は、電解によって生じる次亜塩素酸（HClO）の効果で、各種の病原細菌、食中毒菌、ウイルスに幅広く強い殺菌活性を示し、多様な分野で利用されている。酸性電解水は、酸性のため皮膚粘膜に対するダメージがほとんどなく手洗いなど直接肌にも使用できる。

1－5　培地の種類と調製法

1　培地の種類

培地とは微生物などの細胞を増殖、発育させるために必要な栄養素、およびそれらを含んだ支持体のことをいう。培地はその素材や形、目的により様々な呼び名がある。

1　素材による分類

天然培地：肉汁や麦芽汁のような天然成分が含まれており、その組成が詳しく分かっていない培地。

合成培地：化学組成の分かっている成分のみからなる培地。

2　性状・形態による分類

液体培地：液状の培地。

固体培地：液体培地に寒天（テングサやオゴノリから得られる海藻多糖質）を10～15%程度加えて、固化させた培地（図1－18)。

3　使用目的別による分類（特殊培地）

分離培地：複数の微生物が含まれている試料から微生物を分離するために用いられる。

培養培地：微生物を継代培養するために用いられる。

鑑別培地：特定の微生物の生化学的な性状を調べるために用いられる。

選択分離培地：特定の微生物だけが利用できる栄養源や特定の微生物の増殖を抑える物質を加えて、特定の微生物を選択的に培養するために用いられる。

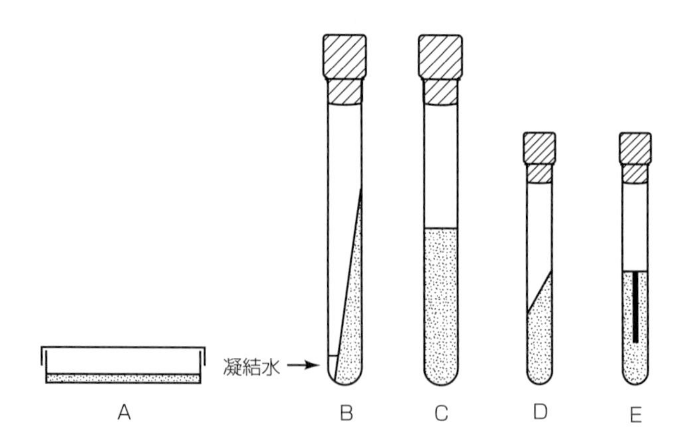

平板培地（A）：滅菌済みシャーレにオートクレーブ滅菌した寒天培地を入れて固化させたもので、微生物の分離や同定、観察、菌数測定に用いられる。
斜面培地（B）：綿栓やシリコン栓でキャップした試験管に、溶解した寒天培地を滴量分注し、オートクレーブ滅菌する。オートクレーブ滅菌後、ガラス棒などを枕にして斜めに放置して固化させる。固まった試験管は垂直に立てて、培地表面を乾燥させる。微生物の純培養、観察や保存に用いられる。
高層培地（C）：垂直に立てた試験管中で寒天培地を固化させたもので、乳酸菌などの通性嫌気性菌や嫌気性菌の穿刺培養あるいは生化学的性状試験に用いられる。
高層半斜面培地（D）：試験管に入れた培地の斜面が 1/3、高層部分が 2/3 になるように固化させたもので、生化学的性状試験に用いられる。
高層半流動培地（E）：寒天濃度を低くして（0.3〜0.7%）、流動性をもたせたもので、微生物の運動性の観察に用いられる。

図1－18　固体培地

2　培地成分

培地の素材は、栄養素、鑑別物質、選択剤、固形剤の4種に大別される（表1－2）。ここでは、栄養素と鑑別物質について述べる。

1　栄養素

栄養素は微生物の生育に必要な素材であり、その成分としては、ペプトン、エキス類および無機塩類がある。

ペプトンは、牛乳カゼイン、獣肉および大豆たんぱく質をペプシン、パパインやパンクレアチンなどのたんぱく質分解酵素で部分的に加水分解したものである。たんぱく質をどのように加水分解したかによりアミノ酸の成分量に違いがあり、トリプトファンが豊富なものや含硫アミノ酸が豊富なものなど様々である（表1－3）。カゼインペプトンと獣肉ペプトンを混合した混合ペプトンが製品化されており、バクトペプトン（Bactpeptone）やポリペプトン（Polypeptone）がよく用いられている。

エキス類を培地に加える目的は、栄養源というよりも発育促進物質（ビタミンなど）として添加されている。エキス類は、酵母エキス、植物エキス（またはジュース）あるいは肉や動物組織エキスなどがある（表1－4）。

無機塩類は、各種のものを必要とするが、中でも不可欠なものはリンで、培地中に

表１－２　天然培地の基本素材と成分

素　材	成　分	用　途
栄養素	ペプトン、エキス類、無機塩類など	生物の発育に必要な栄養素としての素材
鑑別物質	糖類（ブドウ糖、乳糖など）、アミノ酸、ブロムチモールブルー（BTB） フェノールレッド（PR）、合成酵素基質など	生物学的性状試験やコロニーの分離鑑別をしやすくするための素材
選択剤	胆汁酸塩、デオキシコール酸ナトリウム フェニルエチルアルコールなど	目的とする微生物を発育させるために他の微生物の発育を抑制する素材
固形剤	寒天	固形状または半流動状に固めるための素材

出典：森地敏樹監修『食品微生物検査マニュアル改訂第２版』栄研化学　2009年　p.39　一部引用改変

表１－３　ペプトンの種類

ペプトン	原　料	特　徴
カゼインペプトン	牛乳カゼイン	トリプトファンが多く、含硫アミノ酸に乏しい
獣肉ペプトン	獣肉（例：牛肉）	含硫アミノ酸とビタミンが豊富
大豆ペプトン	大豆	炭水化物とビタミンが豊富
ゼラチンペプトン	ゼラチン	炭水化物を含まない
混合ペプトン	様々	栄養要求性の厳しい微生物の培養に使用

表１－４　エキス類の種類

エキス	種　類	特　徴
酵母エキス	酵母エキス（yeast extract） 酵母自家融解物（yeast autolysate）	各種のビタミン、無機塩類が豊富。
植物エキス	麦芽エキス（malt extract） ジャガイモエキス（potato extract） トマトジュース（tomato juice）	炭水化物やオリゴ糖が豊富。ジャガイモエキスは真菌に、トマトジュースは乳酸菌に対して発育促進作用がある。
肉エキス 動物組織エキス	肉エキス（meat extract） 心筋浸出液（heat infusion） 肝浸出液（liver infusion）	各種のビタミン、アミノ酸が豊富。

はリン酸を加える。マグネシウムや硫黄も重要な無機元素で、それぞれ塩化マグネシウム、硫酸マグネシウムや硫酸塩、含硫アミノ酸として添加される。その他ナトリウム、カリウム、微量の鉄、銅、亜鉛、マンガン、コバルトなども加えられる。

2　鑑別物質

鑑別物質は、微生物の生化学的性状試験やコロニーの性状を観察するために用いられる。鑑別物質の成分としては、ブドウ糖、乳糖、白糖あるいはマンニットなどの糖類と糖アルコール、特定の有機酸類、pH指示薬、酸化還元電位指示薬および合成酵素基質などが用いられている。

pH指示薬は、培地のpHが変化すると色調が変化する物質である。微生物がある種の栄養素を菌体内に取り込み、代謝した時に生成される物質により、培地のpHが酸性あるいはアルカリ性に変化したのを判定できる。一部の微生物では、pH指示薬の種類によって生育阻害効果があるので使用に際して注意が必要である（表１－５）。

酸化還元電位指示薬とは、酸化還元電位の変化を色調の変化で判定することができる物質のことである。代表的なものとしては、レサズリンやメチレンブルーなどが用いられている。培地中に含硫アミノ酸類やチオグリコール酸塩あるいはジチオグリコール酸類などを添加することにより、培地中の遊離酸素を還元して酸化還元電位をマイナスに保つことができ、嫌気性菌の増殖を可能にする。

合成酵素基質は、微生物により菌体酵素の存在が異なることを利用して、基質の分解性をコロニーの色や試薬色の変化から判定することができる。合成酵素基質は、熱安定性や分解産物の拡散性で若干の違いがあり、寒天培地でのみ使用できるものと寒天培地と液体培地両方で使用できるものなどがある。食品検査における大腸菌群の定義は、「乳糖を発酵して酸とガスを産生するグラム陰性通性嫌気性ないし好気性桿菌」だが、合成酵素基質を用いた発色酵素基質法による大腸菌群の定義は、「特異的β-ガラクトシダーゼを産生するグラム陰性桿菌」と再定義されている。β-ガラクトシダーゼは乳糖分解に関与する酵素であり、大腸菌群に含まれるすべての菌種に存在するとされている（表１－６、７）。特異的β-グルクロニダーゼ酵素を産生する腸内細菌としては、98%の大腸菌、*Shigella sonnei*とサルモネラ属の一部の菌のみとされている。

表１－５　pH指示薬と代表的な使用培地

指示薬（略号）	変色域※ 酸性 5 6 中性 7 8 アルカリ性 9 10	代表的な培地
メチルレッド（MR）	5.4～7.0（赤―黄）	ブドウ糖リン酸ペプトン培地
ブロムクレゾールパープル（BCP）	5.6～7.2（黄褐―紫）	LIM培地 BCP加プレート寒天培地
ブロムチモールブルー（BTB）	6.2～7.8（黄緑―青）	TCBS寒天培地 シモンズ・クエン酸ナトリウム培地
中性紅	6.8～8.0（赤―黄）	デオキシコレート寒天培地
フェノールレッド（PR）	6.6～8.2（黄―赤）	マンニット食塩寒天培地 TSI寒天培地
チモールブルー（TB）	8.0～9.6（黄―青紫）	TCBS寒天培地

※変色域の中でpH測定の有効範囲（中性紅は除く）

表１－６　検出に用いられる合成酵素基質の種類

検出菌	合成酵素基質名
大腸菌群	5-bromo-4-chloro-3-indolyl-β-D-galactopyranoside（X-GAL）
	6-bromo-5-chloro-3-indolyl-β-D-galactopyranoside（Magenta-GAL）
	6-chloro-3-indolyl-β-D-galactopyranoside（Salmon-GAL）
	p-nitorophenyl-β-D-galactopyranoside（PNPG）
	o-nitorophenyl-β-D-galactopyranoside（ONPG）
	4-methylumbelliferyl-β-D-galactopyranoside（M-GAL）
大腸菌	5-bromo-4-chloro-3-indolyl-β-D-glucuronide（X-GLUC）
	6-bromo-5-chloro-3-indolyl-β-D-glucuronide（Magenta-GLUC）
	6-chloro-3-indolyl -β-D-glucuronide（Salmon-GLUC）
	4-methylumbelliferyl-β-D-glucuronide（MUG）

表１－７　合成酵素基質の種類と特性

大腸菌群検出（β-ガラクトシダーゼ産生）

合成酵素基質	分解産物（呈色）	特　徴		培地適用	
		拡散性	熱安定性	寒天培地	液体培地
ONPG	ニトロフェノール（黄色）	強	不活化※	不適	適用
X-GAL	インジゴ（青色）	弱	安定	適用	
Magenta-GAL	インジゴ（ピンク色）	弱	安定	適用	
Salmon-GAL	インジゴ（ピンク色）	弱	安定	適用	

※60℃以上で不活化

大腸菌検出（β-グルクロニダーゼ産生）

合成酵素基質	分解産物（呈色）	特　徴		培地適用	
		拡散性	熱安定性	寒天培地	液体培地
X-GLUC	インジゴ（青色）	しない	安定	適用	
MUG	ウンベリフェロン※1	有	安定	適用※2	適用

※１　紫外線下で蛍光

※２　寒天培地では蛍光拡散有

3　培地の調製法

粉末培地の調製法は、培地の種類により様々である。市販の培地ラベルにしたがって、正しい調製をしなければ目的の結果を得ることができない。

1　寒天培地の調製

①調製量の２～３倍容量の三角フラスコなどを用意する。

②粉末培地を必要量秤量する。乾燥粉末培地は吸水性が高いので速やかに秤量する。

③フラスコなどにあらかじめ全精製水の１/３程度を入れておき、粉末培地を徐々に加え、よく混和する。残りの精製水でフラスコ内側に付着した培地を洗い落とすように入れる。

④アルミホイルあるいはシリコン栓で蓋をする。

⑤121℃で15～20分間、高圧蒸気滅菌（オートクレーブ滅菌）を行う。

⑥滅菌後、培地を50℃まで冷やし、恒温槽で45～50℃に保温する。

⑦フラスコの蓋をとり、口をバーナーの炎で軽く焼き、直径90 mm滅菌シャーレに約20 mLずつ無菌的に分注する。無菌的に分注するには、シャーレの蓋は最小限にあける。泡ができないように分注するが、泡ができたらバーナーの火炎を近づけると消える。

⑧シャーレを水平に置いて固化させる。固化したら培地表面を乾燥させるため、35～37℃のインキュベータに入れ、蓋を下にしてシャーレをずらして、培地表面やシャーレの蓋、壁面に付着している水滴がなくなるまで（30～60分）乾燥させる。

2 液体培地の調製

前記①～④に続き、以下の手順で行う。

⑤蒸し器などで加熱溶解させ､培地を50℃まで冷やし､恒温槽で45～50℃に保温する。

⑥試験管などに必要量を分注し、キャップなどをかぶせて蓋をする。

⑦121℃、15～20分間、高圧蒸気滅菌（オートクレーブ滅菌）を行う。

1－6 微生物の増殖

1 微生物の増殖に必要な条件

微生物が増殖するためには、目的とする微生物の増殖に適した環境条件が必要になる。環境条件が不適当であれば、微生物は増殖することができなくなる。

1 温度

微生物ごとに最適な生育温度が異なっており、温度域により低温菌、中温菌ならびに高温菌に区別されている（表1－8）。

低温菌：海水や淡水など自然界に広く存在しており、冷蔵食品の腐敗に関与している。

中温菌：ヒトや動物の体内に存在しており、腸内細菌の大部分が含まれている。

高温菌：温泉水や堆肥など、高い温度環境下に存在している。

2 酸素

微生物における酸素要求性は様々である。酸素要求性から、好気性、通性嫌気性、酸素耐性嫌気性菌、偏性嫌気性ならびに微好気性に分けられている（表1－9）。

3 水素イオン濃度（pH）

水素イオン濃度（pH）は、微生物の生育に重要な影響を及ぼし、微生物ごとに至適pHの範囲が決まっている。培地内のpHを知るために、培地には様々な種類のpH指

表１－８　微生物の増殖と最適温度

分　類	増殖可能温度	至適温度	微生物の例
低　温　菌	０～30℃	20～30℃	シュードモナス、ビブリオ
中　温　菌	５～55℃	30～40℃	多くの腐敗菌や病原菌
高　温　菌	30～90℃	50～70℃	バチルスの一部など

出典：森地敏樹監修『食品微生物検査マニュアル改訂第２版』栄研化学　2009年　p.９　表３

表１－９　微生物の酸素要求性と培養

分　類	酸素要求性	液体培地の増殖状態	微生物の例
好気性菌	酸素がないと増殖できず、生育に酸素が必要		シュードモナス 枯草菌 酢酸菌 カビ　など
通性嫌気性菌	酸素があってもなくても生育できる		酵母 腸内細菌 ほとんどの食中毒原因菌
酸素耐性嫌気性菌	酸素を利用できないが、酸素があっても死滅しない		乳酸菌 レンサ球菌
偏性嫌気性菌	酸素があると生育できず、死滅する		ボツリヌス菌 ウエルシュ菌 酪酸菌　など
微好気性菌	微量の酸素（５％前後）が存在すると生育し、酸素が少なくても多くても生育せず、５～10％の二酸化炭素を必要とする		カンピロバクター

出典：表１－８に同じ　p.９　表４　一部引用改変

示薬が添加され、微生物の選択や性状解析に用いられている。

病原菌など多くの細菌は中性～アルカリ性（pH７～８）が至適pHだが、乳酸菌や酢酸菌は酸性～中性を好む。酵母は弱酸性～中性（pH５～７）で、カビは弱酸性（pH４～６）で生育する。

４　浸透圧、塩分濃度

微生物は増殖に必要な浸透圧や塩分濃度によって分類することができる（表１－10）。

表1－10　食塩濃度と微生物の分類

分　類		最適食塩濃度と増殖	微生物
非好塩性		0～1.2%で増殖	多くの真性細菌、淡水性微生物
好塩性	低度好塩性	1.2～2.8%で増殖	多くの海洋性細菌
	中度好塩性	2.8～12.8%で増殖	ビブリオ属、パラコッカス属など
	高度好塩性	12.8～26%（飽和）で増殖	ハロバクテリウム属など
耐塩性		1.2%以下・1.2%以上いずれでも増殖可能	スタフィロコッカス属 耐塩性酵母など

コラム　嫌気的培養法

微生物の中には、酸素存在下で増殖することができないものがある。例えば、ボツリヌス菌やウエルシュ菌などの偏性嫌気性菌やカンピロバクターの微好気性菌は、培地にチオグリコール酸類やシステインを加えることで培地中の溶存酸素量を少なくして培養する必要があり、嫌気培養ジャーやガスパック法で培養することができる。カンピロバクターのような微好気性菌の場合には、3～15%酸素濃度を維持するためにガスパック法やCO_2インキュベータを用いて培養することができる。容器内の酸素量は、市販の嫌気性指示薬の色調変化で判定することができる。

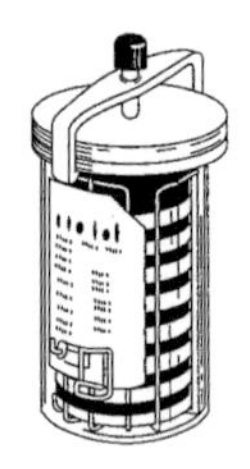

嫌気培養ジャー（丸型）

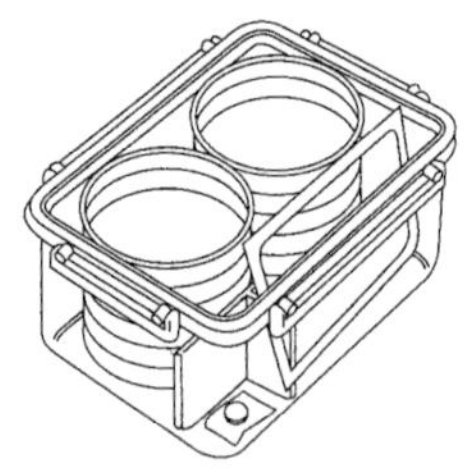

嫌気培養ジャー（角型）

2　微生物の増殖曲線

微生物は栄養物質を細胞内に吸収し、分裂や出芽によって増殖する。一定条件下で培養すると、生育を始めてから細胞数が指数関数的に増加する。菌数増加の様子を表現したのが増殖曲線である（図1－19）。

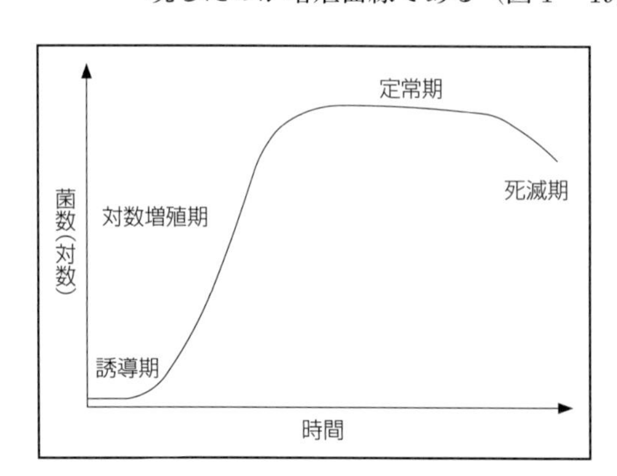

誘　導　期：培養開始後一定期間菌数が増加しない期間
対数増殖期：菌数が指数関数的に増加する期間
定　常　期：菌の増殖が一定限度になると分裂速度は次第に低下し、増殖数と死滅数が均衡し、生菌数は変化しなくなる期間
死　滅　期：定常期が一定期間過ぎ、生菌数が減少する期間

図1－19　微生物の増殖曲線

1－7　菌数測定と培養法

通常、細菌は分裂、酵母は出芽によって増殖する。一方でカビは発芽後、細胞同士が連なって菌糸を伸長して生育する。細菌、酵母は単細胞であるため増殖量の測定には、顕微鏡を用いた菌数の測定、分光光度計による濁度の測定、平板培養法による生菌数の測定などが用いられる。カビの場合には通常、乾燥菌体量を測定する。

1　顕微鏡を用いた計数盤による菌数測定

酵母のような大きさの微生物は、均一に懸濁することができれば、トーマ（Thoma）血球計算盤（図1－20）を用いて菌数を測定する。細菌用にはペトロフ・ハウザー（Petroff-Hausser）血球計算盤（図1－21）が用いられる。

スライドガラスには溝があり、これに挟まれた平面はまわりよりも低くなっており、カバーガラスで覆うと一定量の細胞懸濁液がスライドガラスとカバーガラスの間に入るようになっている。この計数盤を顕微鏡を用いて100～400倍の倍率で観察する。カバーガラスとスライドガラスとの間隔（深さ）は1/10または1/50 mmである。1つの区画が0.05 mm四方であれば観察される1区画の体積は0.00025 mm^{3}である。この区画に存在する菌数から単位あたりの菌数を測定することができる。

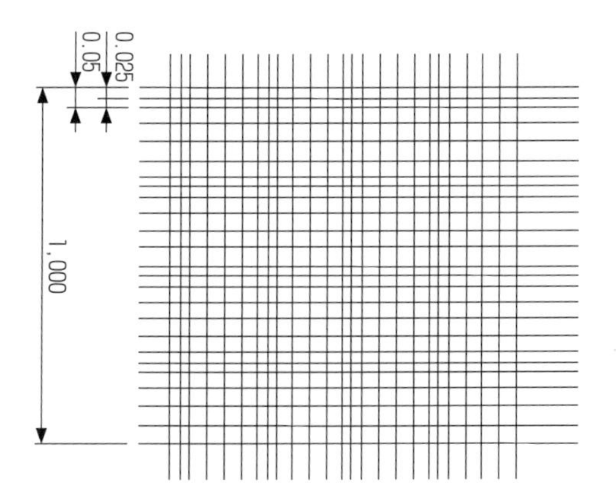

図1－20　トーマ血球計算盤
単式チャンバー
1/10 mm深さ　1/400 mm四方

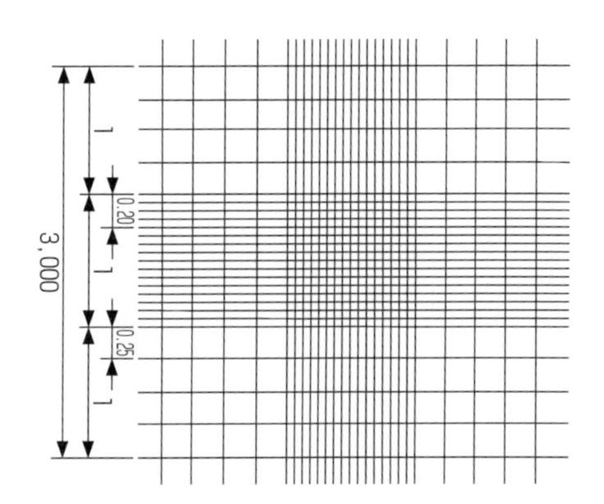

図1－21　ペトロフ・ハウザー血球計算盤
腹式チャンバー
1/50 mm深さ　1/400または
1/16 mm四方標準目盛

2　分光光度計を用いた濁度の測定

細胞増殖は濁度を用いることにより、簡便に測定することができる。測定波長は培地の色を考慮して選ぶ。微生物の種類により、濁度と細胞数の関係が異なるのであらかじめ検量線を作成する必要がある。

3 重量測定法

微生物の増殖量を乾燥菌体量で求める方法である。あらかじめ恒量まで乾燥したメンブランフィルターで洗浄菌体をろ過し、これを適当な容器に移し、恒量まで乾燥後、秤量する。乾燥条件は常圧で100〜105℃である。

4 平板培養法

好気性または通性嫌気性の細菌、酵母などの生菌数を測定する方法として平板培養法によるコロニー計測法が用いられる。この方法は1個の細胞が1個のコロニーをつくることを前提としたもので培地の種類、培養条件および試料溶液の希釈率などの検討が非常に重要である。

平板培養法としては混釈平板培養法と塗抹平板培養法があり、食品試料によっては異なる結果が出ることもあるので、食品試料によって使い分けする必要がある。一般的には、混釈平板培養法が用いられることが多い。以下にそれぞれの操作の概要を示す。

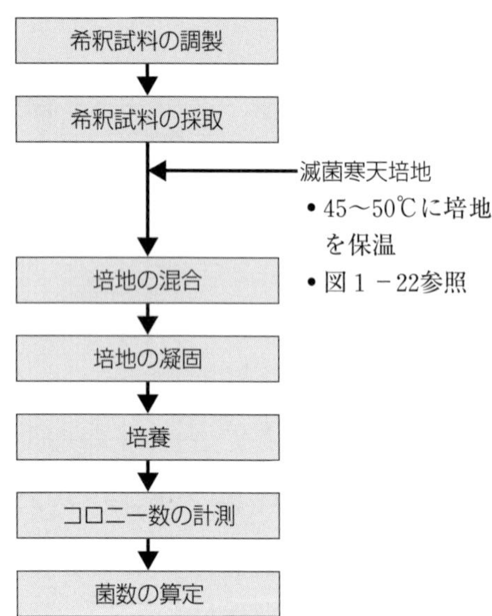

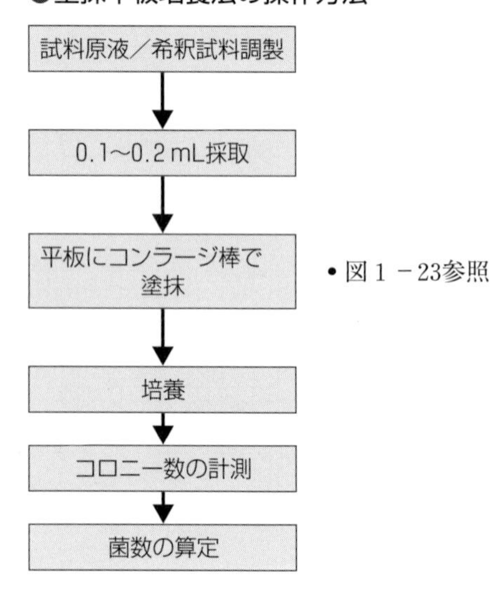

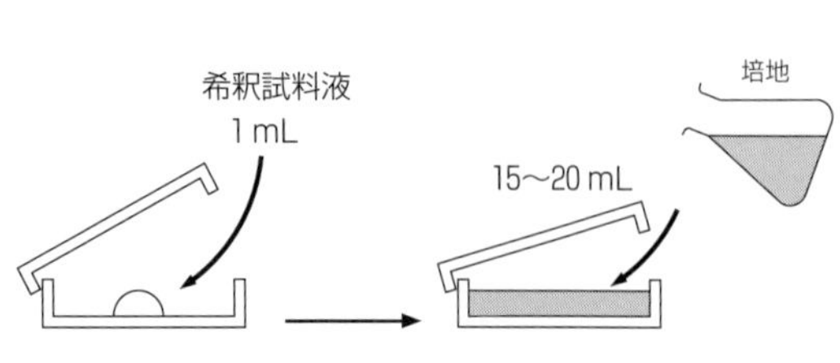

図1－22　混釈法による平板培地への接種

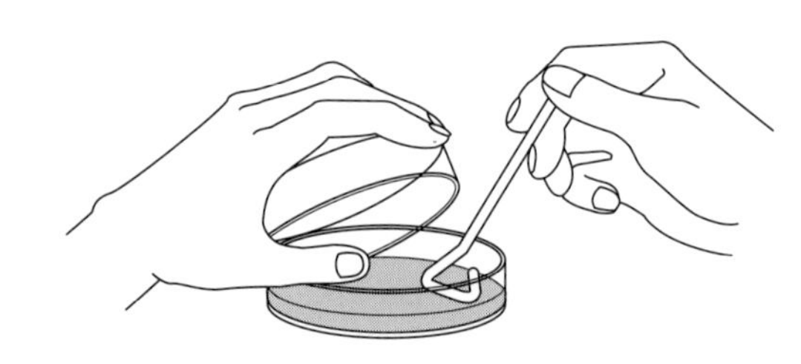

図1－23　平板へのコンラージ棒を使った塗抹

5 分離培養法（画線平板培養法）

分離培養は、様々な微生物が混在している試料から、それぞれ独立した微生物のコロニーをつくらせ、純培養菌をとるために行われる画線平板培養法が一般的である。試料中に存在している菌全部を分離する場合と、目的にする菌をみつけるために行う場合がある。

塗抹平板培養法（4 平板培養法（p. 34）参照）で出現したコロニーの形態、色などを観察し、火炎滅菌した白金耳を用いて１個のコロニーを釣菌する。分離選択培地などに、図１－24に示す方法で画線塗抹して培養する。

画線は、白金耳上の微生物を希釈するために行うもので、画線のどこかの部分に独立したコロニーができるようにする。塗抹は、他の微生物が混入しないようにクリーンベンチ内で行うのが望ましい。

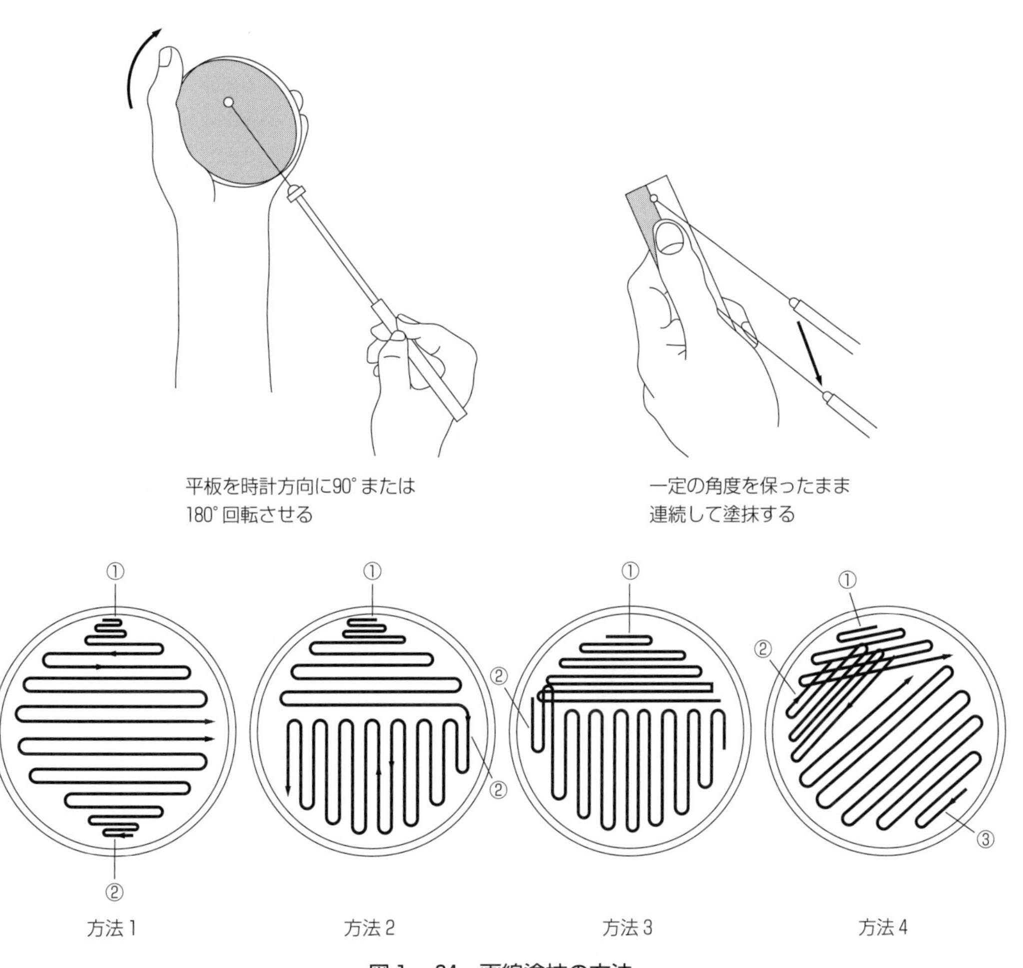

図１－24　画線塗抹の方法

6 純粋培養法（純培養法）

1個のコロニーは1個の細菌から増殖したものであると考えられる。独立コロニーから釣菌し、適当な培地に接種して、目的の1種類の細菌だけを培養、増殖させることを純粋培養または純培養といい、得られた菌株を純培養菌という。

1 斜面培養法

分離培養したコロニーの一部を白金耳または白金線で触れて釣菌する。純培養した菌を移植する場合は、コロニーの一部を掻き取る。釣菌した白金耳などで斜面寒天培地の下部に溜まっている凝結水と混和させたのち、斜面表面中央部を下部から上部に1本の線を引くように画線塗抹する。次に、同じ白金耳などで1本の線を左右に広げるように蛇行させながら、凝結水のすぐ上の部分から培地上端まで連続して画線塗抹する（図1－25）。

2 穿刺培養法

高層寒天培地では、釣菌した白金線を培地中央から管底近くまで深く垂直に突き刺し、静かに抜き取る。半高層斜面寒天培地では、斜面部中央に1本の線を引くように画線塗抹し、次いで高層部に白金線を突き刺した後、斜面部に斜面培地と同様に画線塗抹する（図1－26）。

3 液体培養法

釣菌した白金耳を液面境界線付近（液面より少し上）の管壁に擦り付けて、少しずつ液体培地に溶かし、全体に拡散させる。試験管内で白金耳などを揺さぶって懸濁させる手技は好ましくない。

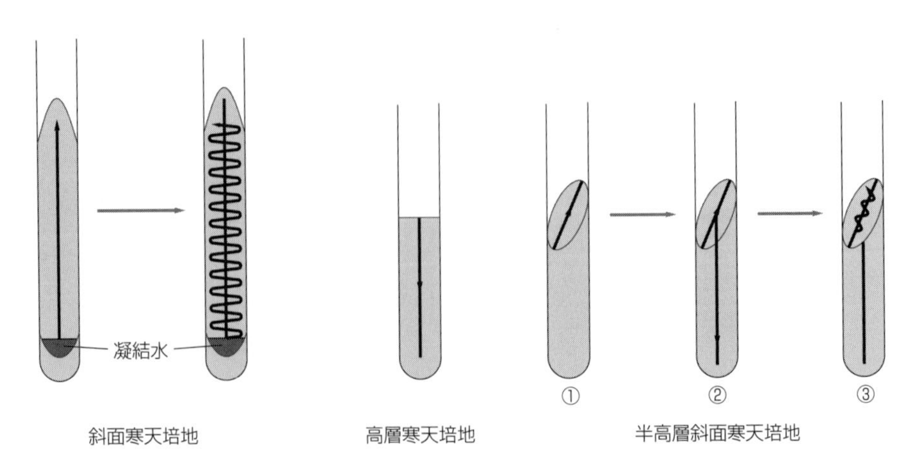

図1－25　斜面培養法の塗抹方法

図1－26　穿刺培養法

7 メンブランフィルター法

メンブランフィルターろ過器を滅菌し、孔径0.22～0.45 μmの滅菌メンブランフィルターを装着する。試料液を吸引ろ過し、滅菌ピンセットでフィルターをはがす。取り出したフィルターを寒天培地表面に空気が入らないように密着させて培養し、コロニー数を計測して生菌数を求める。

１－８ 細菌の形態および染色

1 コロニーの形態

平板培地上に生じたコロニーの①形状（図１－27）、②大きさ、③表面隆起の状態（惹起度）（図１－28）、④色、⑤光沢、⑥周辺部の形状（図１－29）、⑦粘稠度などは、菌によって特徴的な形態を示す。

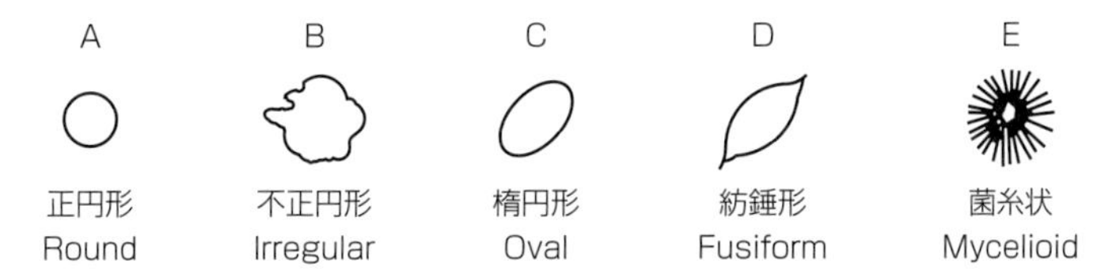

図１－27　形状

出典：杉原久義・河野恵・二改俊章編著『微生物学実験書　第４版』廣川書店　1997年　p.38

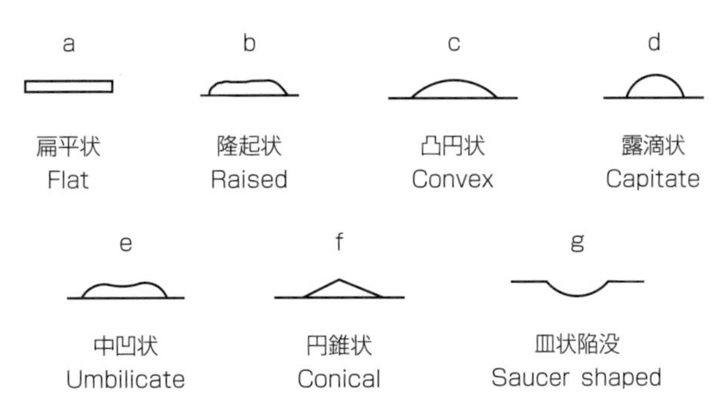

図１－28　表面隆起の状態（惹起度）

出典：図１－27に同じ

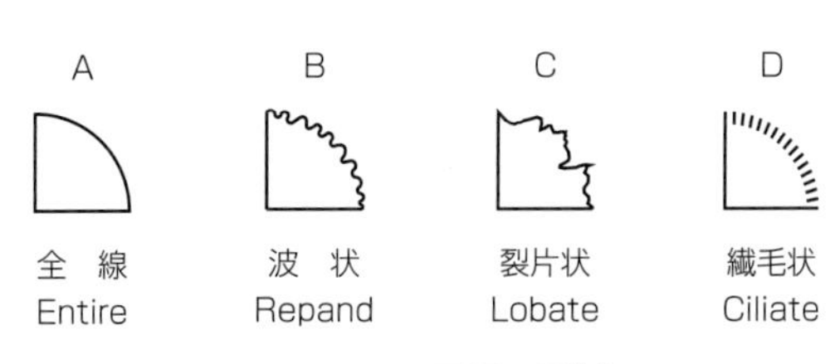

図１－29　周辺の形状

出典：図１－27に同じ

2　細菌の形態

細菌の形態は、球菌、桿菌およびらせん菌に大別され、その大きさは球菌では直径0.5～1.0 µm、桿菌は0.5～0.8 µm×1.0～3.0 µmのものが多い。

球菌は必ずしも完全な球形ではなく、分裂増殖の形態から単球菌、双球菌、四連球菌、八連球菌、連鎖球菌、ブドウ球菌に分けられる（図1－30）。

らせん菌はらせん状の菌体を有する。コレラ菌を含むビブリオ属は通常桿菌として扱われる。らせんが2回転したもの（カンピロバクター）や3回転以上した（スピロヘータ）などに分けられる（表1－11）。

細菌の中には鞭毛を動かして運動するものがある。鞭毛の有無、数や鞭毛の付着部位は細菌分類上重要な性質の一つである（図1－31）。

図1－30　球菌の種類

表1－11　桿菌およびらせん菌の形態

細菌の形態	形の呼称	細菌の種類（属）
	短桿菌	エシェリヒヤ（大腸菌） ブレビバクテリウム
	長桿菌	ラクトバチルス（ブルガリア乳酸菌）
	角形	バチルス（セレウス菌・炭疽菌）
	紡錘形	フソバクテリウム
	鋭角	アセトバクター（酢酸菌）
	叉状	リゾビウム（根瘤菌）
	コリネ形	コリネバクテリウム
	コンマ状	ビブリオ（コレラ菌）
	らせん状	カンピロバクター スピロヘータ

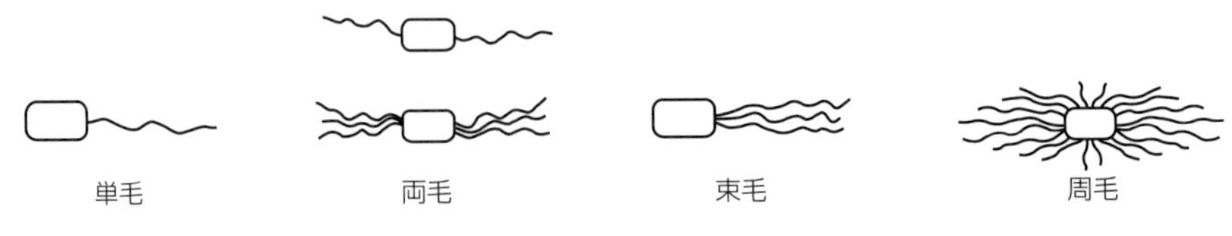

図1－31　細菌の鞭毛

3 芽胞

セレウス菌などを含むバチルス属とボツリヌス菌やウエルシュ菌などのクロストリジウム属は、菌体内に芽胞を形成する。芽胞は、100℃の加熱に耐える耐熱性、乾燥や化学薬品にも強い抵抗性を有し、不活化するためには121℃15分間の高圧蒸気滅菌が必要である。菌体内での芽胞のできる位置は菌種によって異なっており、端在性（破傷風菌など）、中心性（炭疽菌など）、遍在性（ボツリヌス菌など）、芽胞の形も円形や楕円形と様々である（図１－32）。芽胞は適当な環境条件下で発芽し、もとの栄養細胞に戻る。

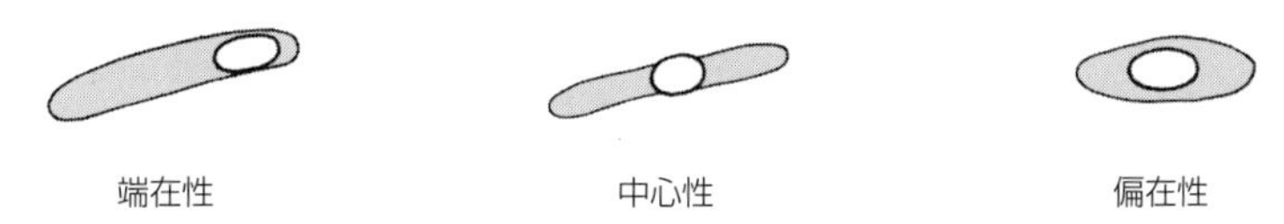

図１－32　芽胞と菌体との関係

4 各種染色方法

細菌は酵母やカビに比べて小さく無色なので光学顕微鏡では極めてみえにくいが、染色することによって明瞭に検鏡することができる。

1 単染色法

抗酸菌以外のほとんどの細菌は単染色法で染色することができる。単一の染色液を用い、細菌を１回の操作で染色を行う方法である。一般的に用いられる色素としては、メチレンブルー（青色）、フクシン（赤色）ならびにクリスタルバイオレット（紫色）などの塩基性アニリン色素が用いられる。代表的な染色液としては、レフレル（Löffler）染色液、パイフェル（Pfeiffer）染色液がある。レフレル液は、細菌や動物細胞を濃染し、細胞質を薄く染めるので、膿、咳痰、組織液などの細菌を、パイフェル液は純粋培養した細菌を染めるのに用いられる。

●試薬および器具

- レフレルのメチレンブルー染色液

  Ａ液：メチレンブルー１gを95%エタノール100 mLに溶解

  Ｂ液：0.1%水酸化カリウム水溶液

  Ａ液（30 mL）とＢ液（100 mL）をフラスコに入れ、綿栓をし、35～37℃で１週間、時々振りながら放置する。ろ過後、褐色瓶に入れ、室温で暗所保存する（長期間保存できる）。

- パイフェル染色液

  A液：サフラニン2.5 gをエタノール100 mLに溶解

  B液：0.5%フェノール 5 mL水溶液

  A液（10 mL）とB液（100 mL）を混合し、ろ過後褐色瓶に入れ、室温で暗所保存する。
- コルネットピンセット、スライドガラス、カバーガラス、光学顕微鏡

●操作方法

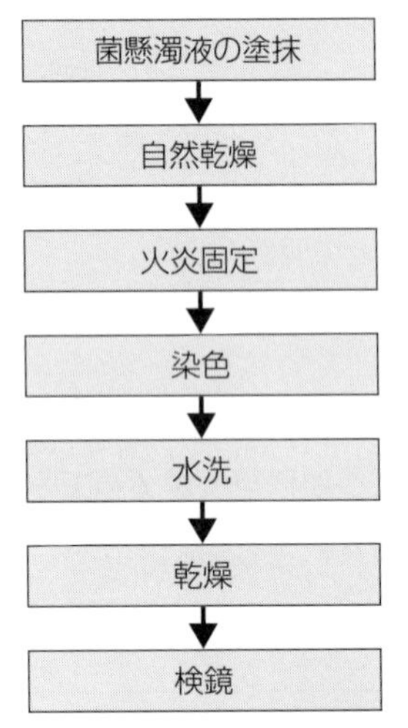

- 菌懸濁液の塗抹
  - スライドガラス上に菌懸濁液を1白金耳分とる
  - 用いる分離菌はできるだけ新鮮な菌を使用する
- 火炎固定
  - 塗抹面を上にしてコルネットピンセットでスライドガラスを固定し、裏から弱い火炎中をゆっくり3回通す（図1－33）
- 染色
  - 染色液で塗抹面を覆い、約30秒～1分程度放置する
- 水洗
  - 塗抹面に水流が当たらないように水洗する
- 乾燥
  - 塗抹面を完全に乾燥させないこと

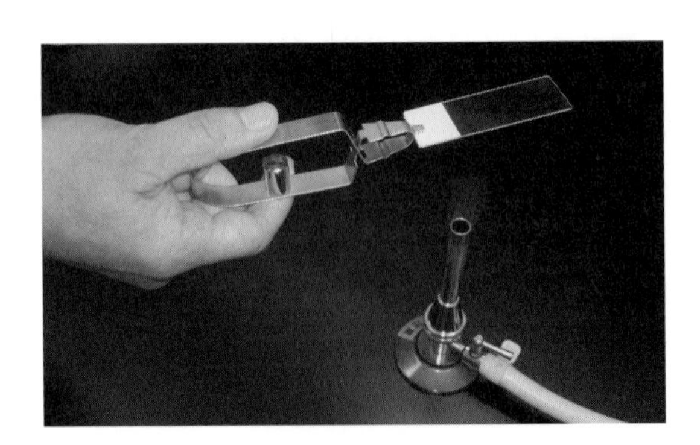

図1－33　コルネットピンセットのもち方

2 グラム染色法

1884年にデンマークのChristian Hansen Gramにより考案された方法である。細菌をある種の塩基性色素で染めた時、細菌の細胞壁の構造の違いにより、エタノールのような有機溶媒で脱色されるグラム陰性菌と脱色されにくいグラム陽性菌とに染め分ける方法であり、細菌分類で重要な鑑別法の一つである。グラム染色の決定には、熟練を要するとされ、グラム染色性が逆転する結果が得られる場合もあるので、必ず標準菌（グラム陽性菌：黄色ブドウ球菌、グラム陰性菌：大腸菌）を用いて実施し、判定結果を得る必要がある。グラム染色法はクリスタルバイオレット染色液を用いるハッカーの変法、Ｂ＆Ｍ（バーソルミュー・ミッターウェイ）山中変法や、ビクトリアブルー染色液を用いる西岡法などがある。

●試薬および器具

- ビクトリアブルー染色液、脱色液、サフラニン液（グラム鑑別用染色液「フェイバーＧ」〔日水製薬〕など市販品有）
- コルネットピンセット、染色バット、光学顕微鏡

●操作方法

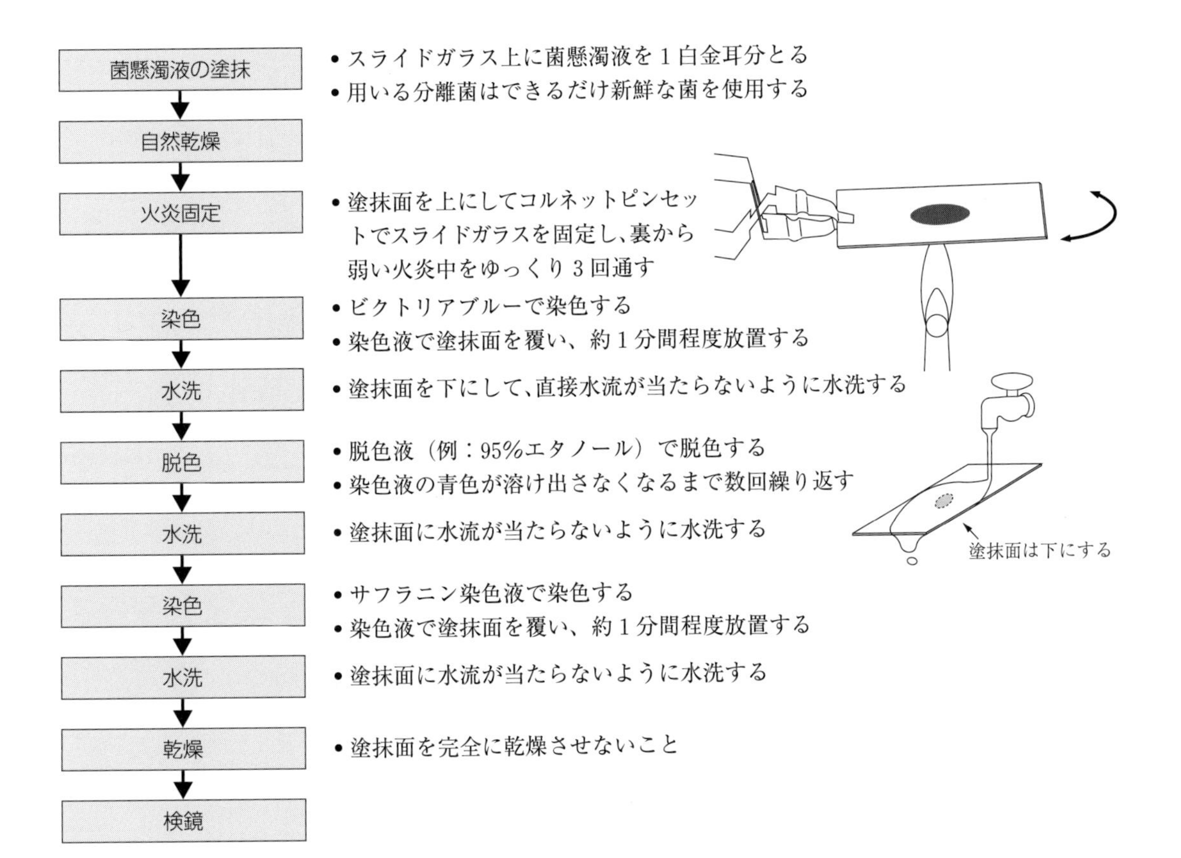

3 芽胞染色法

芽胞染色法としては、メラー（Moeller）法とウイルツ（Wirtz）法が用いられる。ともに芽胞と菌体を染め分けることで、芽胞の有無、形や存在場所を観察することができる。メラー法では、菌体は淡青色、芽胞は赤色に、ウイルツ法では、菌体は赤色、芽胞は緑色に染まる。

●試薬および器具

【メラー法】

- チールの石炭酸フクシン（市販品有）

  A液（フクシン原液）：塩基性フクシン10 gを95%エタノールに溶解する。

  B液：0.5%フェノール 5 mL水溶液

  A液（10 mL）とB液（100 mL）を混合し、ろ過後褐色瓶に入れ、室温で暗所保存する。
- レフレルのメチレンブルー染色液
- コルネットピンセット、染色バット、光学顕微鏡

【ウイルツ法】

- マラカイト緑、0.5%サフラニン
- コルネットピンセット、染色バット、光学顕微鏡

●操作方法

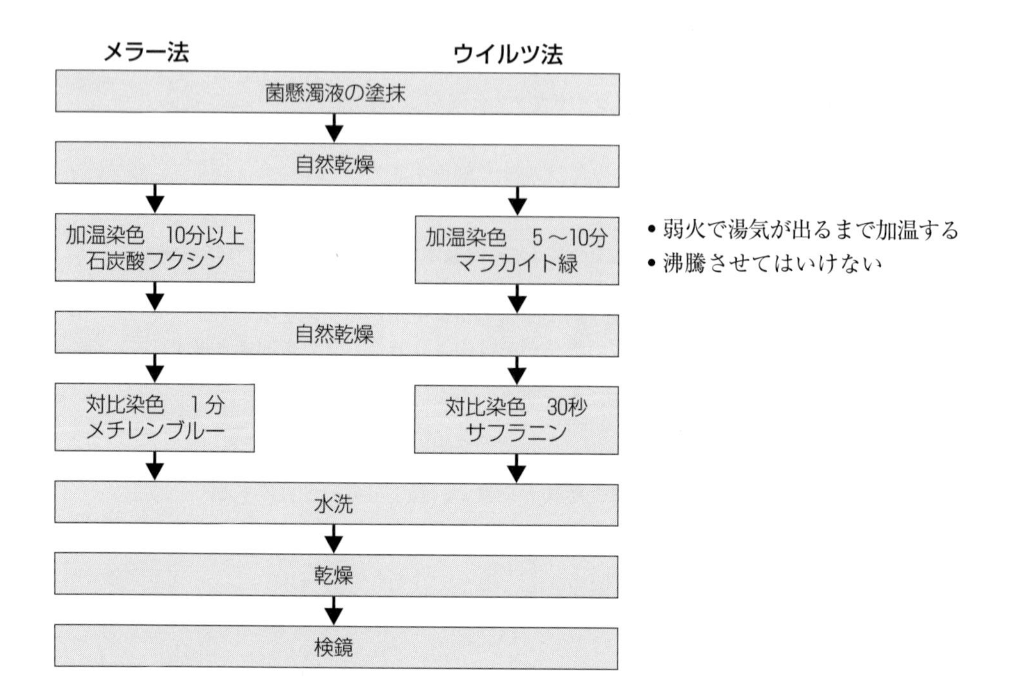

１－９　顕微鏡観察

1　生物顕微鏡の構造と名称

顕微鏡の構造と名称は図１－34の通りである。

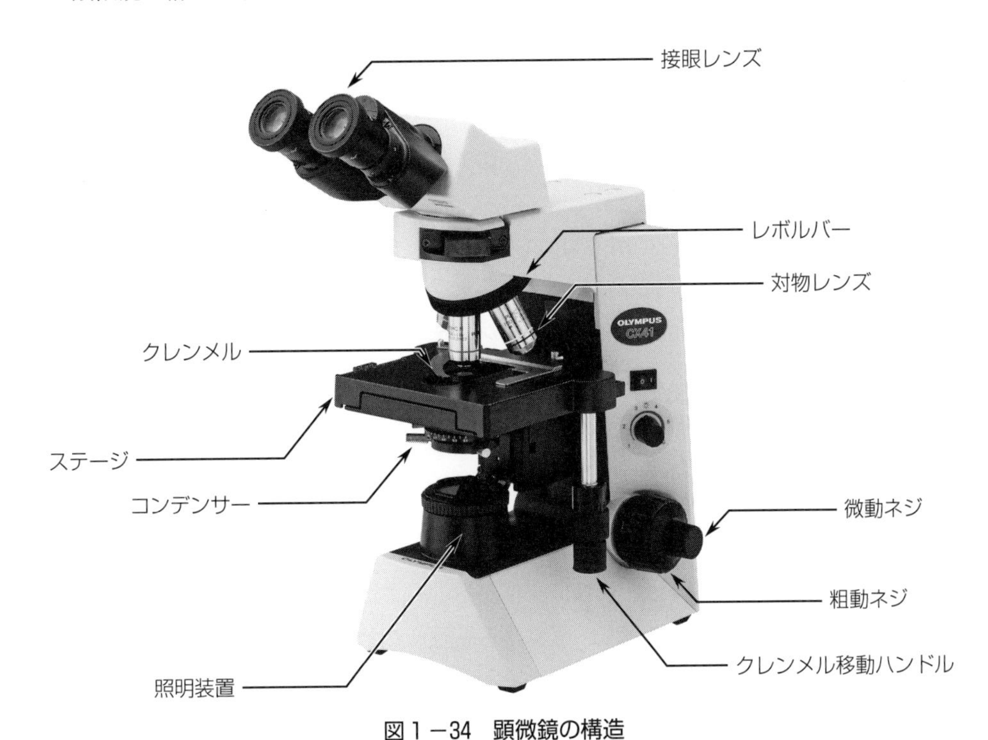

図１－34　顕微鏡の構造

システム生物顕微鏡CX41〔オリンパス〕

1　照明装置

多くの顕微鏡はLED光源が使われており、明るさや色を変えることができるものがある。

2　ステージ・クレンメル・クレンメル移動ハンドル（縦と横）

プレパラートを載せる台がステージであり、クレンメル移動ハンドルにより、視野内の対象物をみながら変えることができる。

3　粗動ネジと微動ネジ

鏡筒またはステージを上下に動かしてピントを合わせる装置である。プレパラートをステージに載せ、カバーガラスが対物レンズに当たらないところまで粗動ネジで動かしてステージを上げる。その後、粗動ネジを動かしてステージを下げながらピントを合わせる。ピントの微調整は微動ネジにて行う。

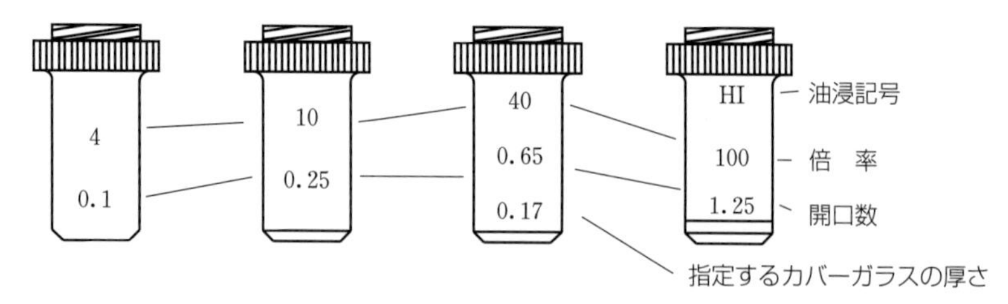

開口数は、nを標本と対物レンズの媒質の屈折率（空気n＝1、オイルn=1.515)、θを光源からレンズに入る光が光軸となる最大開角とすると、開口数＝n×sinθで示される。開口数が大きいほど、明るさや分解能が優れている。

図1－35　対物レンズの種類

4　対物レンズとレボルバー

レボルバーには4倍、10倍、40倍、100倍などの対物レンズがついており、レボルバーを動かすことで、対物レンズを変えることができる。

対物レンズには図1－35のような記号が記されているが、その性能は開口数によって示される。

5　接眼レンズと拡大倍率

対物レンズと拡大された像をさらに拡大するルーペのような役割を果たしている。種類として5倍、10倍、15倍がある。また、接眼レンズとは別にデジタルカメラを接続する鏡筒が付属し、写真撮影を行うことができるものがある。

顕微鏡の倍率＝接眼レンズ倍率×対物レンズの倍率

2　顕微鏡の使用方法

生物顕微鏡には、鏡筒を上下に動かすタイプとステージを上下に動かしてピントを合わせる顕微鏡がある。後者の顕微鏡について使用方法を示す。

●操作方法

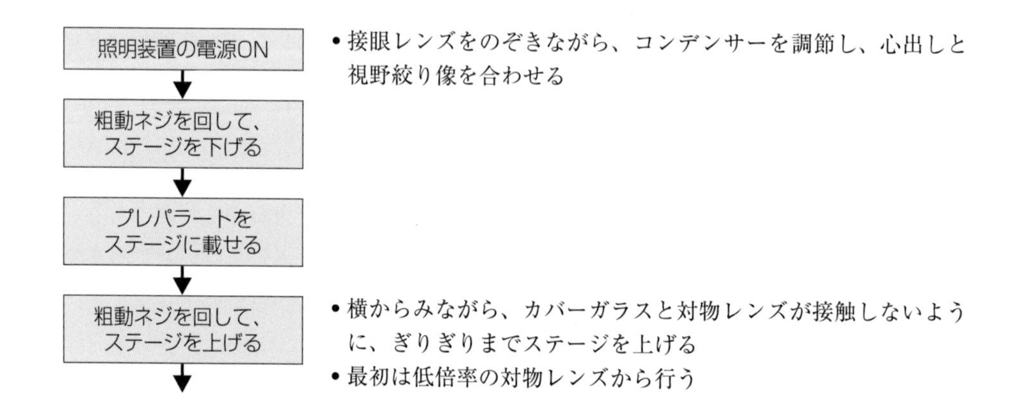

粗動ネジを回してステージを下げ、ピントを合わせる	•ピントの微調整は微動ネジを回して行う •必要に応じて、レボルバーを回し、倍率を上げる •コンデンサーを調節し、明るさを調節する
↓ 倍率を上げる	•みたい像が真ん中にくるようにステージ上のスライドガラスを動かす
↓ 観察する	•顕微鏡でみえる像は、上下と左右が逆に観察される
↓ 観察後、レンズのクリーニングを行う	

コラム　油浸レンズ

油浸レンズには100倍以上の高倍率の対物レンズについて、HI、H、oilの表示がされている。油浸レンズを使う際はまず、40倍の対物レンズでピントが合っていることを確認する。目的物を視野の中央に移動させた後、対物レンズをずらし、油浸オイル（イマージョンオイル）を１滴プレパラートの上に落とす。プレパラートと対物レンズの空間を油浸オイルで満たすことにより、屈折率が上昇し解像度が上がる。次いで、対物レンズを100倍の油浸レンズに変え、油とレンズが密着していることを確かめる。ステージの移動装置とピント調節の微動ネジを操作しながら観察する。

油浸レンズを使用した後は、油浸オイルが固まらないうちにレンズペーパーでオイルを軽く拭き取る。竹串などの先にレンズペーパーを細く巻き付け、少量の市販レンズクリーニング液（または無水アルコールまたはエーテル：エタノール＝７：３の混合液）をつけ、軽くゆっくりと中心から外側へ円を描くように拭き取る。

引用・参考文献

国立感染症研究所翻訳・監修「バイオリスクマネジメント　実験施設バイオセキュリティガイダンス　世界保健機関（WHO）　WHO/CDS/EPR/2006.6」2006年
食品衛生検査指針委員会『食品衛生検査指針　微生物編2015』日本食品衛生協会　2015年
日本食品分析センター編『ビジュアル版　食品衛生検査法　手順とポイント』中央法規出版　2013年
寺本忠司『イーズ』No.024　2001年
細貝祐太郎監修『改訂　食品衛生学実験』恒星社厚生閣　2012年
須藤隆一編『環境微生物実験法』講談社サイエンティフィク　1987年
森地敏樹監修『食品微生物検査マニュアル　改訂第２版』栄研化学　2009年

第2部　微生物の検査

2－1　衛生指標菌

実験1　生菌数

●目的

生菌数とは、検査材料中に生存するすべての微生物（カビ、酵母、細菌など）の数のことである。通常、37℃で48時間の培養で検出される食品1g（mL）あたりの生菌数は、その食品の微生物汚染の指標となるとされている。なぜなら、食品媒介感染症の起因菌や食中毒細菌のほとんどが中温菌であるので、高い菌数（10^6/gまたはmL以上）を示す食品の品質は劣化していると考えるのが妥当であるからである。しかし、生菌数の低い食品が衛生的に品質がよいかというと一概にそうとはいえない。例えば、食中毒細菌によって汚染された材料によってつくられた加工食品の場合、細菌そのものは加工過程中の加熱処理によって殺菌されてしまうが、その細菌が耐熱性の毒素を産生する場合、毒素はその加工食品中に残ってしまう。このように食品の生菌数のみでは衛生学的品質は判断できないが、食品が処理・加工過程において衛生的に取り扱われたか否か、食品の保存性の判定、さらには、病原微生物の混入の予測など、大局的な意味で、食品の衛生的取り扱いの大きな指標となる。

●使用培地と希釈水

- 標準寒天培地：酵母エキス2.5g、ペプトン5g、ブドウ糖1g、寒天15gを精製水1,000mLに加熱溶解後pHを7.0～7.2に調製し、オートクレーブにより121℃で15分滅菌する。市販粉末培地を使用する場合はpHを調製する必要はない。
- 滅菌希釈水（生理食塩水）：0.85％の生理食塩水をオートクレーブにより121℃で15分滅菌したものを用いる。

●試料の調製

液体試料の場合は、そのまま1mLを採取し、9mLの滅菌希釈液とよく混和する。これを試料10倍希釈液としてさらに10倍段階希釈する。固体試料の場合は、10gまたは25gを採取し、9倍量の滅菌希釈水を加え、ストマッカーなどにより均質化した試料液を10倍段階希釈する。10倍段階希釈の方法については図2－1に示す。

●操作方法

前に述べた方法により調製した各希釈試料液を1mLずつそれぞれ2枚の滅菌

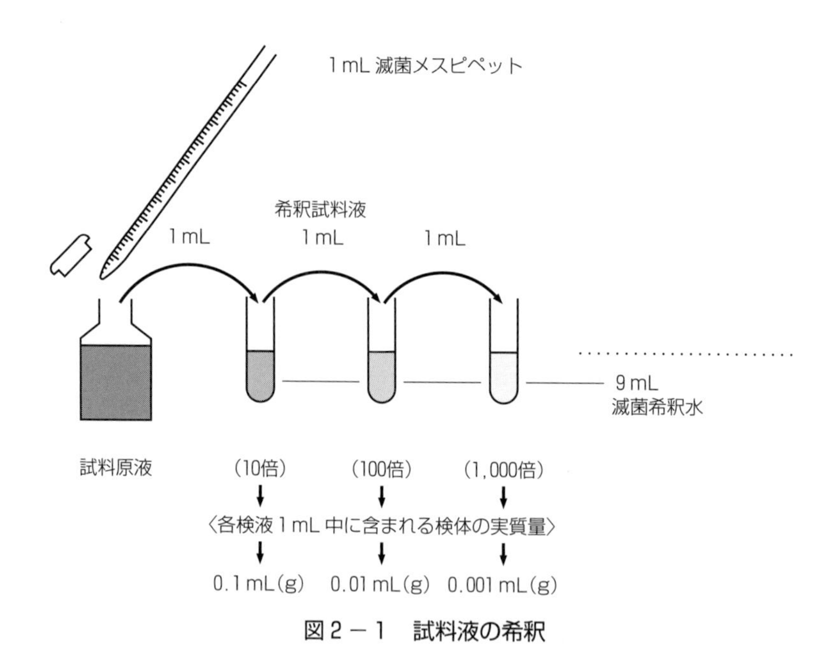

図２－１　試料液の希釈

シャーレに注入し、あらかじめ加熱溶解後50℃前後に保温しておいた滅菌後の標準寒天培地を無菌的に各シャーレに流し込む。次に、寒天がシャーレから飛び出さないように希釈試料液と寒天培地をゆっくりと円を描くように混ぜ合わせる。また、対照実験として滅菌希釈水のみ１mLを入れた滅菌シャーレにも同様に標準寒天培地を加えて平板に固める。これは、使用した滅菌希釈水、シャーレ、および標準寒天培地が無菌であることを確認するために行う大切な操作である。

培地が完全に固まったら各シャーレを倒置して、35℃の恒温器中で48時間培養する。操作方法の概略を以下に示す。

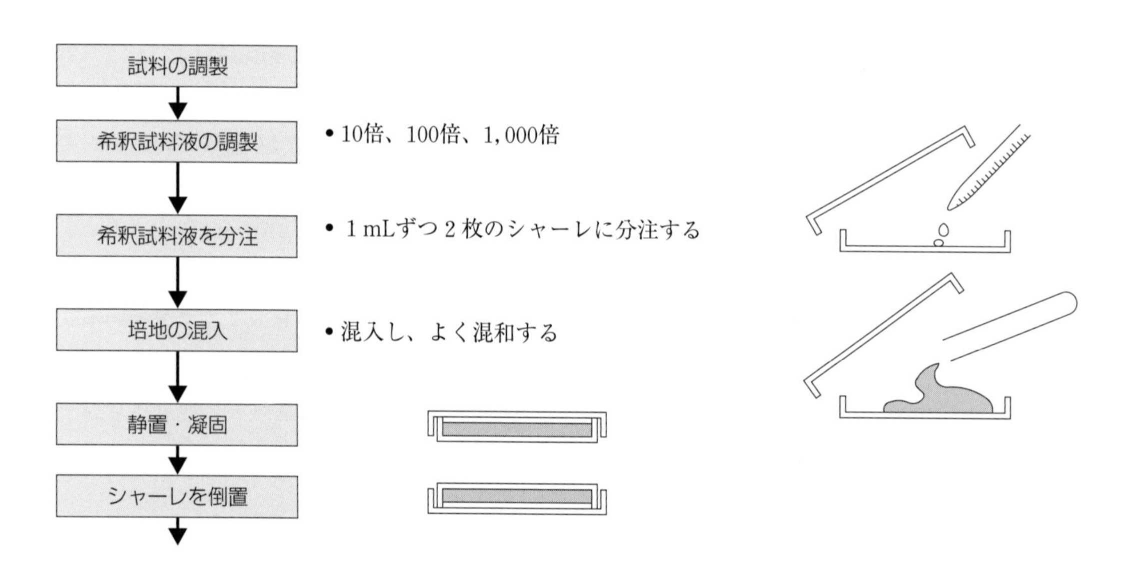

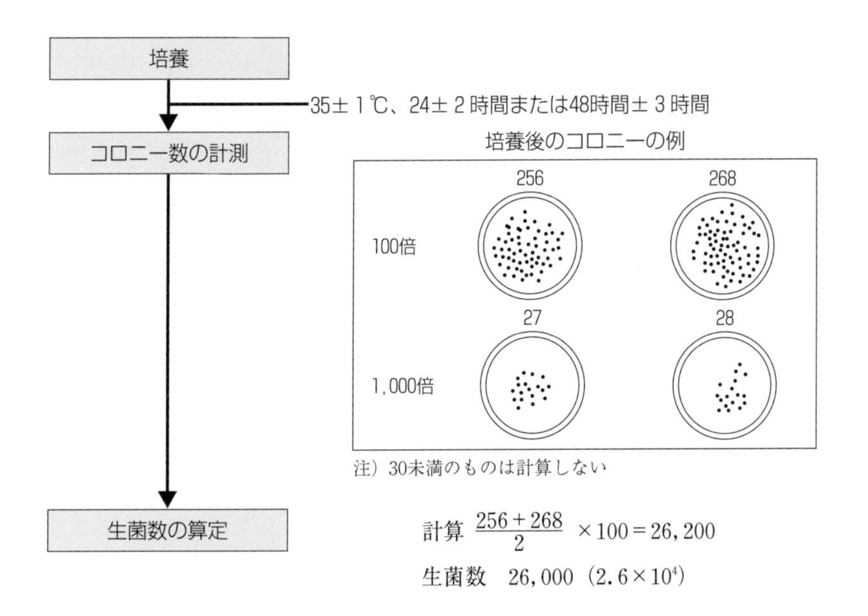

得られたコロニー数から生菌数を算定する。算定の方法は以下の手順にしたがう。算定されたコロニー数の上から3桁目を四捨五入し、有効数字2桁で結果を出す。得られた数値は食品1mLあるいは1g中に含まれる生菌数である。

●生菌数の算定方法

以下の要領にしたがって、コロニー数から生菌数を算定する。すぐにコロニー数を計測できない場合は5℃の冷蔵庫に培養後の寒天培地を保存し、24時間以内に算定すること。

A．1平板に30〜300個のコロニーがある場合

①1段階の希釈段階にのみ30〜300個のコロニー数が得られた場合

➡2枚の平板のコロニー数の平均を求め、生菌数とする。

②連続した2段階の希釈に30〜300個のコロニー数が得られた場合

➡希釈の段階ごとに2枚の平板のコロニー数の平均を求め、両者の比を求める。

両者の比が2倍未満の時、以下の計算式でコロニー数（N）を算定する。

$$N=\left[\frac{A+B}{2d_1}+\frac{C+D}{2d_2}\right]\Big/2$$

A、B：低希釈のコロニー数　　d_1：希釈が低いほうの希釈倍率
C、D：高希釈のコロニー数　　d_2：希釈が高いほうの希釈倍率

例　10^2倍希釈でコロニー数が295と285、10^3倍希釈で32と34だった時
295と285の平均は290、コロニー数の平均は$290\times 10^2=29,000$
32と34の平均は33、コロニー数の平均は$33\times 10^3=33,000$　したがって、
29,000と33,000の比は1：1.14となる。両者の比は2倍未満なので、

$$N = \left[\frac{295+285}{2\times10^{-2}} + \frac{32+34}{2\times10^{-3}} \right] \Big/ 2 + \left[29,000+33,000 \right] \Big/ 2$$

$$= 31,000\ (3.1\times10^4)$$

が生菌数となる。

なお、連続した２段階の希釈に30個未満、または300個を超えるコロニー数のものが混在していることもある。この時は30個未満、または300個を超えるコロニー数のものは除いて計算するが、除かないで計算することもある。

③両者の比が２倍を超えた場合

➡希釈段階の低いほうのコロニー数の平均を求める。

例　10^2倍希釈でコロニー数が138と162、10^3倍希釈で42と30だった時

138と162の平均は150、コロニー数の平均は$150\times10^2=15,000$

42と30の平均は36、コロニー数の平均は$36\times10^3=36,000$　したがって、

15,000と36,000の比は１：2.4となる。両者の比は２倍を超えるので、10^2倍希釈のコロニー数平均15,000（1.5×10^4）が生菌数となる。

B．全平板が300個を超えたコロニー数だった場合

➡最も希釈段階の高いシャーレを対象にし、１cm^2の区画の中にコロニー数が10個以上あるか、10個未満か判定する。

①１cm^2の区画の中にコロニー数が10個未満の場合

➡シャーレの中心を通過する直径と、それに直交する直径上の、１cm^2の区画中のコロニー数を計６か所ずつ、計12か所の区画のコロニー数をカウント（交差する部分は測定区画をずらし、２度同じところを測定しないようにする）し、１cm^2あたりの平均コロニー数を計算する。直径90 mmのシャーレでは得られた、１cm^2あたりの平均コロニー数に65を乗じて生菌数とする。

②１cm^2の区画の中にコロニー数が10個以上ある場合

➡上記と同様にして、４か所の区画のコロニー数から平均を計算し、65を乗じて生菌数とする。

C．全平板が30個未満の場合

➡最も低い希釈倍数に30を乗じる。

例　固体試料の場合は、試料液の10倍希釈では300未満（＜300）、100倍希釈液では3,000未満（＜3,000）と記載する。

実験2　腸内細菌科菌群（NIHSJ法）

●目的

わが国においては衛生指標菌として大腸菌群が広く使われてきたが、近年、諸外国では腸内細菌科菌群が用いられている。腸内細菌科菌群とは、「ブドウ糖発酵性のオキシダーゼ陰性である通性嫌気性のグラム陰性の桿菌」と定義され、われわれが一般的にイメージする腸内細菌とは異なる。

腸内細菌科菌群を検査する利点は、腸内細菌科菌群の中には大腸菌群に加えてサルモネラ、赤痢菌およびエルシニアなどの食中毒菌が含まれているため（図2－2）、多くの細菌を検出できるところにある。この腸内細菌科菌群は2011（平成23）年に生食用食肉の検査法の規格基準としてわが国でも採用されている。

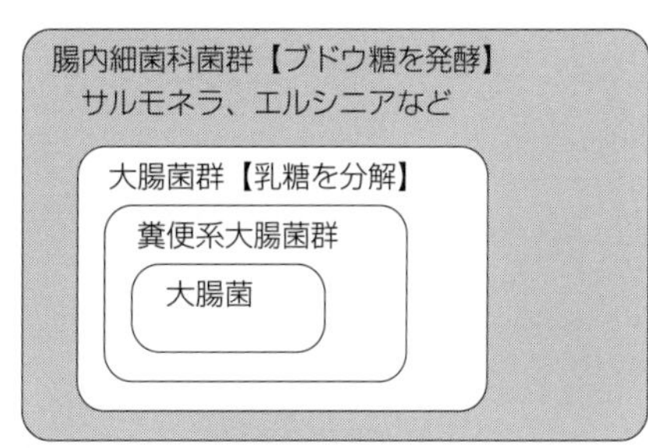

図2－2　腸内細菌科菌群と大腸菌群の関係

●使用培地

前増菌培地

- 緩衝ペプトン水（BPW）

選択増菌培地

- 緩衝ブリリアントグリーン胆汁ブドウ糖ブイヨン培地（EEブイヨン培地）：加熱溶解後、冷却し滅菌した試験管に10 mL分注する。30分以上は加熱してはならない。また、オートクレーブにより滅菌してはならない。

選択分離培養

- バイオレッド胆汁ブドウ糖寒天培地（VRBG寒天培地）：本培地はオートクレーブにより滅菌してはならない。

確認培地

- 普通寒天培地：肉エキス3g、ペプトン5g、NaCl 5g、寒天9～18gを精製水1,000 mLに加熱溶解して、オートクレーブにより121℃で15分滅菌する。市販粉末培地を使用する場合はpHを調製する必要はない。

●操作方法

試料25 gにBPWを225 mL加えてストマッカーを用いて1～2分間均質化した後、37℃で18±2時間培養する。培養後、培養液1 mLをEEブイヨン培地10 mLに加え、37℃で24±2時間培養する。培養後のEEブイヨン培地から1白金耳量をとり、VRBG寒天培地に画線塗抹した後、37℃で24±2時間培養する。

VRBG寒天培地上に生育したピンク・赤・紫のコロニーが典型的な腸内細菌科菌群である。この典型的なコロニーを普通寒天培地にさらに画線塗抹して培養し、独立コロニーを選択して確定試験を実施する。

【チトクロームオキシダーゼ試験】普通寒天培地の独立コロニーを試験用ろ紙に塗抹する。金属製の白金耳を用いて塗抹してはならない。10秒以内にろ紙が暗色化しない場合、チトクロームオキシダーゼ反応は陰性と判断する。

【ブドウ糖発酵性試験】チトクロームオキシダーゼ反応が陰性であったコロニーを市販のブドウ糖発酵性試験培地（ヒュー・レイフソン培地：OF培地）に穿刺した後、37℃で24±２時間培養する。培養後、培地全体が黄色になった場合、ブドウ糖発酵性試験陽性と判断する。

チトクロームオキシダーゼ反応が陰性で、ブドウ糖発酵性が陽性と判断されたコロニーを腸内細菌科菌群とする。

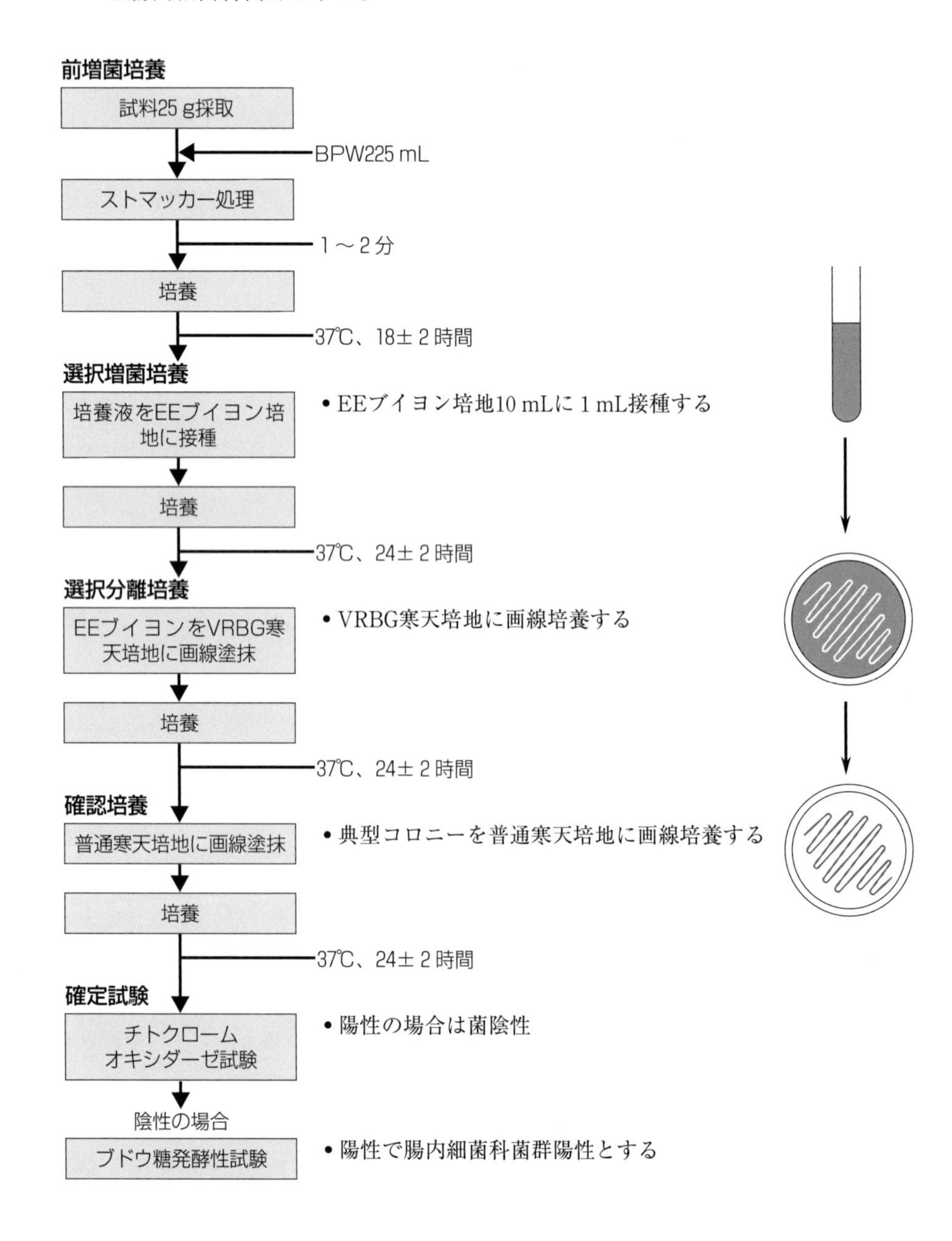

実験３　大腸菌群・糞便系大腸菌・大腸菌

●目的

大腸菌群と定義されている菌は、グラム陰性の無芽胞桿菌で乳糖を分解してガスを産生する好気性または通性嫌気性の細菌群である。一般に、人や動物の糞便中には大腸菌（*Escherichia coli*）が圧倒的に多く存在し、クレブシェラ（*Klebsiella*）やサイトロバクター（*Citrobacter*）などが混在している。これらの菌が排出された場合、大腸菌は短期間で死滅するがクレブシェラやサイトロバクターは、長期間生存して自然界に定着するものもみられる。したがって、生の食品材料から大腸菌群が検出されたからといってそれがすぐに糞便汚染とつながるものではない。ところが、加熱処理済の食品から大腸菌が検出された場合は、食品衛生上「不衛生な取り扱い」の証拠と考えるべきで、品質管理上の有力な指標となる。

消化器伝染病や食中毒の病原菌に汚染された飲食物は完全に排除しなければならないが、すべての飲食物に関して、これらの病原菌をすべて検査するのは実際には不可能である。そこで、その出所（人および動物の糞便）が共通で、検査が比較的容易な大腸菌群の検査が糞便汚染の指標とされている。したがって、大腸菌群が検出されても必ずしも病原菌が存在することにはならない。しかし、飲食物が糞便やその他の不潔な物に汚染されたことを示し、病原菌汚染の疑いは十分に考えられ、清潔で安全な食品とは決していえない。

●使用培地

大腸菌群の簡易検査用

- デオキシコレート寒天培地：本培地は、オートクレーブにより滅菌してはならない。

糞便系大腸菌群・大腸菌検査用

- EC培地（EC発酵管）：試料を10 mL接種する場合には倍濃度の培地を準備する。試験管に培地を10 mLずつ分注し、ダーラム管を入れてオートクレーブにより121℃で15分滅菌する。
- EMB寒天培地

大腸菌検査用

- SIM培地
- ブドウ糖リン酸塩ペプトン培地
- シモンズクエン酸ナトリウム培地

●試薬

- クロロホルム
- メチルレッド
- コバック試薬：*p*－ジメチルアミノベンズアルデヒド５ gを50℃の水浴中でアミ

ルアルコール75 mLに溶かし、冷やしてから濃塩酸25 mLを加える。遮光して4℃保存する。

- VP試薬1（5%α−ナフトール・アルコール溶液）：エタノール100 mLに終濃度5%になるようにα−ナフトールを溶解する。遮光して4℃保存する。
- VP試薬2（クレアチン加40%水酸化カリウム水溶液）：水酸化カリウム40 gとクレアチン0.3 gを精製水に溶解し、100 mLとする。遮光して4℃保存する。

●操作方法

【大腸菌群】 実験1 生菌数で調製した試料液あるいはその希釈液1 mLをそれぞれ2枚のシャーレにとり、あらかじめ加熱溶解して50℃以下で保温したデオキシコレート寒天培地15 mLを混入する。培地が凝固したら、同一の培地3～4 mLを重層し、35℃で20±2時間培養する。操作の概要を以下に示す。

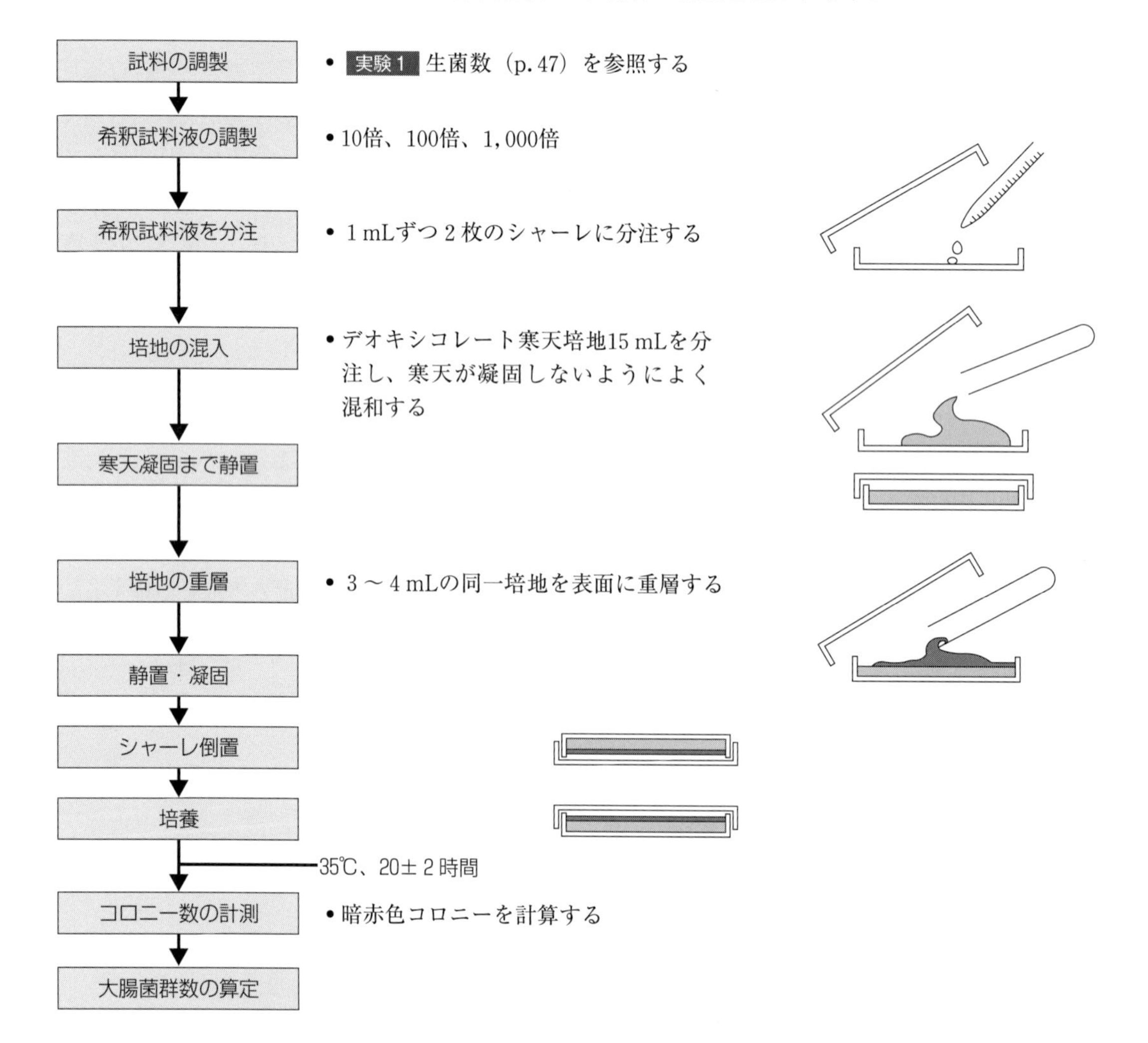

得られたコロニー数から大腸菌群数を算定する。算定方法は 実験1 生菌数「生菌数の算定方法」（p.49）を参照する。

【糞便系大腸菌群】試料原液あるいはその10倍段階希釈液をそれぞれ3本のEC培地が入った試験管（EC発酵管）に接種する。44.5℃の恒温層中で24±2時間培養する。ガス発生が認められた発酵管について、EMB寒天培地に画線培養する。金属光沢～暗紫赤色を示すコロニーを形成したEC発酵管の数から表2－1にしたがい最確数（MPN）を求める。操作の概要を以下に示す。

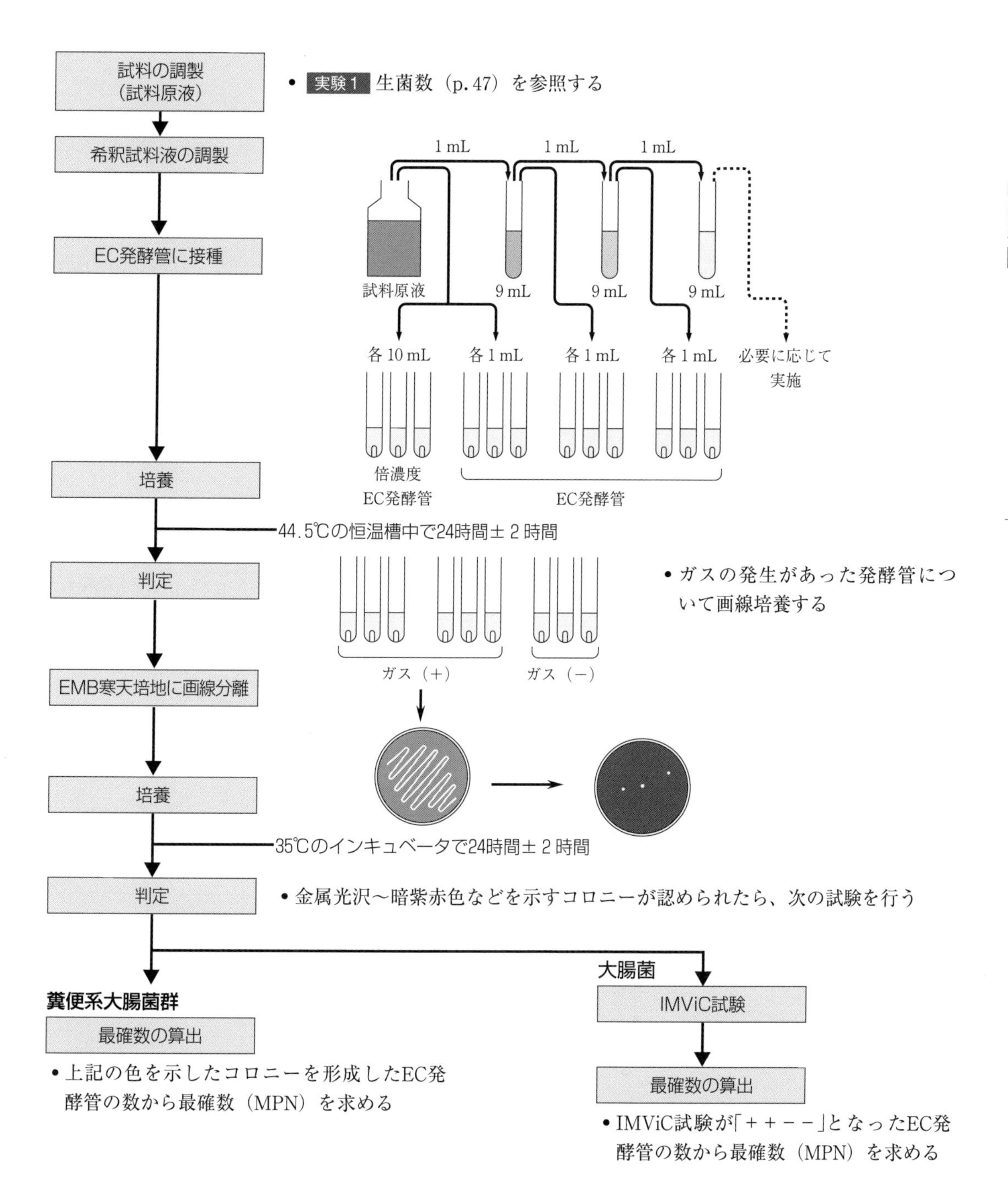

最確数（MPN）はMost Probable Numberのことで統計学的に最も確からしい数値という意味である。最確数表は各希釈段階5本ずつ用いた場合と3本ずつ用いた場合の2通りがあるが、有効数字2桁の整数で最確数が示されるものが通常使われる。最確数は細菌の分布がポアソン分布にしたがうという理論からコロニー数を確率として統計学的に表したものである。

表2－1の最確数表は3段階の希釈段階それぞれで試験管を3本ずつ用いた場合の表である。表中の最確数（MPN）は試料100 mLまたは100 gあたりで表示されている。

最確数の求め方の例

清涼飲料水のような液体試料の場合、試料10 mLをEC発酵管（倍濃度：3本）に接種、試料1 mLをEC発酵管（通常濃度：3本）に接種、10倍希釈液1 mLをEC発酵管（通常濃度：3本）に接種する。すると、表2－1の陽性管数の欄に示されているように液体試料が10 mL、1 mL、0.1 mL加えられていることになり、例えば陽性管数が、「3、1、1」なら最確数（MPN）は75/100 mLとなる。

一方、同じ液体試料でも乳製品のような場合、3段階の希釈段階を1段階ずらし1 mL（試料液）、0.1 mL（10倍希釈液）、0.01 mL（100倍希釈液）とすることがある。この時、陽性管数が、「3、1、1」なら最確数（MPN）は75を10倍して750/

表2－1　3本接種法による試料100 mLあたりのMPN

陽性管数			MPN 100 mL	陽性管数			MPN 100 mL
10 mL	1 mL	0.1 mL		10 mL	1 mL	0.1 mL	
0	0	0	＜3	2	2	0	21
0	0	1	3	2	2	1	28
0	1	0	3	2	2	2	35
0	1	1	6	2	3	0	29
0	2	0	6	2	3	1	36
0	3	0	9	3	0	0	23
1	0	0	4	3	0	1	38
1	0	1	7	3	0	2	64
1	0	2	11	3	1	0	43
1	1	0	7	3	1	1	75
1	1	1	11	3	1	2	120
1	2	0	11	3	1	3	160
1	2	1	15	3	2	0	93
1	3	0	16	3	2	1	150
2	0	0	9	3	2	2	210
2	0	1	14	3	2	3	290
2	0	2	20	3	3	0	240
2	1	0	15	3	3	1	460
2	1	1	20	3	3	2	1,100
2	1	2	27	3	3	3	＞1,100

注1）3段階希釈の試料量が1 mL、0.1 mL、0.01 mLでは、原表のMPN×10
注2）0.1 mL、0.01 mL、0.001 mLでは、原表のMPN×100

100 mLとする（表2－1の注1参照）。

なお、固体試料の場合はストマッカーなどで均質化する際に10倍に希釈され、これが試料液となる。これを10 mL、1 mL、0.1 mL（10倍希釈液）加えると、EC発酵管中には個体試料が1 g、0.1 g、0.01 g加えられていることになり、後者の液体試料のケースと同様、最確数（MPN）は表中の数値を10倍することになる。段階希釈をさらに1段階進め、0.1 mL（10倍希釈液）、0.01 mL（100倍希釈液）、0.001 mL（1,000倍希釈）を加えた場合、最確数（MPN）は表中の数値を100倍する（表2－1の注2参照）。

【大腸菌】糞便系大腸菌群の検査で金属光沢～暗紫赤色が認められた場合、IMViC試験を実施する。IMViC試験は、インドール産生能（I）、メチルレッド反応（M）、Voges-Proskauer反応（Vi）およびクエン酸塩利用能（C）の試験をいう。IMViC試験が「＋＋－－」となったEC発酵管の数から表2－1にしたがい最確数（MPN）を求める。IMViC試験の結果は表2－2にしたがい判定する。

大腸菌群および大腸菌の検出・試験には、酵素基質培地を用いた簡易迅速検査法（実験47 大腸菌（p.170）参照）もある。合成酵素基質およびその種類は、「1－5 2 培地成分」（p.26）を参照する。

表2－2　IMViC試験判定

	インドール産生能（I）	メチルレッド反応（M）	Voges-Proskauer（フォーゲス・プロスカウエル）反応（Vi）	クエン酸塩利用能（C）
陽性（＋）	赤色	赤色	赤褐色	培地が緑から青に変化
陰性（－）	無色あるいは淡黄色	橙黄色～黄色	薄いピンク色	変化は認められない

インドール産生能（I）：SIM培地に被検菌を穿刺し、35℃で24時間培養したものに、クロロホルムを1 mL重層し、さらにコバック試薬0.5 mLを滴下して判定する。大腸菌ならば陽性で赤色となるが、陰性では無色あるいは淡黄色である。
メチルレッド反応（M）：ブドウ糖リン酸塩ペプトン培地に被検菌を接種して35℃で48時間培養後にメチルレッドを滴下して判定する。大腸菌ならば陽性で赤色となるが、陰性では橙黄色～黄色である。
Voges-Proskauer反応（Vi）：ブドウ糖リン酸塩ペプトン培地に被検菌を接種して35℃で48時間培養後に試験管に無菌的に移す。これにVP試薬1を0.5 mL、VP試薬2を0.2 mL加えてよく混ぜる。室温に2時間放置した後に判定する。大腸菌ならば陰性で薄いピンク色となるが、陽性では赤褐色である。
クエン酸塩利用能（C）：シモンズのクエン酸ナトリウム培地の斜面部に被検菌を塗抹し、35℃で72時間培養する。大腸菌ならば陰性であるので、変化は認められない。陽性の場合は菌の発育がみられ、培地が緑から青に変化する。

実験4 芽胞形成菌

●目的

バチルス（*Bacillus*）属およびクロストリジウム（*Clostridium*）属の細菌は、加熱、乾燥、化学薬品などに対して抵抗性を示す芽胞を形成する（p. 39参照）。そのため、食品が適正な加熱処理により製造された場合でも、芽胞が食品中に存在し、貯蔵中に増殖して食品を腐敗させることもある。わが国では、食肉製品、鯨肉製品および魚肉練り製品に使用するでん粉、砂糖および香辛料について、芽胞数が1,000以下基準を定めている。この場合、沸騰水中10分の加熱に耐える好気性芽胞を対象にしている。

●使用培地と希釈水

- 標準寒天培地：実験1 生菌数（p. 47）を参照し、調製する。
- 滅菌希釈水（生理食塩水）：実験1 生菌数を参照し、調製する。

●試料の調製

液体試料の場合はそのまま10〜20 mLを、固体試料の場合は10〜25 gを滅菌希釈水で均質化し、滅菌した試験管にとる。これを沸騰水中で10分加熱後急冷したものを試料液とし、実験1 生菌数と同様に10倍段階希釈する。

●操作方法

実験1 生菌数と同様の方法で行うが、標準寒天培地を混入した後、凝固したら同培地３〜４mLを重層する。35±１℃で48±３時間培養後、出現したコロニーを数え、食品１gあるいは１mLあたりの菌数を算出する。

実験5 低温細菌

●目的

食品は、通常常温よりも低温のほうが保存性が高い。これは、低温環境下では細菌の増殖速度が遅いからである。しかし、細菌の中には低温でも増殖し、冷蔵庫に保存していても食品が腐敗することは少なくない。低温細菌の定義は、はっきりと定まってはいないが、食品衛生の分野では一般的に５〜７℃で７〜10日以内に肉眼で認められるコロニーを形成する細菌とすることが多い。

●使用培地と希釈水

- 標準寒天培地：実験1 生菌数（p. 47）を参照し、調製する。
- 滅菌希釈水（生理食塩水）：実験1 生菌数を参照し、調製する。

●試料の調整

実験１ 生菌数と同様に10倍段階希釈する。

●操作方法

実験１ 生菌数と同様の方法で行うが、培養温度を５～７℃にして７～10日間培養し、出現したコロニーを数え、検体１gあるいは１mLあたりの菌数を算出する。

２－２　食中毒菌

実験６　サルモネラ属菌（NIHSJ－01法）

●目的

サルモネラ（*Salmonella*）属菌は、グラム陰性、通性嫌気性の無芽胞桿菌で腸内細菌科に属する細菌である。通常周毛性鞭毛を有して運動性があり、ブドウ糖から酸とガスを産生する。生物学的性状から*S. enterica*と*S. bongori*の２菌種に分類され、さらに*S. enterica*は６生物群に分類される（表２－３）。

サルモネラの血清型は、O抗原とH抗原の組み合わせにより、2,600種類以上が存在することが知られている。その中で食中毒に関係するものは生物群Ⅰ*enterica*の中に食品衛生上重要な血清型が含まれている。例えば、O９群に含まれるゲルトネル菌（腸炎菌）の正式な学名は*S. enterica subspecies enterica* serovar Enteritidisであるが、通常*S.* Enteritidisと表現される。ヒトに病原性を示すものは、生物群Ⅰ*enterica*と生物群Ⅲa *arizonae*の一部のみと考えられている。

表２－３　サルモネラ属菌の分類

生物種	亜種（subspecies）	生物群	血清型（serovar）
S. enterica	*S. enterica* subsp. *enterica*	Ⅰ	serovar Enteritidis serovar Typhi serovar Typhimurium serovar Choleraesuis
	S. enterica subsp. *salmae*	Ⅱ	—
	S. enterica subsp. *arizonae*	Ⅲa	—
	S. enterica subsp. *diarizonae*	Ⅲb	—
	S. enterica subsp. *houtenae*	Ⅳ	—
	S. enterica subsp. *indica*	Ⅵ	—
S. bongori	—	Ⅴ	—

出典：食品衛生検査指針委員会『食品衛生検査指針　微生物編2015』日本食品衛生協会　2015年　p.270　一部引用改変

●使用培地

前増菌培地

- 緩衝ペプトン水（BPW）

選択増菌培地

- ラパポート・バシリアディス（Rappaport-Vassiliadis：RV）培地：加温溶解後、10 mLずつ中試験管に分注し、115℃15分間滅菌する。調製後は、冷蔵庫で数週間保存できる。
- テトラチオネート（Tetrathionate：TT）培地：沸騰まで加温混和後、40℃以下に冷却する。ヨウ素溶液20 mLを培地1Lに加え、よく攪拌する。さらに攪拌しながら、10 mLずつ滅菌した試験管に分注する。TT基礎培地は調製後冷蔵庫で保存可能であるが、ヨウ素溶液添加後には調製当日に使用すること。

選択分離培地

- 硫化水素産生により判定する培地：MLCB培地、DHL培地とXLD培地から1種類。
- 硫化水素産生、非産生によらずサルモネラと判定する培地：BGS（ブリリアントグリーン＋スルファピリジン）培地、CHS（クロモアガーサルモネラ）培地、ES Ⅱ（ESサルモネラ寒天培地Ⅱ）培地、SM 2（chromID Salmonella Agar）培地から1種類。

確認培地

- TSI（Triple Sugar Iron）寒天培地：加温溶解後、小試験管に分注、121℃15分滅菌し、高層斜面培地とする。
- LIM（Lysine Indole Motility）培地：加温溶解後、小試験管に分注、121℃15分滅菌し、高層培地とする。

生化学的性状確認培地

- シモンズクエン酸ナトリウム培地【クエン酸資化性試験】：加温溶解後、小試験管に分注、121℃15分滅菌し、斜面培地とする。
- VP半流動培地：小試験管に分注、121℃15分滅菌し、高層培地とする。

●試薬

- インドール試薬（コバック試薬）：p. 53を参照する。
- VP用試薬（VP試薬1、VP試薬2）：p. 54を参照する。
- チトクロームオキシターゼ試験用ろ紙：1％テトラメチル－*p*－フェニレンジアミン蒸留水溶液を染み込ませたもの。
- ONPGディスク：ONPG（*o*－nitrophenyl－β－D－galactopyranoside）、ペプトン、リン酸一水素ナトリウムが含まれている。

●O群別確認血清

- サルモネラ免疫血清O多価、O1多価およびO群血清

●操作方法

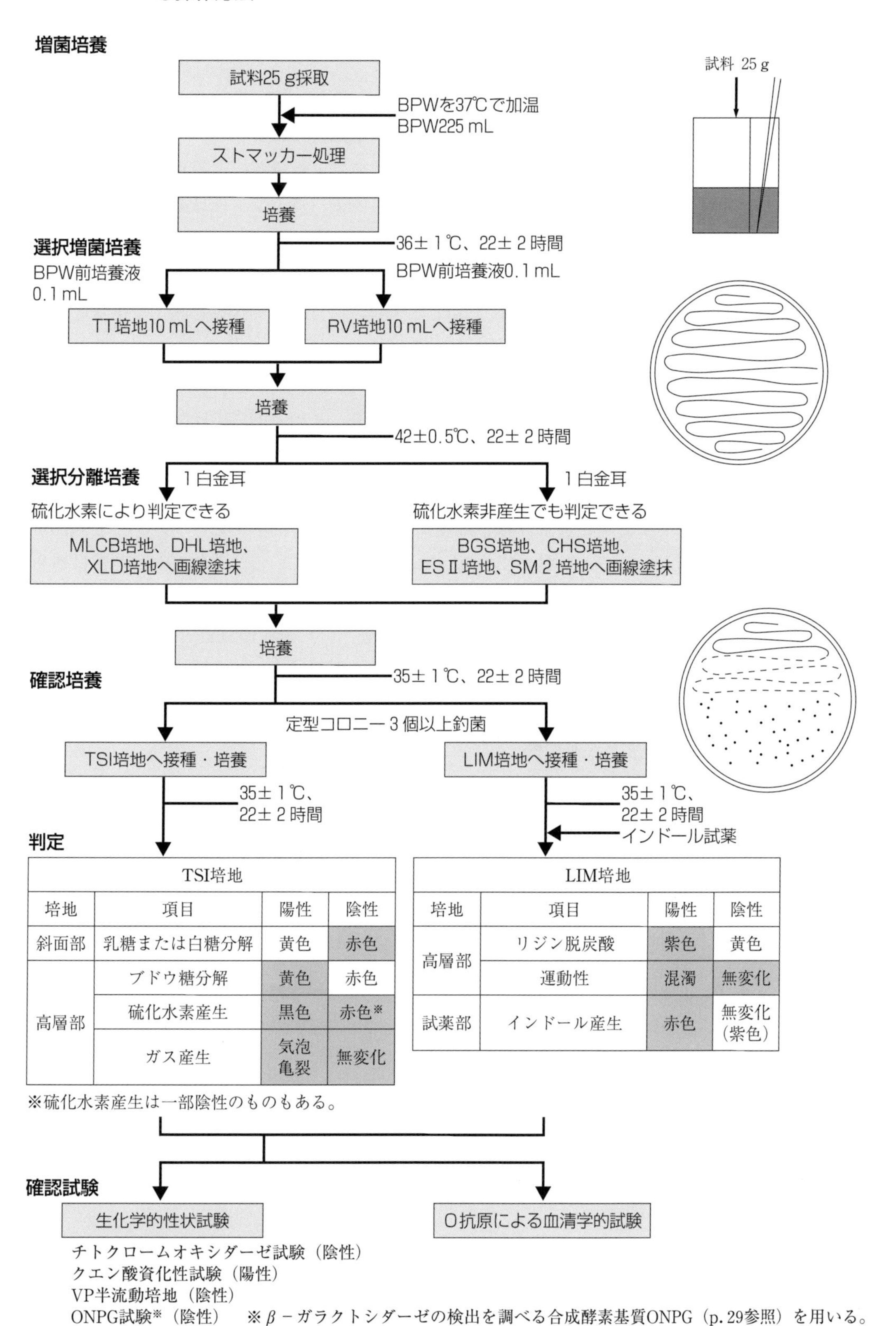

TSI培地			
培地	項目	陽性	陰性
斜面部	乳糖または白糖分解	黄色	赤色
高層部	ブドウ糖分解	黄色	赤色
	硫化水素産生	黒色	赤色※
	ガス産生	気泡亀裂	無変化

※硫化水素産生は一部陰性のものもある。

LIM培地			
培地	項目	陽性	陰性
高層部	リジン脱炭酸	紫色	黄色
	運動性	混濁	無変化
試薬部	インドール産生	赤色	無変化（紫色）

チトクロームオキシダーゼ試験（陰性）
クエン酸資化性試験（陽性）
VP半流動培地（陰性）
ONPG試験※（陰性）　※β－ガラクトシダーゼの検出を調べる合成酵素基質ONPG（p.29参照）を用いる。

実験7　黄色ブドウ球菌（NIHSJ法）

●目的

黄色ブドウ球菌（*Staphylococcus aureus*）はグラム陽性球菌であり、ブドウ状球菌属の1菌種である。本菌は人の手指、鼻腔、咽頭などに常在し、自然界に広く存在している。食品衛生上重要な病原菌であり、黄色ブドウ球菌による食中毒は、汚染された食品の保存中に増殖し、その過程で菌体外毒素（黄色ブドウ球菌エンテロトキシン：SE）を摂取することによって起こる代表的な毒素型食中毒である。

黄色ブドウ球菌は、黄色ブドウ球菌属に属するグラム陽性、コアグラーゼ産生、非運動性、無芽胞、通性嫌気性ブドウ状球菌、耐塩性（食塩7～10%存在下で生育可能）および乾燥に強いという性質を有している。

黄色ブドウ球菌エンテロトキシン（SE）は、抗原性から食中毒に関与するものとしてはSEAからSEEまでの5種類が知られており、そのうちSECは物理学的な性状から、さらにSEC_1、SEC_2およびSEC_3に分けられている。またSEA型エンテロトキシンによる食中毒が最も多く発生している。

黄色ブドウ球菌の発育条件は、温度が5～47.8℃（至適温度30～37℃）、pH4.0～10.0（至適pH6.0～7.0）およびAw0.85～0.99とされている。黄色ブドウ球菌はあらゆる食品を汚染する可能性があり、原料や加工段階、調理環境、人の手指、器具などの検査を行い、汚染されている場合には、分離された菌株のSE産生性や型別を明らかにする必要がある。食品衛生法では、加熱食肉製品について黄色ブドウ球菌の成分規格が定められており、定量試験は平板培養法で行われている。黄色ブドウ球菌の検査には、定性試験と定量試験がある。

●使用培地

- 緩衝ペプトン水（BPW）

選択分離培地

- 卵黄加マンニット食塩寒天培地
- トリプトケースソイ寒天培地（TSA培地）
- ブレインハートインフュージョン培地（BHI液体培地）

●試薬

- ウサギ血清：ウサギプラズマなど

●操作方法

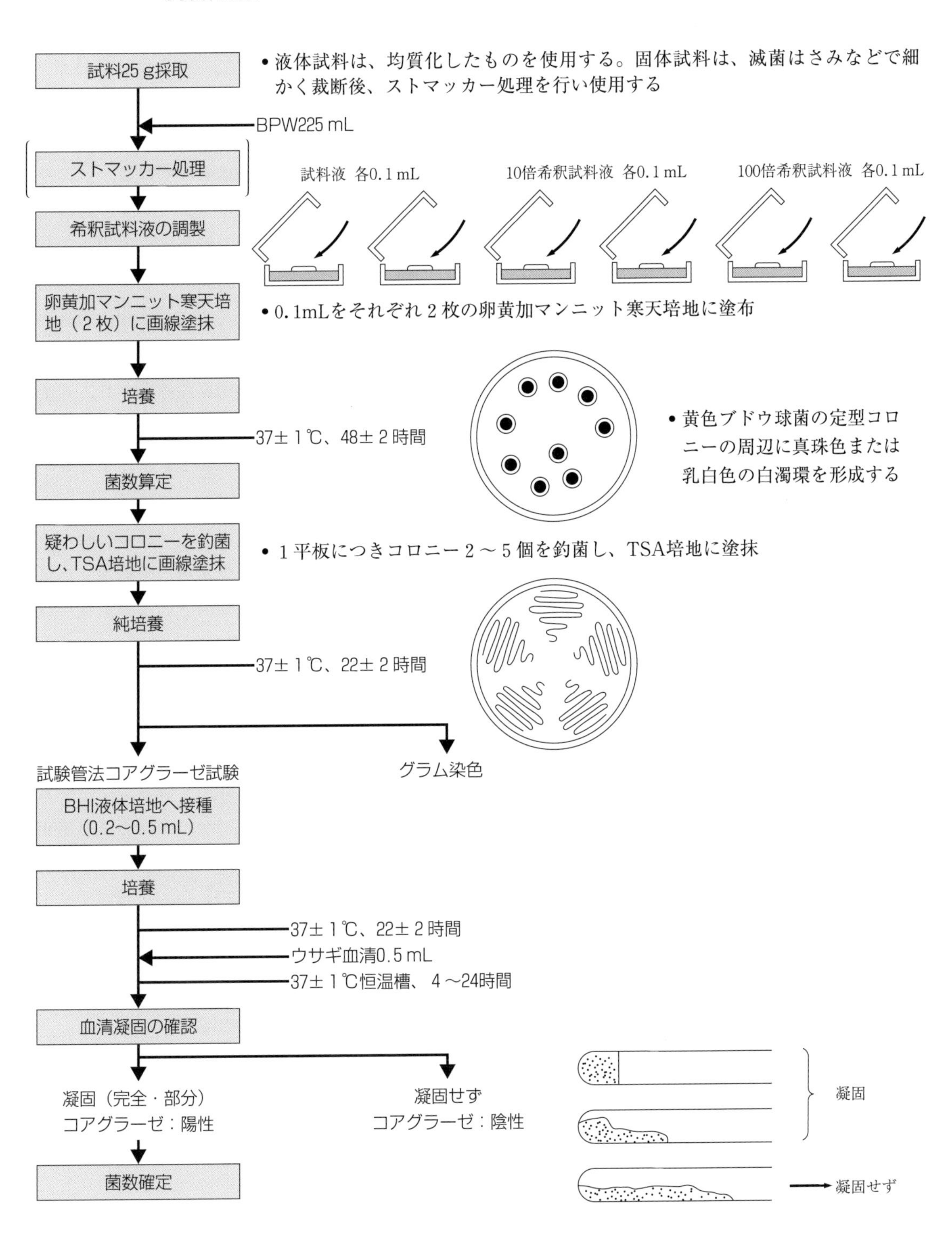

試料25 g採取
• 液体試料は、均質化したものを使用する。固体試料は、滅菌はさみなどで細かく裁断後、ストマッカー処理を行い使用する
BPW225 mL
ストマッカー処理
試料液 各0.1 mL
10倍希釈試料液 各0.1 mL
100倍希釈試料液 各0.1 mL
希釈試料液の調製
卵黄加マンニット寒天培地（2枚）に画線塗抹
• 0.1mLをそれぞれ 2 枚の卵黄加マンニット寒天培地に塗布
培養
37± 1 ℃、48± 2 時間
• 黄色ブドウ球菌の定型コロニーの周辺に真珠色または乳白色の白濁環を形成する
菌数算定
疑わしいコロニーを釣菌し、TSA培地に画線塗抹
• 1 平板につきコロニー 2 ～ 5 個を釣菌し、TSA培地に塗抹
純培養
37± 1 ℃、22± 2 時間
試験管法コアグラーゼ試験
グラム染色
BHI液体培地へ接種（0.2～0.5 mL）
培養
37± 1 ℃、22± 2 時間
ウサギ血清0.5 mL
37± 1 ℃恒温槽、 4 ～24時間
血清凝固の確認
凝固（完全・部分）
コアグラーゼ：陽性
凝固せず
コアグラーゼ：陰性
凝固
凝固せず
菌数確定

実験8　腸炎ビブリオ

●目的

ビブリオ属菌のうち、食中毒原因菌として腸炎ビブリオ（*Vibrio parahaemolyticus*）、コレラ菌（*V. cholerae*）、ナグビブリオ（*V. cholera*　non－O１）、ビブリオ・ミミカス（*V. mimicus*）、ビブリオ・フルビアリス（*V. fluvialis*）が知られている。ビブリオ属菌はビブリオ科に属し、カタラーゼ陽性、チトクロームオキシダーゼ陽性、鞭毛を有し運動性があり、グラム陰性、ブドウ糖発酵、通性嫌気性の無芽砲桿菌である。

腸炎ビブリオは、食塩を３％程度含む培地でよく増殖する。腸炎ビブリオには神奈川現象と呼ばれる特殊な溶血反応を起こす耐熱性溶血毒TDH（Thermostable Direct Hemolysin）および易熱性溶血毒TRH（TDH－Related Hemolysin）が病原因子として関係しているとされ、これら一方または両方を有する菌株が病原性株とされ、発症を引き起こす病原性腸炎ビブリオの接種菌数は100以上とされている。海水および魚介類から検出される本菌のほとんどがTDHまたはTRH陰性の病原性をもたないものである。

腸炎ビブリオは海水や海泥に常在する好塩性細菌である。海水温度が15℃を超える時期（５～10月）から検出され始め、20℃以上となる夏場では魚介類、甲殻類や海藻類から高頻度に検出され、冬場では検出されなくなる。夏場に検出される腸炎ビブリオのうち、TDHまたはTRH陽性株が食中毒を起こす感染型食中毒である。

生食用鮮魚介類、生食用かき、冷凍食品（生食用冷凍鮮魚海類）中の腸炎ビブリオは製品１gあたり最確数（MPN）100以下であることとされている。また、ゆでだこ、ゆでがには腸炎ビブリオは検出されてはならない（陰性）。

試料の採取法と調製法は、ゆでだこおよびゆでがに、生食用鮮魚介類および冷凍食品、そして生食用かきで異なるが、ここではゆでだこおよびゆでがにの検査法を示す。

●使用培地

増菌培地

- ２％塩化ナトリウム加アルカリペプトン水（pH 8.6～8.8）（APW）：アルカリペプトン水に塩化ナトリウムを終濃度２％となるよう加える。

分離培地

- TCBS寒天培地
- 酵素基質培地（クロモアガービブリオ寒天培地）
- 酵素基質培地（X－VP寒天培地）

分離菌株の性状解析用培地

- １％塩化ナトリウム加TSI寒天培地：TSI寒天培地に終濃度１％の塩化ナトリウムを加える。加温溶解後、試験管に分注したのち、高圧蒸気滅菌を行い、斜面培地とする。
- １％塩化ナトリウム加LIM培地：LIM寒天培地に終濃度１％の塩化ナトリウムを

加える。加温溶解後、試験管に分注したのち、高圧蒸気滅菌を行い、高層培地とする。

- １％塩化ナトリウム加VP半流動培地：VP半流動培地に終濃度１％の塩化ナトリウムを加える。加温溶解後、試験管に分注したのち、高圧蒸気滅菌を行い、高層培地とする。
- ０、３、８、10％塩化ナトリウム加Nutrient Broth：Nutrient Broth培地に０、３、８ならびに10％の塩化ナトリウムを加えたものを調製する。加温溶解後、試験管に分注したのち、高圧蒸気滅菌を行う。

●試薬および器具

- コバック試薬：p.53を参照する。
- VP試薬１（５％α－ナフトール・アルコール溶液）：p.54を参照する。
- VP試薬２（クレアチン加40％水酸化カリウム水溶液）：p.54を参照する。
- チトクロームオキシダーゼ試験用ろ紙：p.60を参照する。

●操作方法

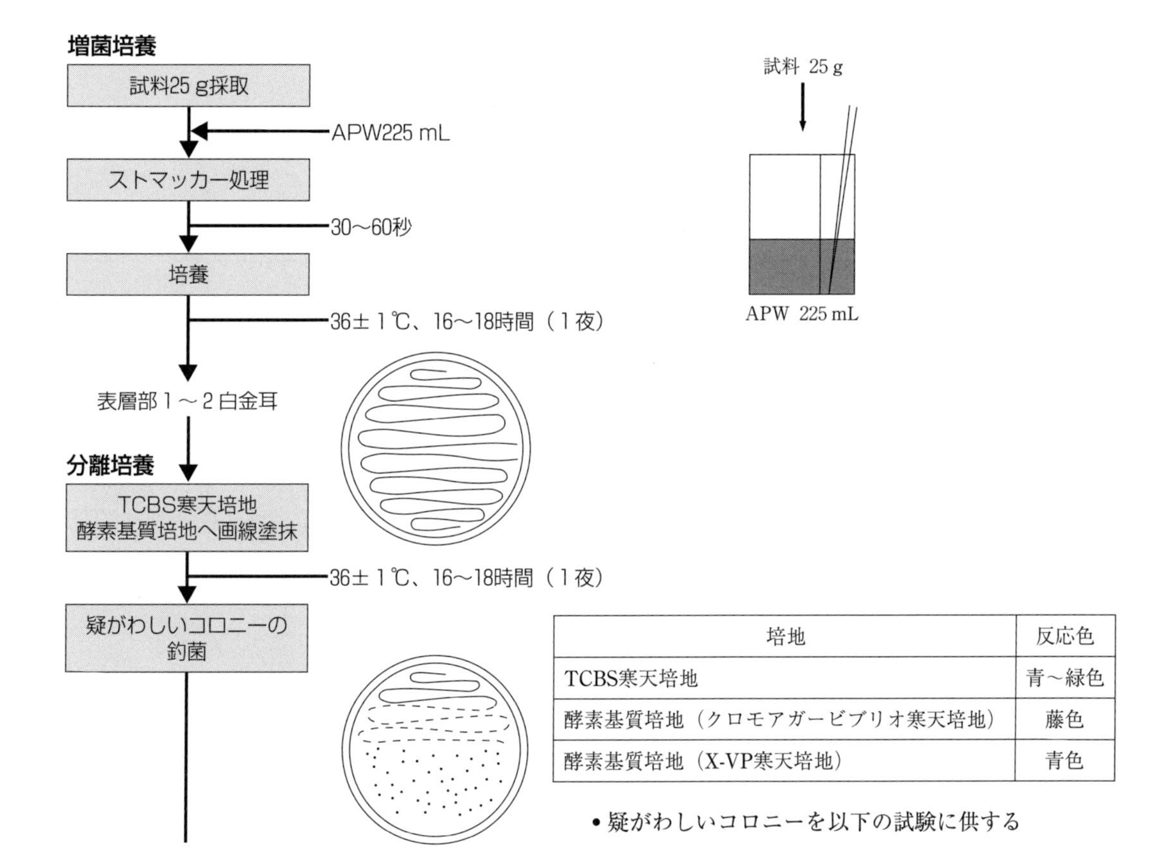

培地	反応色
TCBS寒天培地	青～緑色
酵素基質培地（クロモアガービブリオ寒天培地）	藤色
酵素基質培地（X-VP寒天培地）	青色

- 疑がわしいコロニーを以下の試験に供する

同定

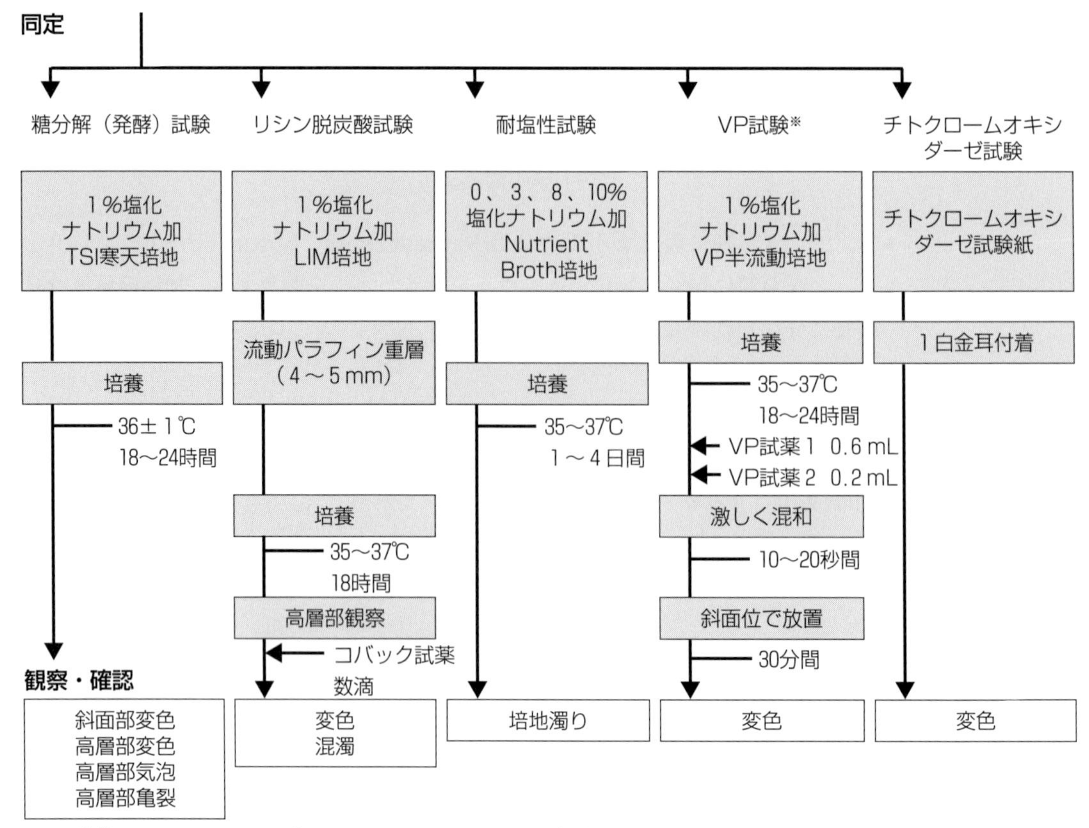

※VP試験：Voges-Proskauer（フォーゲス・プロスカウエル）試験は、ブドウ糖からアセチルメチルカルビノール（アセトイン）を産生するか否かを判定する。

判定

性状試験	培地	項目		陽性（＋）	陰性（－）
糖分解（発酵）試験 1％塩化ナトリウム加 TSI寒天培地	斜面部	乳糖・白糖分解		黄色	無変化(赤色)
	高層部	ブドウ糖分解		黄色	無変化(赤色)
		硫化水素産生		黒色	無変化(赤色)
		ガス産生		気泡/亀裂	無変化
リシン脱炭酸試験 1％塩化ナトリウム加 LIM培地	高層部	リジン脱炭産		紫色	黄色
		運動性		混濁	無変化
	試薬部	インドール産生		赤色	無変化(紫色)
耐塩性試験 塩化ナトリウム加 Nutrient Broth培地	好塩性 ・ 耐塩性	塩化 ナトリウム 濃度	0％	発育	発育しない
			3％	発育	発育しない
			8％	発育	発育しない
			10％	発育	発育しない
VP試験 1％塩化ナトリウム加 VP半流動培地	試薬部	アセチルメチル カルビノール産生		赤色または 深紅色	無変化
チトクロームオキシダーゼ試験	試験紙	チトクローム オキシダーゼ反応		青変	無変化

血清型別試験
必要に応じて分離株の血清型別試験を行う。検査キット（「腸炎ビブリオ型別用免疫血清」〔デンカ生研〕）を使用し、OとKの血清型を確定する。詳細は添付の説明書を参照する。ヒトから分離された病原性腸炎ビブリオは86血清型が確認されている。

実験９　腸管出血性大腸菌

●目的

大腸菌はヒトや各種動物の腸管内に存在し、通常病原性はないが、一部の大腸菌はヒトに対して病原性があり、これらは総称して病原性大腸菌（下痢原性大腸菌）と呼ばれる。現在、病原性大腸菌は菌の保有する病原性因子の違いによって、①腸管侵入性大腸菌（EIEC）、②腸管毒素原性大腸菌（ETEC）、③腸管病原性大腸菌（EPEC）、④腸管出血性大腸菌（EHEC）、⑤腸管凝集接着性大腸菌（EAEC）の５タイプに分類されている。

これらの病原性大腸菌のうち、食品衛生上最も問題になっているのがEHECであり、耐熱性菌体抗原であるO抗原と、易熱性の鞭毛抗原であるH抗原に分類される。わが国においては、患者および保菌者から分離されるEHECのO抗原による血清型は、O157が最も多いが、その他の血清型の分離頻度も高くなってきており、O157以外のEHECについても注意が必要である。

現在のところ、腸管出血性大腸菌だけを選択する分離培地や増菌培地はなく、一部を除いて生化学的性状は通常の腸内常在菌と同じである。さらに血清型での分類はいずれも例外があるため、血清型だけでは病原菌を定義できない。したがって、検出された大腸菌の分類を行う場合には、各々が保有する病原性因子、あるいはその表現型の有無を明らかにすることが必須である。ここでは、厚生労働省通知「食品からの腸管出血性大腸菌O26、O103、O111、O121、O145およびO157の検査法」（平成26年11月20日食安監発1120第１号）について示す。

●使用培地

増菌培地

- modified EC（mEC）培地

分離培地【直接塗抹法】

- セフィキシム・亜テルル酸カリウム添加（CT）ソルビトールマッコンキー（CT－SMAC）寒天培地
- CT－クロモアガーSTEC培地
- CIX寒天培地
- XM－EHEC寒天培地
- Vi EHEC寒天培地
- CT－クロモアガーO157培地

- CT－クロモアガーO26/O157培地
- CT－BCMO157寒天培地
- CT－Vi RXO26寒天培地
- CT－レインボーアガーO157培地

鑑別培地【生化学的性状試験】

- TSI寒天培地
- LIM培地
- CLIG培地

●試薬および装置

- 50 mmol/L NaOH、1 mol/L Tris－HCl（pH7.0）または市販のキット【DNA抽出用】
- 公表されているVT遺伝子検出用プライマーおよびプローブでの自家調製試薬および市販の遺伝子増幅試薬または市販のキット【VT遺伝子検査用】
- 公表されているO抗原遺伝子検出用プライマーおよびプローブでの自家調製試薬および市販の遺伝子増幅試薬または市販のキット【O抗原遺伝子検査用】
- 免疫血清または抗体を感作したラテックスを使用した凝集試薬【血清型別試験用】
- リアルタイム PCR装置

●操作方法

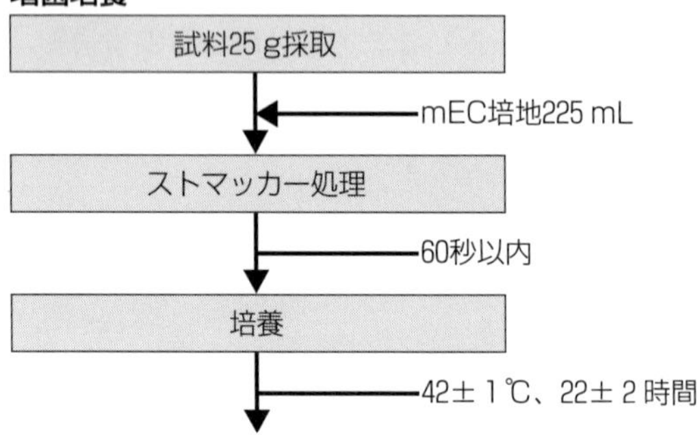

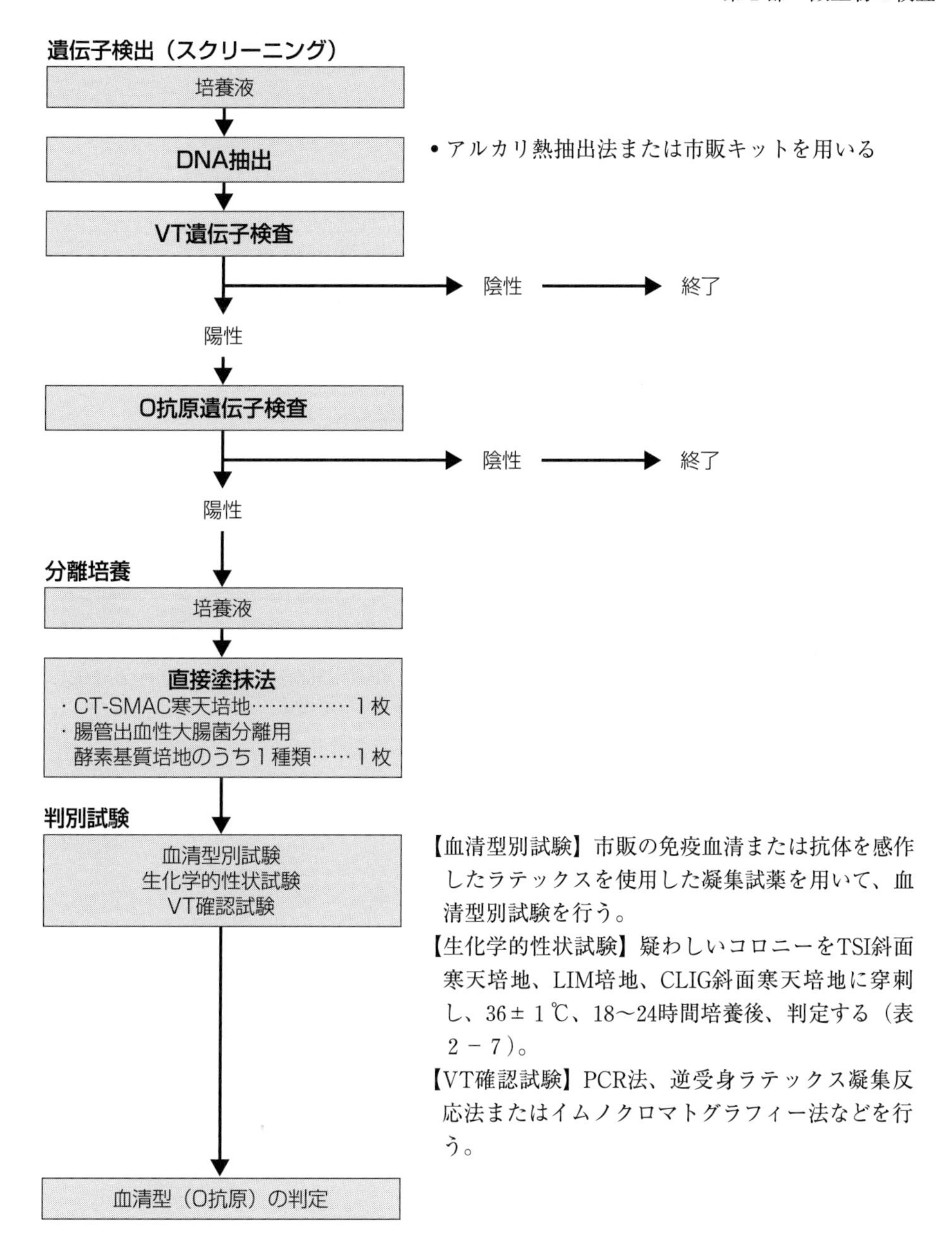

１　DNA抽出

①培養液0.1 mLをマイクロチューブにとり、10,000×gで10分間遠心し、上清を取り除く。

②沈渣に滅菌した50 mmol/L NaOH 85 µLを添加して100℃で10分加熱処理する。

③②の処理液に滅菌１mol/L Tris－HCl（pH7.0）15 µLを加えて中和し、2,000～10,000×gで10分間遠心分離後の上清を検体とする。

表2－4　VT遺伝子検査の反応液調製

試　薬		容　量
滅菌精製水		6.28 µL
TaqMan Environmental Master Mix2.0		15.0 µL
プライマー	VT 1 -F（50 pmol/µL）	0.36 µL
	VT 1 -R（50 pmol/µL）	0.36 µL
	VT 2 -F（50 pmol/µL）	0.36 µL
	VT 2 -R（50 pmol/µL）	0.36 µL
	16s rRNA-F（20 pmol/µL）	0.24 µL
	16s rRNA-R（20 pmol/µL）	0.24 µL
プローブ	VT 1 -P	0.6 µL
	VT 2 -P	0.6 µL
	16s rRNA-P	0.6 µL
計		25.0 µL

注）表中のプローブ、プライマーの配列は「食品からの腸管出血性大腸菌O26、O103、O111、O121、O145およびO157の検査法」http://www.mhlw.go.jp/file/06-Seisakujouhou-11130500-Shokuhinanzenbu/141120-1.pdf（平成26年11月20日食安監発1120第1号）を参照。

2　VT遺伝子検査

①反応液を調製する（表2－4）。

②反応プレートのウェルまたは反応チューブに25.0 µLずつ反応液を入れる。

③検体DNA5.0 µLを加える。

④リアルタイムPCR装置にかける。増幅反応は50℃で2分、95℃で10分を1サイクル、次いで95℃で15秒、60℃で1分を45サイクルに設定し、ランを開始する。

⑤ランが終了したらデータを解析し、VT遺伝子の有無を確認する。

3　O抗原遺伝子検査

①反応液を調製する（表2－5）。

②反応プレートのウェルまたは反応チューブに25.0 µLずつ反応液を入れる。

③検体DNA5.0 µLを加える。

④リアルタイムPCR装置にかける。増幅反応は50℃で2分、95℃で10分を1サイクル、次いで95℃で15秒、60℃で1分を45サイクルに設定し、ランを開始する。

⑤ランが終了したらデータを解析し、O抗原遺伝子の有無を確認する。

表2－5　O抗原遺伝子検査の反応液調製

試　薬			容　量
滅菌精製水			7.9 µL
TaqMan Environmental Master Mix2.0			15.0 µL
O26/O157検出	プライマー（20 pmol/µL）	Wzx-O26-F	0.3 µL
		Wzx-O26-R	0.3 µL
		RfbE-O157-F	0.3 µL
		RfbE-O157-R	0.3 µL
	プローブ（5 pmol/µL）	Wzx-O26-P	0.6 µL
		RfbE-O157-P	0.3 µL
O103/O111検出	プライマー（20 pmol/µL）	Wzx-O103-F	0.3 µL
		Wzx-O103-R	0.3 µL
		WbdI-O111-F	0.3 µL
		WbdI-O111-R	0.3 µL
	プローブ（5 pmol/µL）	Wzx-O103-P	0.3 µL
		WbdI-O111-P	0.6 µL
O121/O145検出	プライマー（20 pmol/µL）	Wzx-O121-F	0.3 µL
		Wzx-O121-R	0.3 µL
		Wzx-O145-F	0.3 µL
		Wzx-O145-R	0.3 µL
	プローブ（5 pmol/µL）	Wzx-O121-P	0.3 µL
		Wzx-O145-P	0.6 µL
計（各反応液）			25.0 µL

注）表2－4に同じ

4　直接塗抹法

①表2－6の培地を「食品からの腸管出血性大腸菌O26、O103、O111、O121、O145およびO157の検査法」（平成26年11月20日食安監発1120第1号）にしたがって調製する。

②CT－SMAC寒天培地および❷～❿の1種類について各1枚ずつ計2枚に画線塗抹し、36℃±1℃で18～24時間培養する。

③表2－6で判定する。

表2－6　判定（直接塗抹法）

培　地	コロニーの特徴
❶CT－SMAC寒天培地	・O157はソルビトール（－）の無色透明コロニー ・O26、O103、O111、O121およびO145はソルビトール（＋）の赤色コロニーを形成
❷CT－クロモアガーSTEC培地	・藤色コロニーを形成
❸CIX寒天培地	・O26およびO111は群青色～濃紫色 ・O157は青～青緑色のコロニーを形成 ・O103、O121およびO145は多様な色調のコロニーを形成
❹XM－EHEC寒天培地	・O26は青紫色 ・O111は白濁した赤紫～紫色 ・O103、O121およびO145はソルビトール（＋）の赤色コロニーを形成
❺Vi EHEC寒天培地	・O157はソルビトール（－）の無色透明コロニー ・O26、O103、O111、O121およびO145はソルビトール（＋）の赤色コロニーを形成
❻CT－クロモアガーO157培地	・O157はソルビトール（－）の無色透明コロニー ・O26、O103、O111、O121およびO145はソルビトール（＋）の赤色コロニーを形成
❼CT－クロモアガーO26/O157培地	・O157はソルビトール（－）の無色透明コロニー ・O26、O103、O111、O121およびO145はソルビトール（＋）の赤色コロニーを形成
❽CT－BCMO157寒天培地	・O157はソルビトール（－）の無色透明コロニー ・O26、O103、O111、O121およびO145はソルビトール（＋）の赤色コロニーを形成
❾CT－Vi RXO26寒天培地	・O157はソルビトール（－）の無色透明コロニー ・O26、O103、O111、O121およびO145はソルビトール（＋）の赤色コロニーを形成
❿CT－レインボーアガーO157培地	・O157はソルビトール（－）の無色透明コロニー ・O26、O103、O111、O121およびO145はソルビトール（＋）の赤色コロニーを形成

表2－7　判定（生化学的性状試験）

TSI斜面寒天培地	LIM培地	CLIG斜面寒天培地
高層部黄変、 斜面部黄変、 硫化水素（＋）、 ガス（＋）	高層部紫色変、 運動性（＋）、 インドール（＋）、	高層部黄変、 斜面部赤変、 O157は蛍光（－）、 O26、O103、O111、 O121およびO145は 蛍光（＋）

実験10　ウエルシュ菌

●目的

ウエルシュ菌（*Clostridium perfringens*）はクロストリジウム属の一種で、偏性嫌気性の芽胞形成菌である。ウエルシュ菌はヒトや動物の大腸内常在菌であり、土壌や河川、海泥にも広く分布しているため、食肉、魚介類あるいは野菜など多くの食品が本菌に汚染されている可能性がある。さらに本菌は耐熱性芽胞を形成するため、加熱処理によって完全に死滅せず、調理食品や加工食品からも検出され、食品の品質管理上重要視しなければならない菌でもある。ただし、動物や食品から検出されるすべてのウエルシュ菌がヒトに食中毒を起こすわけではなく、エンテロトキシン産生性を有する一部のウエルシュ菌が食中毒の原因となる。発症菌量は食品１gあたり10^6個以上と、他の感染型食中毒よりも大量の菌を必要とする。食品内で増殖したウエルシュ菌は、腸管内で芽胞を形成し、同時にエンテロトキシンが産生される。したがって、患者の便からはエンテロトキシンが検出されるが、食品中からは検出されない。

ウエルシュ菌検査法は、国際的にはISO法、FDA法、BAM法などがあるが、わが国においては公定法や妥当性確認された標準試験法は示されていない（2015年２月現在）。ここでは、『食品衛生検査指針　微生物編2015』に収載されている国内汎用法（定性法）による検査法を示す。

●使用培地と希釈水

増菌培地

- TGC培地

分離選択培地

- 卵黄加CW寒天培地【カナマイシン含有】：卵黄液を無菌的に採取して滅菌希釈水（生理食塩水p. 47参照）で50％卵黄希釈液とする。これを10％濃度になるようにCW（*Clostridium welchii*）寒天培地に添加し、混合後に平板培地にする。

好気・嫌気発育試験用培地

- 卵黄加CW寒天培地【カナマイシン不含】
- 0.1％ペプトン加生理食塩水

●操作方法

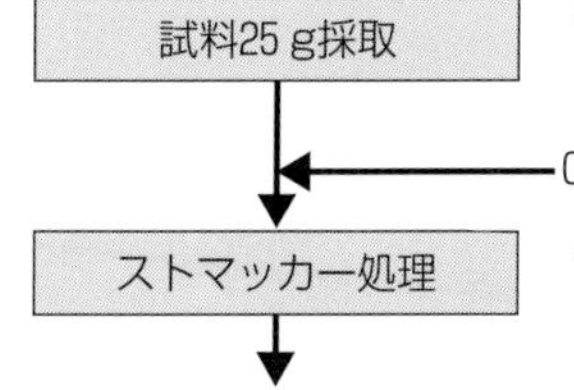

0.1%ペプトン加生理食塩水225 mL

- ウエルシュ菌は、食品の中心部の嫌気的部位に遍在することが多いので、中心部を含む試料の数か所から採取する
- さらに10倍段階希釈することもある

増菌培養

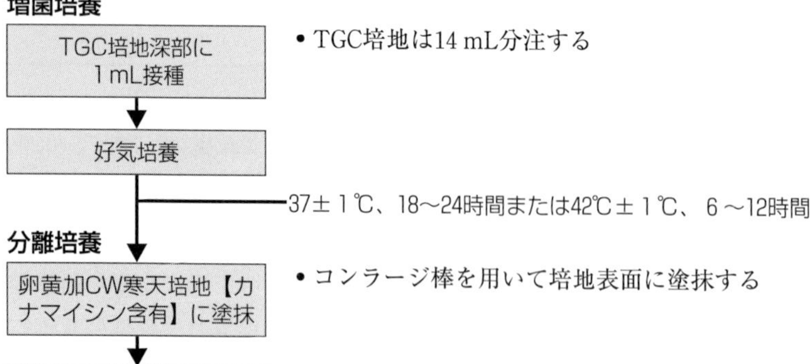

TGC培地深部に1 mL接種

・TGC培地は14 mL分注する

↓

好気培養

37±1℃、18～24時間または42℃±1℃、6～12時間

分離培養

卵黄加CW寒天培地【カナマイシン含有】に塗抹

・コンラージ棒を用いて培地表面に塗抹する

↓

嫌気培養

37±1℃、18～24時間

シャーレ

嫌気培養剤

嫌気指示薬

嫌気培養ジャー（角型）

> 嫌気培養ジャーの使い方
>
> ①嫌気培養ジャーの中に被検菌を塗布したシャーレを入れる。
>
> ②嫌気培養剤（酸素吸入・炭酸ガス発生剤）を入れて密封する。
>
> なお、ジャーの中が嫌気状態になっていることを確認するために、嫌気指示薬（酸素検知剤）もジャーの中に入れるとよい。

↓

疑わしいコロニーの釣菌

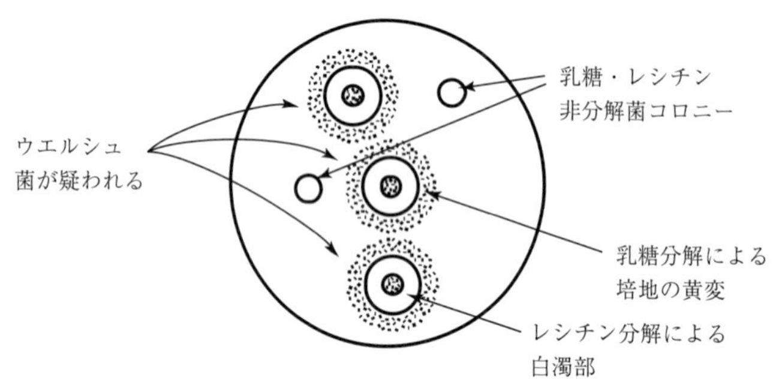

卵黄加CW寒天平板培地上のウエルシュ菌コロニー

> 卵黄反応
>
> 卵黄反応陽性のウエルシュ菌は2～3 mmの円形で黄白色の光沢のあるコロニーを形成し、乳糖を分解するため酸性となり、コロニー周辺の培地を黄変させる。その周囲にレシチナーゼにより分解されたレシチンの白濁がみられる（レシチナーゼ陽性）。

↓

好気・嫌気発育試験

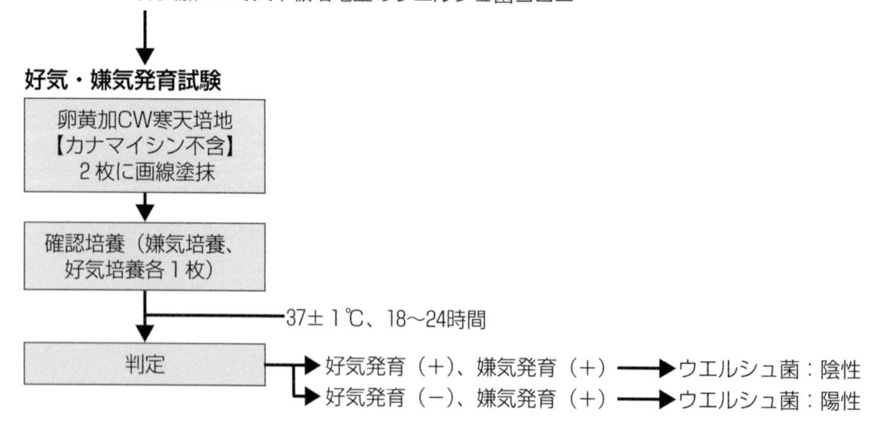

卵黄加CW寒天培地【カナマイシン不含】2枚に画線塗抹

↓

確認培養（嫌気培養、好気培養各1枚）

37±1℃、18～24時間

↓

判定

→好気発育（＋）、嫌気発育（＋）→ウエルシュ菌：陰性

→好気発育（－）、嫌気発育（＋）→ウエルシュ菌：陽性

必要に応じて、さらに以下の確認試験を実施する。反応があればウエルシュ菌陽性となる。

確認試験

試験名	反　応
グラム染色	グラム（＋）、桿菌
レシチナーゼ反応試験（卵黄加CW寒天培地）	白濁環（＋）
乳糖分解試験（LG培地）	乳糖分解（＋）
牛乳凝固・消化試験（還元鉄加スキムミルク培地）	嵐状発酵・凝固確認
ゼラチン液化試験（LG培地）	液化（＋）
亜硝酸塩還元試験（NM培地）	硝酸塩還元（＋）
運動性試験（NM培地）	グラム（＋）、桿菌

実験11　セレウス菌

●目的

セレウス菌（*Bacillus cereus*）は、グラム陽性、好気性の芽胞形成桿菌であり、土壌をはじめ、空気および河川水などの自然環境に広く分布し、ヒトの腸管内にも保菌されている。そのため、農産物、水産物および畜産物などから検出され、食品の衛生的な取り扱いがなされなかった場合、特に腐敗・変敗の原因となる。加熱しても芽胞を形成し完全に死滅させられないので、品質管理上問題となる。発育条件は温度が10～48℃（至適温度32℃）、pHは4.9～9.3（至適pH7.0）である。

セレウス菌食中毒は、臨床症状によって「嘔吐型」と「下痢型」に分類される。「嘔吐型」食中毒は、本菌が産生するセレウリドと呼ばれるペプチドが原因とされ、わが国のセレウス菌食中毒事例の大半を占める。

●使用培地

- 卵黄加NGKG寒天培地（分離選択培地）：卵黄液を無菌的に採取して滅菌希釈水（生理食塩水p.47参照）で20%卵黄希釈液とする。これを10%濃度になるようにNGKG（NaCl Glycine Kim and Goepfert）寒天培地に添加し、混合後に平板培地にする。

●操作方法

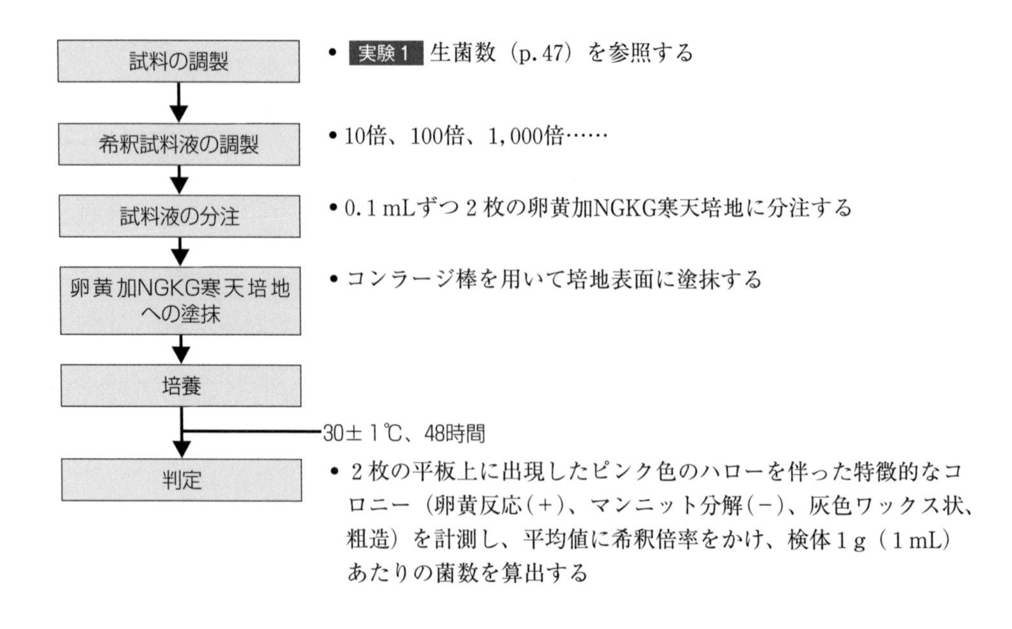

実験12 カンピロバクター属菌（NIHSJ法）

●目的

カンピロバクター属菌はブドウ糖非発酵のグラム陰性で、S字状に湾曲した菌体が特徴の桿菌である。酸素が3～15%で発育する微好気性菌である。ヒトで食中毒の原因となる菌種は主にカンピロバクター・ジェジュニとカンピロバクター・コリ（*Campylobacter jejuni/coli*）である。カンピロバクター・ジェジュニは42～45℃で発育しやすく、乾燥や酸性条件に弱い性質がある。ニワトリ、ウシ、ブタなどの家禽や家畜、野鳥や野生動物の腸管内に常在する。他の食中毒菌と異なり、数百～数千個の少量菌でも発症し、わが国における細菌性食中毒の中でも主要な位置を占める。主に汚染された食肉・食肉製品・水などの摂取により感染し、中でも鶏肉と牛レバーは主要な感染源である。

●使用培地

増菌培地

- Preston培地

選択分離培地

- 第一選択分離培地：mCCDA培地
- 第二選択分離培地：バツラー寒天培地、スキロー寒天培地、Preston寒天培地、カルマリー寒天培地から選択する。

非選択培地

- ブルセラ寒天培地

●試薬および装置

- グラム染色用染色液：p. 41を参照する。
- 過酸化水素水
- チトクロームオキシダーゼ試薬用ろ紙：p. 60を参照する。
- CO_2インキュベータまたはマルチガスインキュベータ（酸素5±2％、二酸化炭素10±3％、残りは窒素）または嫌気培養ジャー

●操作方法

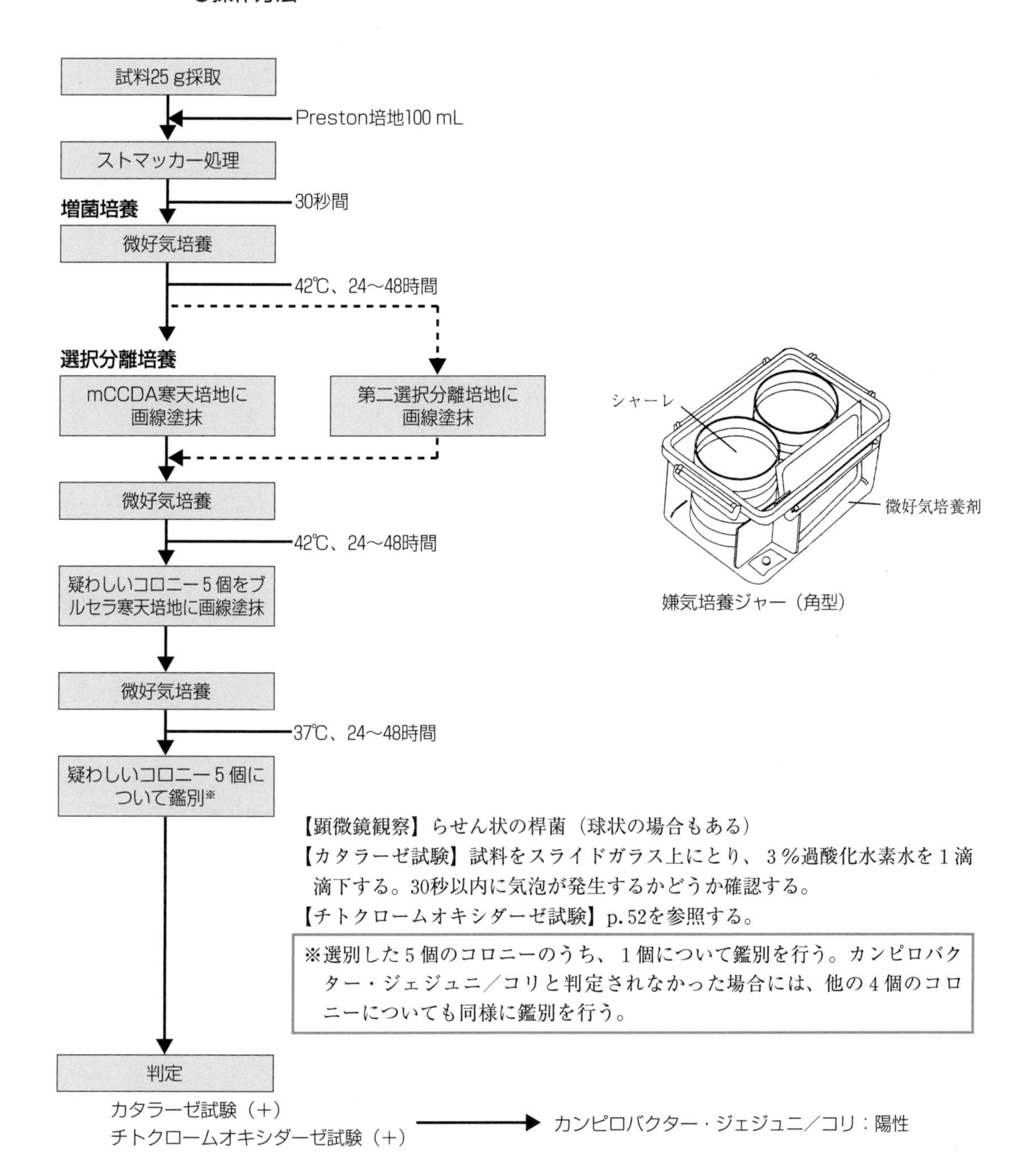

実験13 リステリア菌

●目的

リステリア菌（*Listeria monocytogenes*）は、グラム陽性、通性嫌気性、無芽胞の短桿菌で1～4本の鞭毛をもち、運動性がある。他の食中毒菌が増殖できない0～4℃でも増殖可能であり、家畜や鳥類、魚類、昆虫から検出され、その他に土壌、河川水など自然界に広く分布している。

リステリア・モノサイトゲネス定性試験法（公定法：NIHSJ－08－ST 4法）では2種の選択分離寒天培地（酵素基質培地とその他の選択培地）を使用するが、ここではPALCAM寒天培地またはOxford寒天培地を用いる方法を示す。

●使用培地

増菌培地

- half－Fraserブイヨン培地

選択分離培地

- PALCAM寒天培地またはOxford寒天培地

確認試験培地

- トリプトソイ酵母エキス寒天（TSYEA）培地
- 羊血液寒天培地
- 炭水化物分解試験培地

  基礎培地と炭水化物溶解液を9：1の割合で混合する。

  基礎培地：肉ペプトン10 g、肉エキス1 g、塩化ナトリウム5 g、ブロムクレゾールパープル0.02 gを精製水1 Lに溶解する。

  炭水化物溶解液：ラムノース、キシロースまたはマンニット5 gを100 mLの精製水に溶かし、ろ過滅菌したものである。なお、炭水化物の最終濃度は0.5%とする。

●操作方法

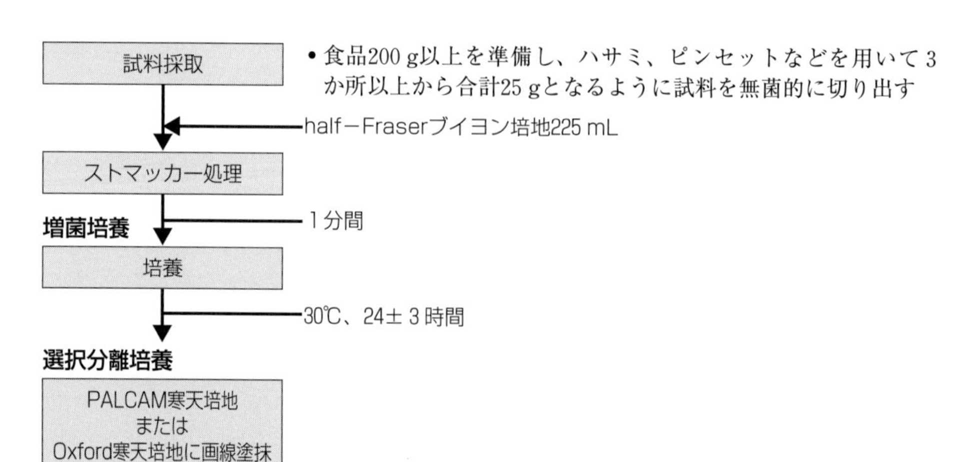

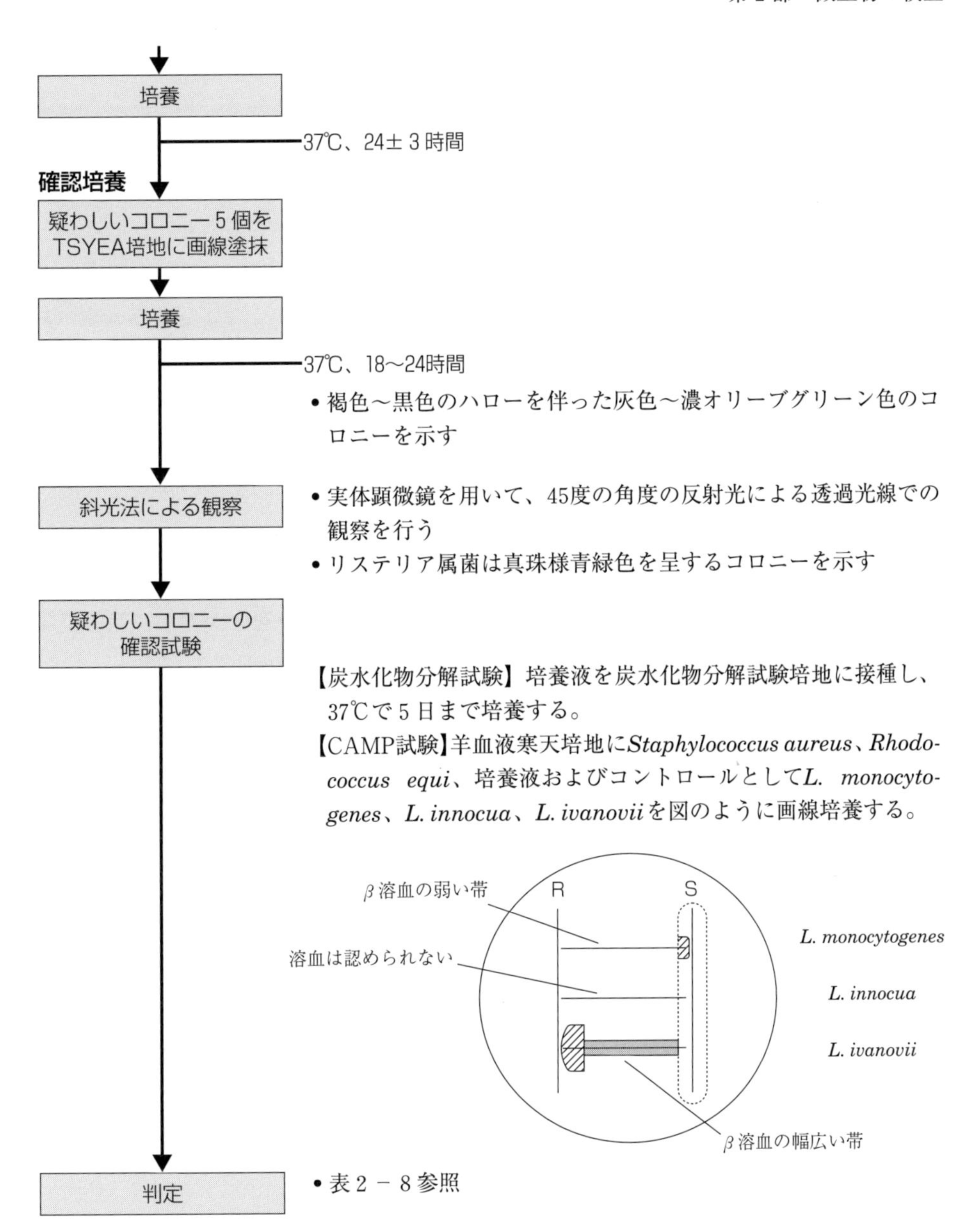

表2－8　リステリア属菌の鑑別性状

菌　種	CAMP試験		炭水化物分解試験		
	S. aureus	*R. equi*	ラムノース	キシロース	マンニット
L. monocytogenes	+	−	+	−	−
L. ivanovii	−	+	−	+	−
L. innocua	−	−	d	−	−
L. welshimeri	−	−	d	+	−
L. seeligeri	+	−	−	+	−
L. grayi	−	−	d	−	+

注）＋：81～100％が陽性、－：10％以下が陽性、d：11～80％が陽性

2－3 真菌

カビと酵母という名称はいずれも真菌に含まれる生物である。カビは細胞が糸状に連結して菌糸を形成し、胞子を形成するので糸状菌とも呼ばれる。一方、酵母は球形から楕円形で通常菌糸はみられず、出芽によって増殖する。真菌は、土壌、水、空気など自然環境中に広く分布しており、食品を汚染し、食品の保存期間中に腐敗や変敗を引き起こす。アスペルギルス属（*Aspergillus*）、ペニシリウム属（*Penicillium*）、フザリウム（*Fusarium*）などの中には、カビ毒（マイコトキシン）を産生するカビも含まれる。一方、酵母はマイコトキシン産生能がなく、アルコール発酵能力が高いので、ビールやワイン製造に重要な役目を果たしている。アスペルギルス属のカビは、日本酒、焼酎、醤油、味噌、チーズなど発酵食品の製造に古来より用いられている。

真菌はクロロフィルをもっていないが、栄養を吸収するために様々な分解酵素を分泌し、他の生物にとって分解が難しい化合物を分解できることから、生態系の中では分解者として知られている。真菌の特徴は、生育速度が遅い、低温で発育する、好気性である。また、低い水分活性でも生育し、低いpHで生育する。したがって、通常の生鮮食品では、細菌が優先的に増殖し、食品を腐敗させる。その一方で、乾燥食品や酸性食品では、カビが優先的に増殖する。

真菌は、雄性生殖の有無、生活環の違いなどから分類されている。真菌には以下の門が分類されている。接合菌門、子嚢菌門、担子菌門、ツボカビ門、コウマクキン門、ネオカリマスティクス門、グロムス菌門、微胞子虫門の８門と有性世代（テレオモルフ）が不明なものは不完全菌類として扱われている。不完全世代（アナモルフ）のみが知られていたもので有性世代が発見されれば、子嚢菌類または担子菌類として再分類されることになる。2011年に採択された新規国際植物命名規約（メルボルン規約）では、これまで真菌で認められていた二重命名法（同じ真菌に対して有性世代と無性世代で異なる学名が付けられている）が廃止され、2013年より統一命名法（１菌種１学名）にしたがうことが示されている。したがって、真菌においてこれまで用いられてきた学名が変更される可能性がある。

実験14 カビの分離

●目的

カビや酵母の検査では、食品にカビや酵母が生育しているかどうかを調べればよい。真菌の生育が認められる場合には、真菌を染色し、直接検鏡の後、画線塗抹を行い、分離、純培養を行う。真菌の生育が認められない場合には、培養を行う。真菌類の分類は現在においても流動的であり、遺伝学的分類・同定が主流になりつつある。細菌とは異なり、カビでは形態観察（特に無性生殖体の分生子形成様式）により属レベルまでの同定が可能であることが多い。カビの菌糸は幅２～10 µmであり、細菌よりも大きく、顕微鏡で100～200倍観察で行い、詳細な観察は400倍で行うことで十分観察可能である。

●使用培地

- ポテトデキストロース（PDA）寒天培地

●試薬

- ラクトフェノール液：結晶フェノール20 gを徐々に加温しながら溶解し、乳酸20 g、グリセリン40 gと精製水20 mLに溶解する。遮光して保存する。
- ラクトフェノール・コットンブルー染色液：ラクトフェノール液50 mLにコットンブルー（メチレンブルー）0.025 gを溶解する。遮光して保存する。

●操作方法

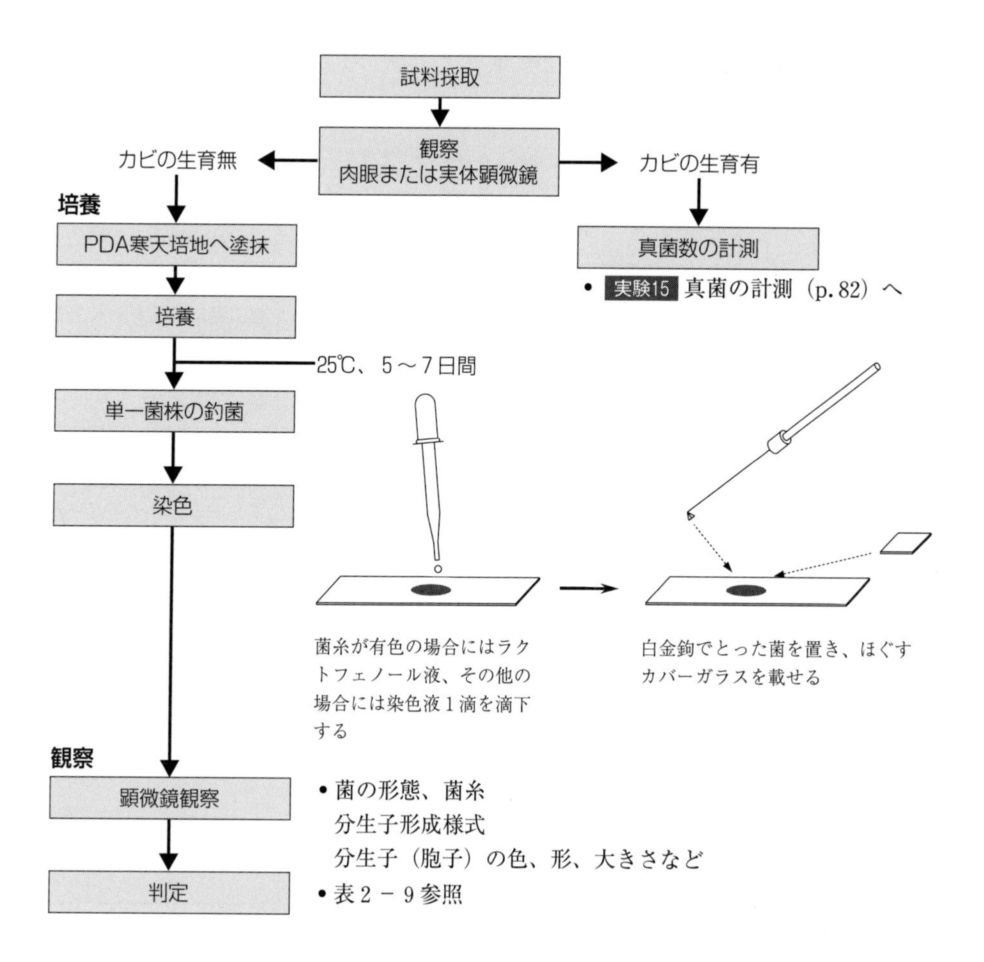

表２－９　判定（分生子形成様式）

分生子形成様式		特　徴 代表的な属
名　称	形　態	
出芽型 分生子		菌糸や分生子形成細胞上に小突起が生じ、その先端が大きくなり分生子となり、分生子が次々に出芽して分生子が連鎖する。 例）*Cladosproium*
シンポジオ型 分生子		菌糸、分生子柄あるいは分生子形成細胞に形成された小突起上に１個ずつジグザグ状に並列して生じる分生子である。
アネロ型 分生子		菌糸、分生子形成細胞の先端から、分生子を生ずるごとに先端部が少しずつ伸び、前の分生子が離れた跡が環状に残る。
フィアロ型 分生子		フィアライドと呼ばれる分生子形成細胞の先端開口部より産生される分生子である。 例）*Aspergillus*、*Penicillium*
ポロ型 分生子		分生子柄あるいは分生子形成細胞の壁に小孔が生じ、その孔から出芽的に生じる分生子で、着色し多細胞性のものが多い。 例）*Alternaria*
アレオリオ型 分生子		この分生子は菌糸の先端あるいは側枝が球形、紡錘形に肥大して生ずる。分生子直下の細胞が乾枯して分生子は離断される。
分節型 分生子		菌糸に多数の隔壁が生じ、この隔壁のところで分離し、個々の細胞になる。

注）詳細な分生子の観察には、スライド培養法を用いたほうがよい。

実験15　真菌の計測

●目的

真菌類は、乾燥に強く、水分活性が低い状態でも生育可能なことから、穀類、野菜や果実などの農産物やジュースなどが真菌に汚染される可能性がある。このため、真菌は、衛生学的品質を評価する衛生指標菌、または環境衛生管理上の汚染指標菌とされている。

●使用培地

- クロラムフェニコール加ポテトデキストロース寒天培地：50～100 mgクロラムフェニコールを添加したポテトデキストロース（PDA）培地を用いる。クロラムフェニコールの量により、カビごとの生育に差がみられる場合には、クロラムフェニコール濃度を変えて培養を試みる。例えば、漬け物のカビ測定法の場合、クロラムフェニコール100 mg添加し、pH5.4に調製した培地が用いられる。

●操作方法

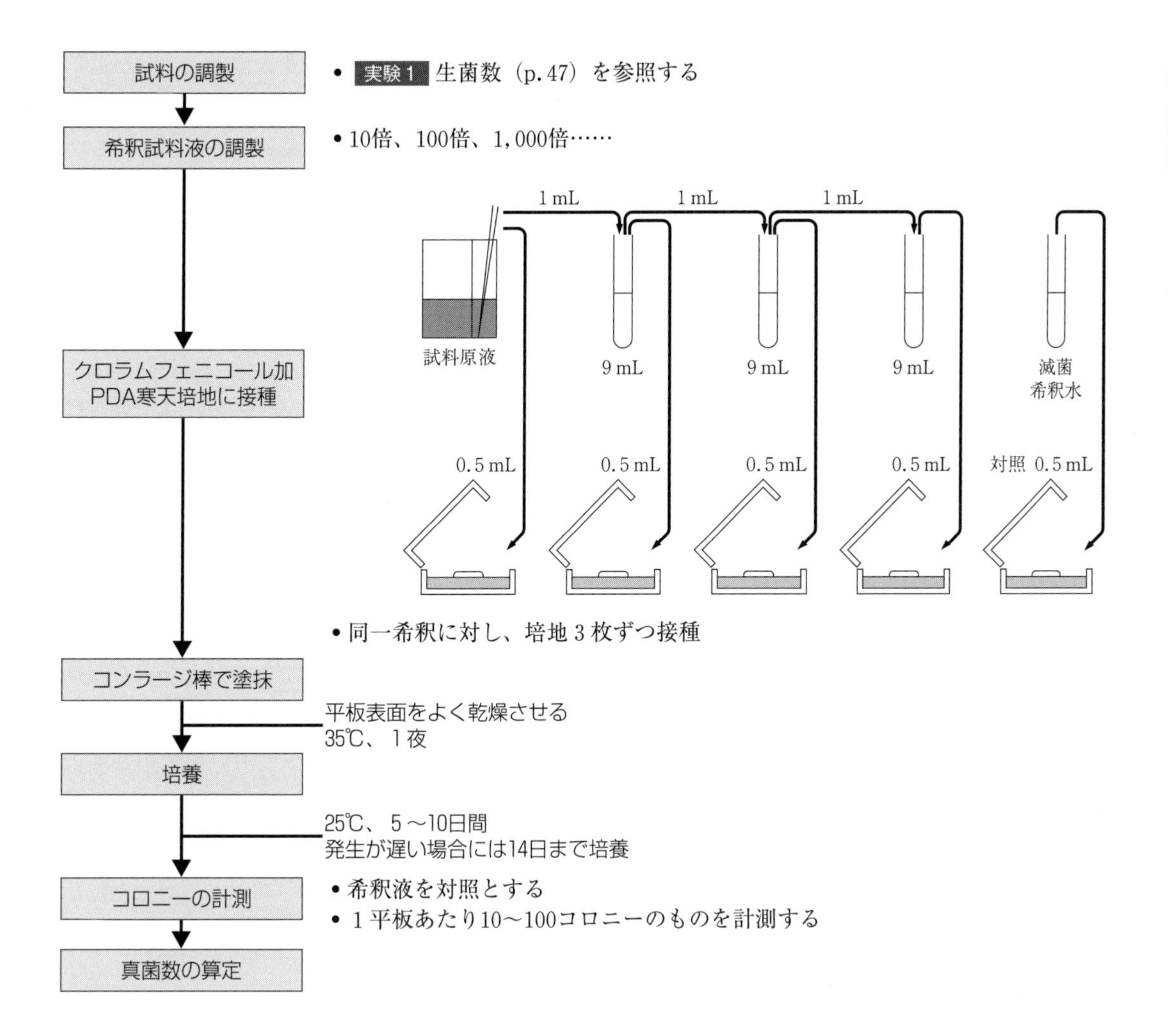

2－4 ノロウイルス

実験16 ノロウイルス

●目的

ノロウイルスは、カリシウイルス科に属する直径約30 nmの小型のRNAウイルスで、感染性胃腸炎の主要な原因ウイルスである。GenogroupⅠ（GⅠ）とGenogroupⅡ（GⅡ）の２遺伝子群があり、それぞれ14と19の遺伝子型（genotype）に分類されている。

食中毒統計によると食中毒病因物質のうち、ノロウイルスによる事件、患者が近年、最も多く報告されている。ノロウイルスは小腸上皮細胞で増殖し、下痢、腹痛、吐き気、嘔吐の症状を引き起こし、感染力が強く100個以下という極めて少ないウイルス量でも発症する。冬季に食中毒が多発する傾向が強いが１年を通して発生している。

急性胃腸炎の症状が回復した後でもウイルスを長期間排出する場合があり、感染拡大の要因ともなっている。調理従事者による食品への二次汚染が原因で大規模な食中毒事件も多く発生しており、定期的に検便検査を行うなどノロウイルス保有者（無症状者を含む）による汚染、感染を予防する対策も行われている。日常的な予防対策には加熱、洗浄消毒などがあり、85～90℃で１～1.5分加熱することや、200 ppm次亜塩素酸ナトリウムで消毒すること、適切な手洗いを励行することなどが推奨されている。

ノロウイルスの検査法は、遺伝子検査法や免疫測定法など様々な方法が開発されており、逆転写リアルタイムPCR（rRT－PCR）法を主体とした遺伝子検査法が主に用いられている。遺伝子検査法にはいくつかの測定試薬と機器を組み合わせた迅速検査法、抽出工程を省略したリアルタイムPCR法や逆転写工程を省略したLAMP法など簡易な検査法もある。これらの検査法は高感度で特異性も優れるが、コストが高く、操作が煩雑で多数検体を迅速に測定しにくい。一方、イムノクロマト法やELISA法、BLEIA法といった免疫測定法は、ノロウイルスに特異的な抗体を用いて検出する方法で、迅速、簡易、多検体測定も可能だが、遺伝子検査法に比べて感度は低い。

ここでは、厚生労働省通知「ノロウイルスの検出法について」平成15年11月５日食安監発第1105001号（最終改正：平成19年５月14日食安監発第0514004号）を基本にリアルタイムPCR法を用いた検査法（通知法）を中心に示す（図２－３）。

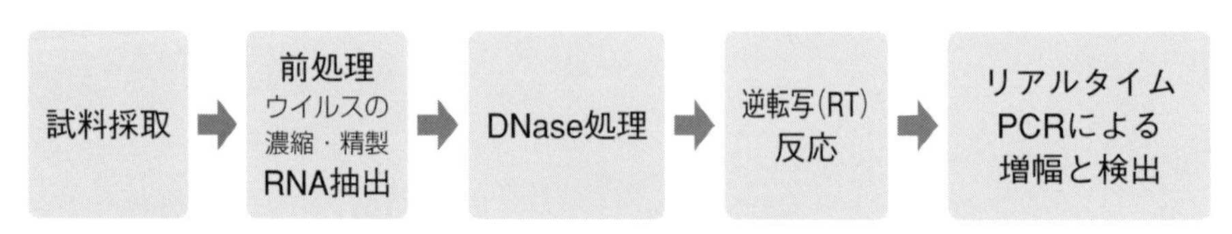

図２－３　リアルタイムPCR法を用いた通知法による検査の流れ

●試薬および器具

【前処理・RNA抽出】

- 食品洗浄液（0.1 mol/L Tris･HCl－0.5 mol/L NaCl－0.1%Tween20（pH8.4））
- 10×食品洗浄液（１mol/L Tris･HCl－１%Tween20（pH8.4））
- 塩化ナトリウム
- ウイルス捕捉用抗体：ガンマグロブリン製剤工業用（研究用）ヒトガンマグロブリンまたは、ヒト血清500 μL、またはウイルス特異的抗血清５μL
- αアミラーゼ粉末
- 黄色ブドウ球菌加工試薬
- AVL Buffer
- TRIzol®－LS〔life technologies 10296－028〕
- クロロホルム
- QIAamp Viral RNA Mini Kit（QIAGEN52904）

【DNase処理】

- Recombibant DNase I〔TaKaRa No. 2270A〕
- ５×First－Strand Buffer（Super Script II RNase H－ Reverse Transcriptase : life technologies18064－01に添付）

【逆転写（RT）反応】

- Super Script II RNase H－Reverse Transcriptase〔life technologies 18064－01〕
- ５×SSII Buffer
- 100 mmol/L DTT
- Ribonuclease Inhibitor〔TaKaRa No. 2313A〕
- 10 mmol/L dNTPs mix〔life technologies 18427－013〕
- ノロウイルス逆転写用プライマー

  ノロウイルスGＩ用（PANR－GＩ）

  PANR－G１a：５'GTBCKMACATCAGCAATCA３'

  下線部はLNA（Locked Nucleic Acid）修飾で合成する。

  PANR－G１b：５'GGKTCAAGSRYCCTAACATCWGCAATGA３'

  100 μmol/L PANR－G１aと100 μmol/L PANR－G１bを１：１で混合したものを、PANR－G１とする。

  ノロウイルスGII用（PANR－G２）

  PANR－G２a：５'TCYARWKKYCTWACATCTAYAATYAYRTGGGGGAACAT３'

  PANR－G２b：５'ARDGTCCTAACATCWATAATYAYATGAGGGAACAT３'

  PANR－G２c：５'CTSACATCCACMAYYACRTGCGGRCACAT３'

  100 μmol/L PANR－G２a、100 μmol/L PANR－G２b、および100 μmol/L PANR－G２cを２：１：１で混合したものを、PANR－G２とする。

【リアルタイムPCR】

- 遺伝子解析用蒸留水

- リアルタイムPCR装置 ABI PRISM®7000（またはlife technologies Applied Biosystems7500）
- マイクロピペット
- 反応プレート：Micro Amp Optical96－Well Reaction Plate（ABI Cat.No. N801－0560）
- Micro Amp Optical Cap, 8caps/strip（ABI Cat.No. 4323032）
- Micro Amp Base（ABI Cat.No. N801－0531）
- Taq Man Universal PCR Master Mix（ABI Cat.No. 4304437）
- Taq Manプローブプライマー

  COG 1 F：CGY TGG ATG CGN TTY CAT GA

  COG 1 R：CTT AGA CGC CAT CAT CAT TYA C

  COG 2 F：CAR GAR BCN ATG TTY AGR TGG ATG AG

  ALPF：TTT GAG TCC ATG TAC AAG TGG ATG CG

  COG 2 R：TCG ACG CCA TCT TCA TTC ACA

●操作方法

一般食品からのウイルス検出法（パンソルビン・トラップ法）による操作手順の概要を示す。

1 前処理・RNA抽出

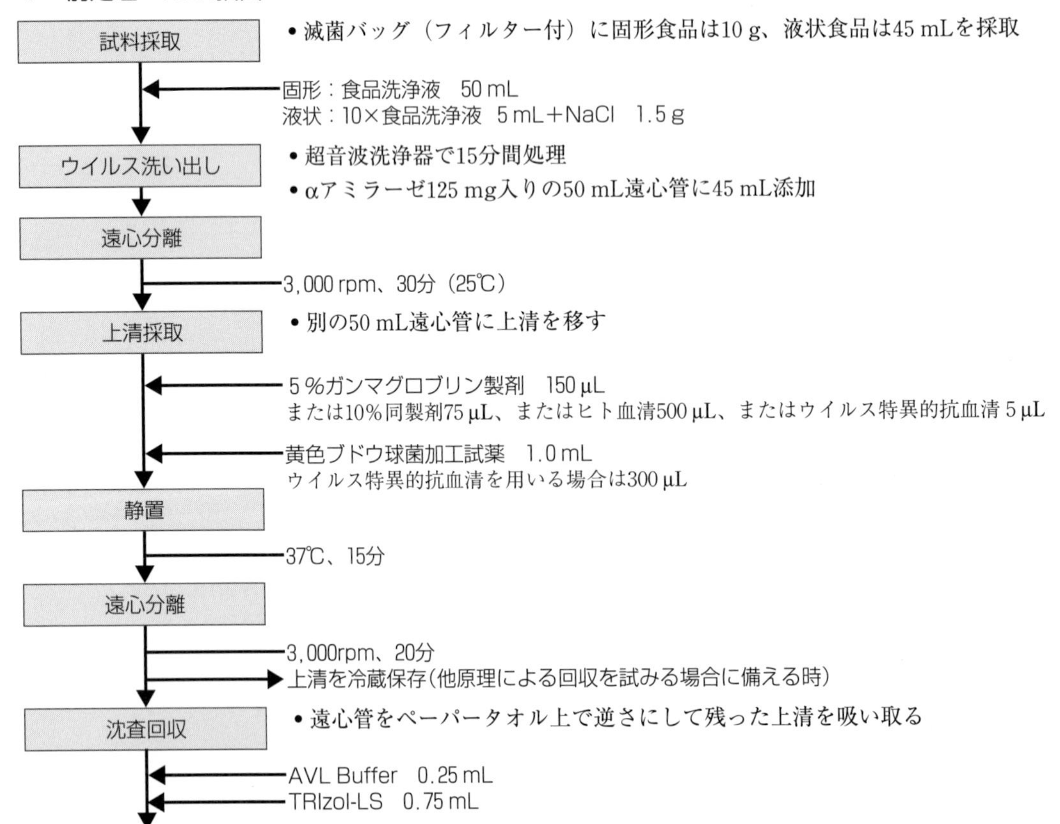

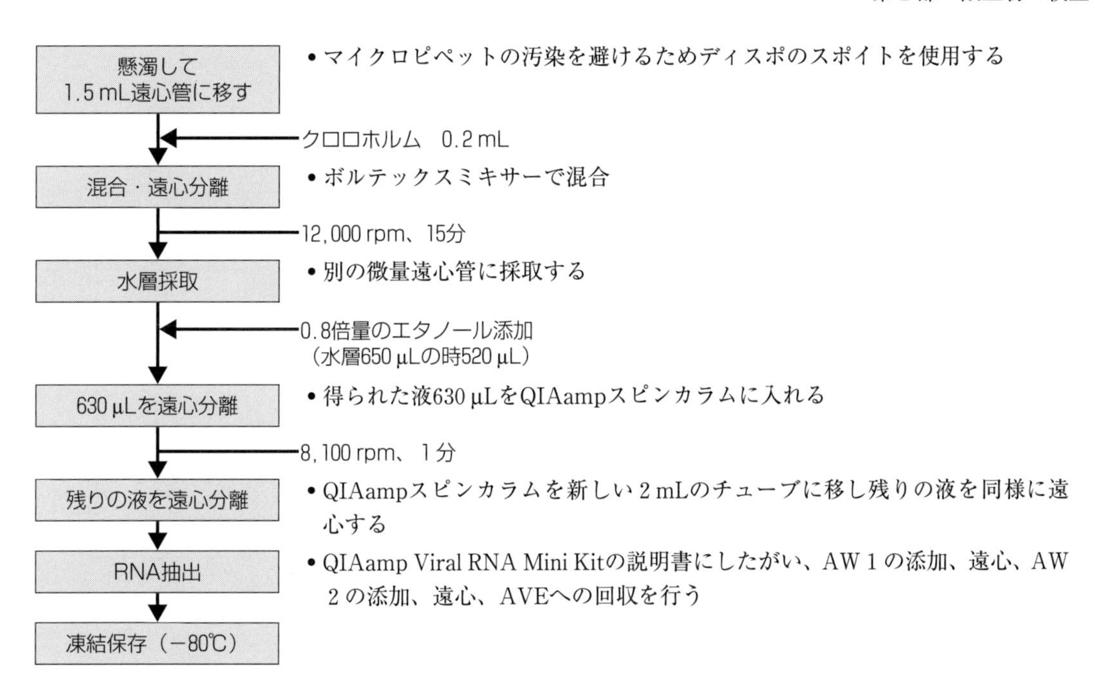

2　DNase処理

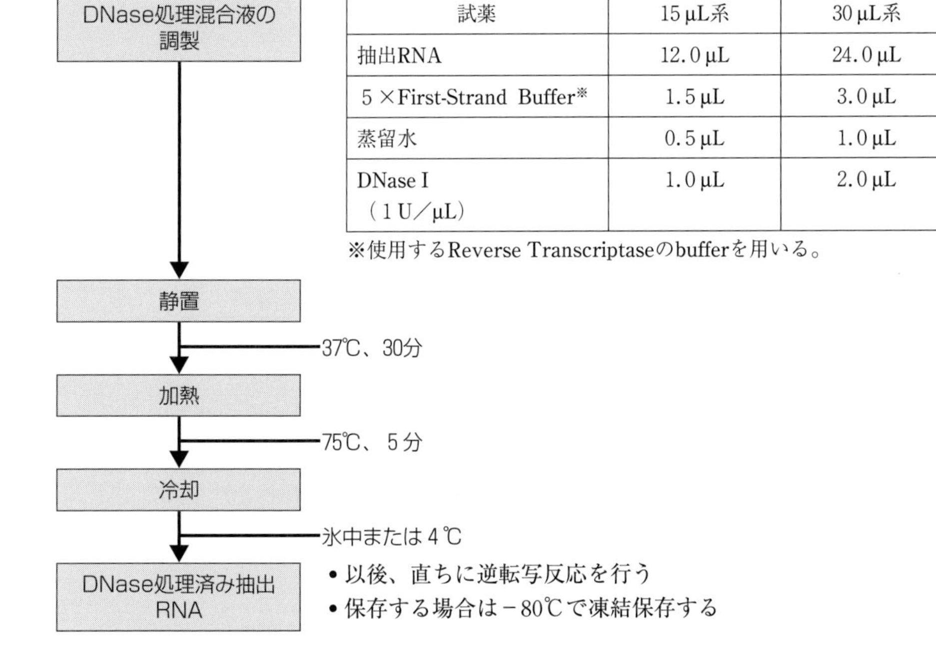

試薬	15 μL系	30 μL系
抽出RNA	12.0 μL	24.0 μL
５×First-Strand Buffer※	1.5 μL	3.0 μL
蒸留水	0.5 μL	1.0 μL
DNase I （１U／μL）	1.0 μL	2.0 μL

※使用するReverse Transcriptaseのbufferを用いる。

3　逆転写（RT）反応

逆転写反応用混合液の調製

RT反応液調製液（Super Script II RTを用いる時）

	15 μL系	20 μL系	30 μL系	50 μL系
DNase処理RNA	7.5 μL	10.0 μL	15.0 μL	30.0 μL
5 ×SSII Buffer	2.25 μL	3.0 μL	4.5 μL	7.0 μL
10 mmol/L dNTPs	0.75 μL	1.0 μL	1.5 μL	2.5 μL
ノロウイルス逆転写用プライマー（1.0 μg/μL）※	0.375 μL	0.5 μL	0.75 μL	1.25 μL
Ribonuclease Inhibitor（33 unit/μL）	0.5 μL	0.67 μL	1.0 μL	1.67 μL
100 mmol/L DTT	0.75 μL	1.0 μL	1.5 μL	2.5 μL
Super Script II RT（200 unit/μL）	0.75 μL	1.0 μL	1.5 μL	2.5 μL
蒸留水	2.125 μL	2.83 μL	4.25 μL	2.58 μL

※Random Primerの代わりにNVプライマー、ポリオ２プライマーを用いてもよい。

↓

静置

42℃、30分～２時間

↓

加熱

99℃、５分

↓

冷却

氷中または４℃

↓

cDNA

- 保存する場合は－80℃で凍結保存する

4　リアルタイムPCRによる増幅と検出

GＩ用およびGII用の反応液の調製

試薬	GＩ	GII
蒸留水	13.88 μL	16.54 μL
Taq Man Universal Master MIX	25.0 μL	25.0 μL
100 pmol/μLプライマー	COG１F　0.2 μL	COG２F　0.2 μL
	COG１R　0.2 μL	ALPF　0.2 μL
		COG２R0.2 μL
4 pmol/μL Taq Manプローブ	RING１－TP(a)※1 4.29 μL	RING２AL－TP※3 2.86 μL
	RING１－TP(b)※2 1.43 μL	
計	45.0 μL	45.0 μL

※１　RING1－TP(a)：5’－VICあるいはFAM－AGA TYG CGA TCY CCT GTC CA－TMRA－3’

※２　RING1－TP(b)：5’－VICあるいはFAM－AGA TCG CGG TCT CCT GTC CA－TMRA－3’

※３　RING2AL－TP：5’－FAMあるいはVIC－TGG GAG GGS GAT CGC RAT CT－TMRA－3’　または、
RING2－TP：5’－FAMあるいはVIC－TGG GAG GGC GAT CGC AAT CT－TMRA－3’

↓

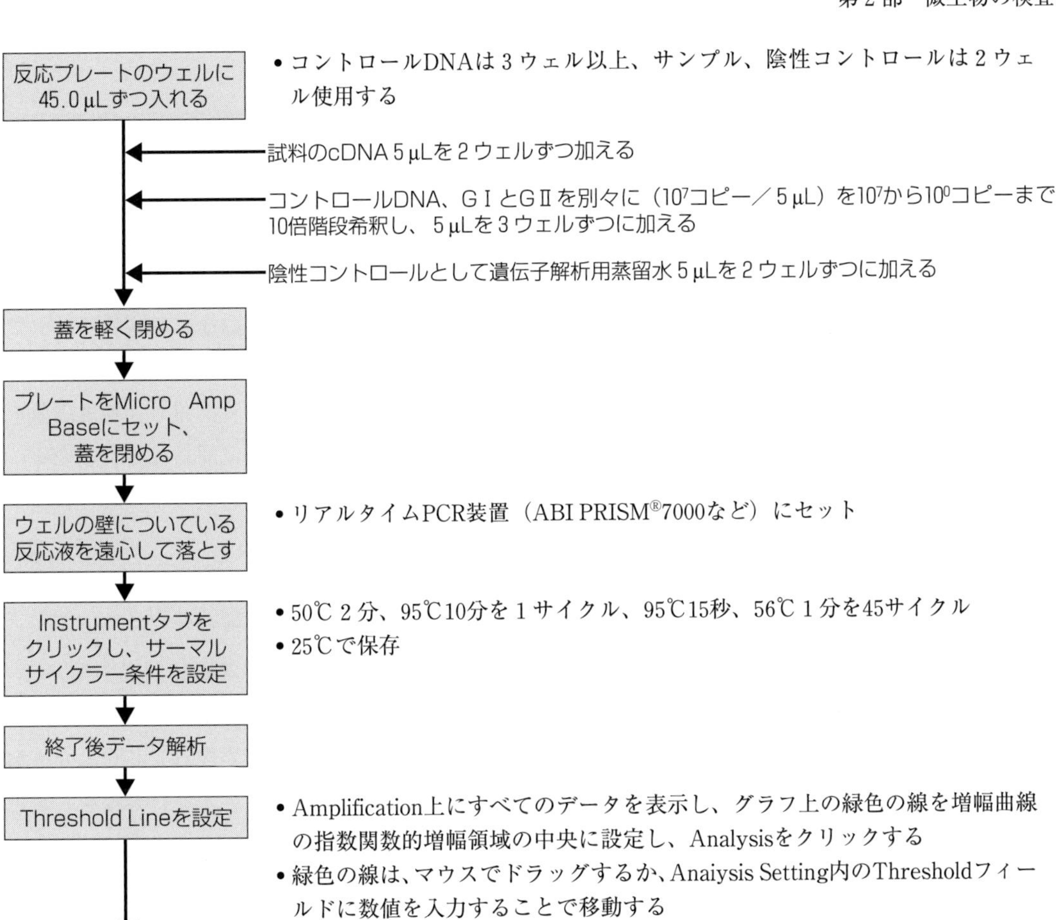

Standard Curveを表示
• Standard　Curveタブをクリックし、右側のR₂が0.990～1であればよい（1に近いほどよい）

Report画面を表示
• Reportタブをクリックし、下の画面のウェルをハイライト選択し、解析データを表示させる

結果の評価
• 2つのウェルにおいて、実測値10コピー以上で陽性とする

2－5 簡易迅速検査法

実験17 細菌検査の簡易法

●目的

一般的な食品の食中毒菌検査は、増菌培養、分離培養、細菌の同定操作など、検査結果が出るのに４～５日を要する。しかし、食品工場や給食施設などの現場では、食品を安全に速やかに提供するために、簡易・迅速な検査法が必要不可欠である。

これまでに菌種同定のために開発されている検査キットも多く、器具、培地調製、培養、コロニー数の計測、細菌の同定といった操作が、部分的に簡易化されている。

ここでは、黄色ブドウ球菌、大腸菌群・大腸菌の細菌検査簡易法を用いて、食品や調理器具、調理従事者などの衛生状態、汚染状況を観察する。

●分析原理

簡易拭き取り型培地セップメイト〔BMLフードサイエンス〕を例に解説する。

開封した綿棒の先で検体を拭き取り、サンプリングを行い、速やかにチューブ培地に戻してキャップをすることで、簡単・迅速な自主管理検査ができる。35℃、８～24時間の培養で、細菌の存在があれば培地の色がキャップ色に変色する。大腸菌と黄色ブドウ球菌は、蛍光ランプ（365 nm）を当てると発光して陽性反応が確認できる。なお、この他にサルモネラ属菌、腸炎ビブリオを検査できるタイプもある。

●検体

- 食品（もやし、野菜、果物、乾燥食品、イモ類など）
- 調理従事者（手指、爪、頭皮、鼻腔、耳穴など）
- 調理器具（ザル、ボール、まな板、包丁、布巾、調理台など）

●試薬

- 滅菌済みリン酸緩衝生理食塩水（PBS）
- 殺菌剤：2,000ppm次亜塩素酸ナトリウム

●操作方法

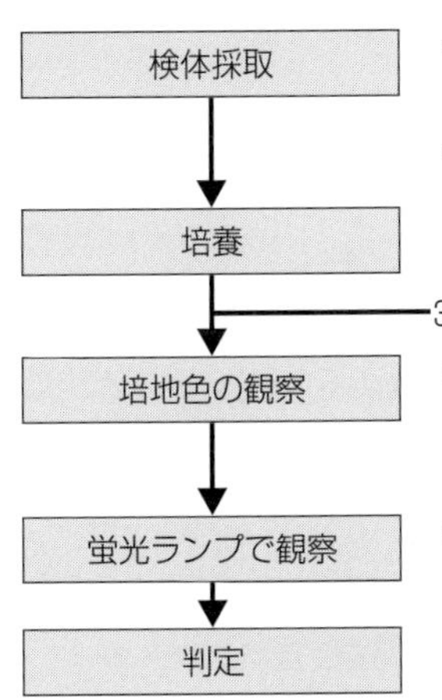

- セップメイトの綿棒を用いて、一定面積（通常10 cm×10 cm）の検体を拭き取り、本体チューブの培地深部に挿入し、キャップをする
- 乾燥している場所の拭き取りには、PBS 3滴で綿棒を湿らせて使用する
- 培養後の培地色の変化を観察し、培地色がキャップの色（大腸菌群：黄色、黄色ブドウ球菌：ピンク色）に変化したら陽性、わずかに着色なら疑陽性、変化なければ陰性と判定する
- 蛍光ランプ（365 nm）を当てて、蛍光を発すれば、検査対象細菌の陽性と判定する

実験後、セップメイトのチューブ内に殺菌剤0.5 mLを滴下して5分以上放置して廃棄する。

コラム　その他の簡易迅速検査法

細菌検査法の簡易迅速化の試みとして、様々な手法や機器が現在も開発中であり、今後はさらにこれらの手法が活用されて食品衛生管理が行われることとなる。食品製造に携わる現場に食品衛生管理システムの合理化が図られ、より安全、安心な食品を安定的に供給できるよう、できるだけ早期の取組みが急務となる。細菌検査の簡易迅速化の手法として、様々な原理に基づく方法が行われているので、以下に示す。

❶菌種の簡易同定法

アピマニュアルキット〔シスメックス・ビオメリュー〕、IDテスト〔日水製薬〕などの微生物同定検査キットには、腸内細菌用、ブドウ糖非発酵グラム陰性桿菌用、ブドウ球菌用、連鎖球菌用、ナイセリア用、酵母用、嫌気性細菌用などがあり、細菌の生理・生化学的性状反応を4～48時間で目視で読み取り同定する。

❷特異酵素の検出法

発色酵素基質法ともいい、目的とする細菌が合成酵素基質を分解することで発色し鑑別できる。大腸菌群を検出するための合成酵素基質は数種類あるが、大腸菌群（乳糖を分解するグラム陰性桿菌）がもつβ-ガラクトシダーゼにより、合成酵素基質が分解し発色することで大腸菌群の存在が確認できる。大腸菌ではβ-グルクロニダーゼが分解する合成酵素基質が検出、鑑別に用いられる（1－5 **2** 培地成分（p.26）参照）。

その他、黄色ブドウ球菌、リステリア、サルモネラなどを鑑別、同定できる合成酵素基質培地がある。

❸ISO-GRID HGMF（hydrophobic grid membrane filter）法

一般生菌用は、疎水性の格子で1,600の微小生育区画に分割された5 cm四方の面ブランフィルターを使用する。選択培養後の培養液をろ過し、フィルターごと選択培地で培養し、コロニーを検出する。

❹蛍光ラベル法

細菌の核酸を蛍光染色し、フィルター上に捕集した後、蛍光顕微鏡を用いて全菌数を測定する。

❺フローサイトメーターによる細菌の検出法

細菌を粒子として取り扱い、多数の検体を迅速に解析できる測定器により検出する。

❻免疫学的検出法

菌体抗原を認識する特異抗体を利用する高感度測定法。

❼DNAハイブリダイゼーション法

DNAやRNA分子中の細菌に特異的な塩基配列を、これに相補的なDNAを用いて検出する核酸ハイブリダイゼーション法。大腸菌、サルモネラ属菌、リステリア菌などの食中毒菌に特異的なリボソームRNAを比色検出する市販キットがある。

❽PCR（Polymerase chain reaction）法

低濃度でも病原菌を検出・同定できる方法で、培養困難な細菌、死滅細菌の検出に有効である。有毒コレラ菌の確定診断、腸管出血性大腸菌の同定、腸炎ビブリオの耐熱性溶血毒遺伝子などの検出が可能である。

❾その他遺伝学的検査法には、リアルタイムPCR法、LAMP法、RAPD（Random amplified polymorphic DNA）法、DNA塩基配列解析法、DNAマイクロアレイ法などがある。

以上、詳細な分析方法については個別に示さないが、細菌の種類、検査時間、検体量、実験設備、実験信頼度、実験操作の精通度などを考慮してよりよい方法を選択し、細菌検査の簡易迅速化が図れるような取り組みが望まれる。

引用・参考文献

森地敏樹監修『食品微生物検査マニュアル　改訂第２版』栄研化学　2009年

食品衛生検査指針委員会『食品衛生検査指針　微生物編2015』日本食品衛生協会　2015年

五十君靜信他監修『微生物の簡易迅速検査法』テクノシステム　2013年

藤井聖士他「リアルタイムPCR法によるノロウイルスの定量的迅速検出」『日本食品微生物学会誌』28巻２号　pp.139-142　2011年

鈴木渉他「新たに開発した生物発光酵素免疫測定法（BLEIA）によるノロウイルス検出法の評価」『感染症学雑誌』89巻２号　pp.230-236　2015年

厚生労働省「ノロウイルスの検出法」食安監発第0514004号　2007年
http://www.mhlw.go.jp/topics/syokuchu/kanren/kanshi/dl/031105-1a.pdf

「一般的な食品検体からのウイルスの回収・濃縮法」の標準試験法案　2013年
http://www.nihs.go.jp/fhm/csvdf/kentest/csvdf003_dstd_V1.01_130113.pdf

BMLフード・サイエンスホームページ
http://www.bfss.co.jp/company/info.html

宮本敬久「食品衛生細菌検査の簡易迅速化の試み」『化学と生物』37巻７号　1999年

川井英雄・丸井正樹・川村堅編著『カレント食べ物と健康　食品衛生学』建帛社　2015年

第3部 化学物質の検査

3－1 食品添加物

実験18 着色料の試験

●目的

食品には本来の色素成分による美しい色調がある。これらは食欲を増し、味や香りとともに嗜好性が向上し、食卓を彩り豊かなものにしている。しかし、大量生産される食品では、食品の調理、加工、貯蔵や運搬などの各工程によって色調に変化が起こりやすく、商品価値を低下させることもある。そのため、食品の製造過程において消費者が好む色合いに仕上げることや天然の色に近づけるために合成タール色素を用いる場合がある。このように、着色料は古くから使われてきた天然色素とともに合成タール色素が使用されている。

合成タール色素には、酸性および塩基性の２種類がある。塩基性タール色素は、毒性および発がん性が疑われたことから削除され、現在は食用色素として許可されているものはすべて酸性タール色素となっている。食品衛生法施行規則別表第１において指定されている色素を表３－１に示した。これらは酸性タール色素12種類とそれらの

表３－１　食品衛生法施行規則別表第１に指定されているもの

１）タール系食用色素

食用赤色２号（アマランス）およびそのアルミニウムレーキ	アゾ系
食用赤色３号（エリスロシン）およびそのアルミニウムレーキ	キサンテン系
食用赤色40号（アルラレッドAC）およびそのアルミニウムレーキ	アゾ系
食用赤色102号（ニューコクシン）	アゾ系
食用赤色104号（フロキシン）	キサンテン系
食用赤色105号（ローズベンガル）	キサンテン系
食用赤色106号（アシッドレッド）	キサンテン系
食用黄色４号（タートラジン）およびそのアルミニウムレーキ	アゾ系
食用黄色５号（サンセットイエローFCF）およびそのアルミニウムレーキ	アゾ系
食用緑色３号（ファストグリーンFCF）およびそのアルミニウムレーキ	トリフェニルメタン系
食用青色１号（ブリリアントブルーFCF）およびそのアルミニウムレーキ	トリフェニルメタン系
食用青色２号（インジゴカルミン）およびそのアルミニウムレーキ	インジゴイド系

２）タール系色素以外の着色料

着色料
三二酸化鉄（ベンガラ）
β-カロテン
銅クロロフィル
鉄クロロフィリンナトリウム
銅クロロフィリンナトリウム
水溶性アナトー ノルビキシンカリウム ノルビキシンナトリウム
二酸化チタン

表3－2　使用基準のある着色料

物質名	対象食品	使用量	使用制限	備　考 （他の主な用途名）
三二酸化鉄	バナナ（果柄の部分に限る）、コンニャク			
食用赤色2号 食用赤色2号アルミニウムレーキ 食用赤色3号 食用赤色3号アルミニウムレーキ 食用赤色40号 食用赤色40号アルミニウムレーキ 食用赤色102号 食用赤色104号 食用赤色105号 食用赤色106号 食用黄色4号 食用黄色4号アルミニウムレーキ 食用黄色5号 食用黄色5号アルミニウムレーキ 食用緑色3号 食用緑色3号アルミニウムレーキ 食用青色1号 食用青色1号アルミニウムレーキ 食用青色2号 食用青色2号アルミニウムレーキ 二酸化チタン			・カステラ、きなこ、魚肉漬物、鯨肉漬物、こんぶ類、しょう油、食肉、食肉漬物、スポンジケーキ、鮮魚介類（鯨肉を含む）、茶、のり類、マーマレード、豆類、みそ、めん類（ワンタンを含む）、野菜及びわかめ類には使用しないこと ・着色の目的以外に使用しないこと	
水溶性アナトー ノルビキシンカリウム ノルビキシンナトリウム 鉄クロロフィリンナトリウム			・こんぶ類、食肉、鮮魚介類（鯨肉を含む）、茶、のり類、豆類、野菜、わかめ類に使用しないこと	
β－カロチン				（栄養強化剤）
銅クロロフィリンナトリウム	こんぶ 果実類、野菜類の貯蔵品 シロップ チューインガム 魚肉ねり製品（魚肉すり身を除く） あめ類 チョコレート、生菓子（菓子パンを除く） みつ豆缶詰又はみつ豆合成樹脂製容器包装詰中の寒天	0.15 g/kg以下（無水物中：Cuとして） 0.10 g/kg以下（Cuとして） 0.064 g/kg以下（〃） 0.050 g/kg以下（〃） 0.040 g/kg以下（〃） 0.020 g/kg以下（〃） 0.0064 g/kg以下（〃） 0.0004 g/kg以下（〃）	・チョコレートへの使用はチョコレート生地への着色をいうもので、着色したシロップによりチョコレート生地をコーティングすることも含む	・生菓子は昭和34年6月23日衛発第580号公衆衛生局長通知にいう生菓子のうちアンパン、クリームパン等の菓子パンを除く
銅クロロフィル	こんぶ 果実類、野菜類の貯蔵品 チューインガム 魚肉ねり製品（魚肉すり身を除く） 生菓子（菓子パンを除く） チョコレート みつ豆缶詰又はみつ豆合成樹脂製容器包装詰中の寒天	0.15 g/kg以下（無水物中：Cuとして） 0.10 g/kg以下（Cuとして） 0.050 g/kg以下（Cuとして） 0.030 g/kg以下（〃） 0.0064 g/kg以下（〃） 0.0010 g/kg以下（〃） 0.0004 g/kg以下（〃）	・チョコレートへの使用はチョコレート生地への着色をいうもので、着色したシロップによりチョコレート生地をコーティングすることも含む	
既存添加物名簿収載の着色料※及び一般に食品として飲食に供されている物であって添加物として使用されている着色料			・こんぶ類、食肉、鮮魚介類（鯨肉を含む）、茶、のり類、豆類、野菜、わかめ類に使用しないこと ただし、金をのり類に使用する場合はこの限りではない	

〔品名〕※
アナトー色素
アルミニウム
ウコン色素
オレンジ色素
カカオ色素
カキ色素
カラメルⅠ～Ⅳ（製造用剤）
カロブ色素（製造用剤）
魚鱗箔
金（製造用剤）
銀
クチナシ青色素
クチナシ赤色素
クチナシ黄色素
クーロー色素
クロロフィリン
クロロフィル
酵素処理ルチン（抽出物）（栄養強化剤、酸化防止剤）
コウリャン色素
コチニール色素
骨炭色素
シアナット色素
シタン色素
植物炭末色素
スピルリナ色素
タマネギ色素
タマリンド色素
デュナリエラカロテン（栄養強化剤）
トウガラシ色素
トマト色素
ニンジンカロテン（栄養強化剤）
パーム油カロテン（栄養強化剤）
ビートレッド
ファフィア色素
ブドウ果皮色素
ペカンナッツ色素
ベニコウジ黄色素
ベニコウジ色素
ベニバナ赤色素
ベニバナ黄色素
ヘマトコッカス藻色素
マリーゴールド色素
ムラサキイモ色素
ムラサキトウモロコシ色素
ムラサキヤマイモ色素
ラック色素
ルチン（抽出物）（酸化防止剤）
ログウッド色素

出典：「食品、添加物等の規格基準」（昭和34年12月28日厚生省第370号）
　　一色賢司編『食品衛生学』東京化学同人　2014年　pp. 215～216　一部引用改変

アルミニウムレーキ８種類である。酸性タール色素以外の着色料は８種類ある。使用基準のある着色料について表３－２に示した。

合成タール色素は、日本のみならず世界中で使用されている。国によって許可されている色素は異なっている。そのため、日本では許可されていない色素が輸入食品から検出される事例もみられる。使用基準のあるものについては、その基準が守られているかを調べることも必要である。

ここでは、特に食品衛生法における適否の判断を必要とする酸性タール色素の定性試験を行う。羊毛染色法を用いた薄層クロマトグラフィーおよびペーパークロマトグラフィーによる分析方法から色素を同定する。

●分析原理

【羊毛染色法】

水溶性色素のうち、タール色素（酸性色素）は、分子内にスルホン酸基（$-SO_3H$）やフェノール性水酸基（$-OH$）、カルボキシル基（$-COOH$）などをもつ。羊毛染色法の原理については図３－１に示した。羊毛染色法は、食品中の色素のみを分離する最も簡易な方法である。

酸性色素が羊毛に染まるのは、酸性溶液中に生じた色素陰イオン（$-SO_3^-$、$-COO^-$）と羊毛分子の側鎖のアミノ基（$-NH_3^+$）との間に、イオン結合が起こり、染色されるからである。酸性で食品成分中から色素を羊毛に結合させ、ついでアルカリ溶液中で羊毛からその色素を溶出させることにより食品中から色素だけを分離する。

【クロマトグラフィー法】

クロマトグラフィーは、固定相一端から移動相とともに試料を移動させ、各試料成分の固定相に対する吸着性や分配係数の違いによって移動速度に差が生じることを利用し、混合物の分離を行う方法である。移動相が気体の場合はガスクロマトグラフィー、液体の場合は液体クロマトグラフィーがある。

ここで用いる薄層クロマトグラフィー（TLC：Thin Layer Chromatography）は、固定相のプレートとして薄いアルミニウム板に吸着剤のシリカゲル微粉末が塗布されているTLCアルミシートを用いる。試料をスポットし、溶媒で展開することにより、溶媒がゆっくりと上昇する。各色素によって固定相への吸着力や移動距離に違いがあるため、色素ごとの分離が可能となる。ペーパークロマトグラフィー（PC：

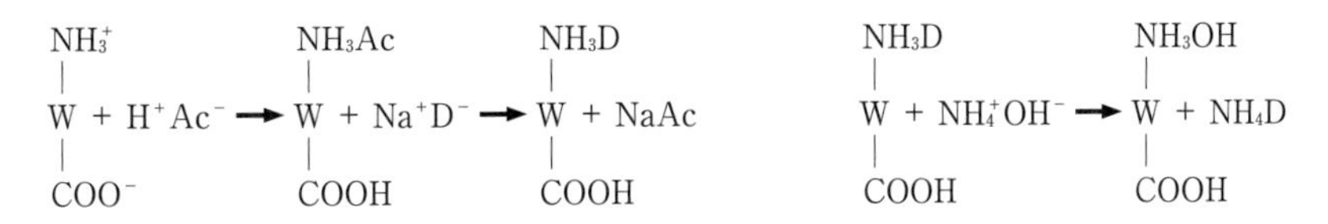

図３－１　羊毛染色法の原理

注）W：羊毛　NaD（色素Dのナトリウム塩）：色素の基本構造　Ac：CH_3COO

Paper Chromatography）は、固定相に専用ろ紙を用いる。原理は薄層クロマトグラフィーと同様である。これらの方法で移動した試料の位置をRf値として算出し、標準色素をスポットしたRf値と比較することで色素を同定することができる。

●試料

- 着色料を使用した市販食品（清涼飲料水、キャンディー、ゼリー、漬物など）

●試薬

- 羊毛染色用試薬：１mol/L酢酸溶液、１％アンモニア水
- 展開溶媒【薄層クロマトグラフィー用】
  酢酸エチル：メチルアルコール：28％アンモニア水＝３：１：１
- 展開溶媒【ペーパークロマトグラフィー用】
  アセトン：3−メチル1−ブタノール（イソアミルアルコール）：精製水＝６：５：５

●操作方法

以下に操作の流れを示す（図３－２）。

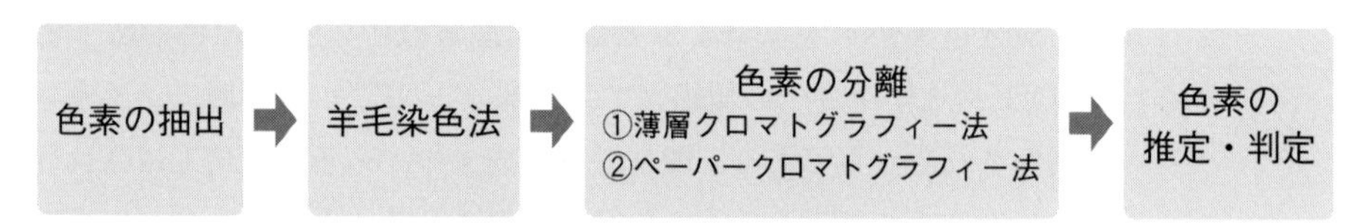

図３－２　着色料の試験の流れ

１　色素の抽出

A．清涼飲料、アルコール飲料など液体試料の抽出方法

20～200 mL（着色の程度による）をビーカーにとり、精製水で希釈する。アルコールや炭酸ガスを含む場合は、水浴中で加温し、これらを蒸発させた後、色素抽出液とする。

B．キャンディー、ゼリー、ジャムなど農産食品の抽出方法

試料10～50 g（着色の程度による）をブレンダーまたは乳鉢に入れ、細かく砕く。これをビーカーに入れ、５倍量の湯を加える。沸騰水浴中で15分加温し、色素を溶出する。溶出液は静置（または遠心）し、上澄みをとるか、ろ紙でろ過して色素抽出液とする。

C．漬物など水で十分溶出しない食品の抽出方法

試料を細かく刻みビーカーに入れ、80v/v％のエタノールを４～５倍量加える。時々かき混ぜながら、室温で２～３時間放置浸出し、エタノールを分ける。試料に約１％のアンモニアを含む70v/v％エタノールを加え、繰り返し浸出する。これらを合わせてろ過する。ろ液（浸出液）中のエタノールを蒸発させる。ろ液に精製水を加えて、色素抽出液とする。

D．チョコレートなど油脂含有食品の抽出方法

試料10～50ｇ（着色の程度による）を乳鉢に入れて細かく砕く。砕いた試料をビーカーに入れ、石油エーテルなどの溶媒を２～３倍量加えて浸出、脱脂を行う。遠心あるいはろ過により溶媒を除去する。試料を精製水に溶かし、色素抽出液とする。

2　羊毛染色法

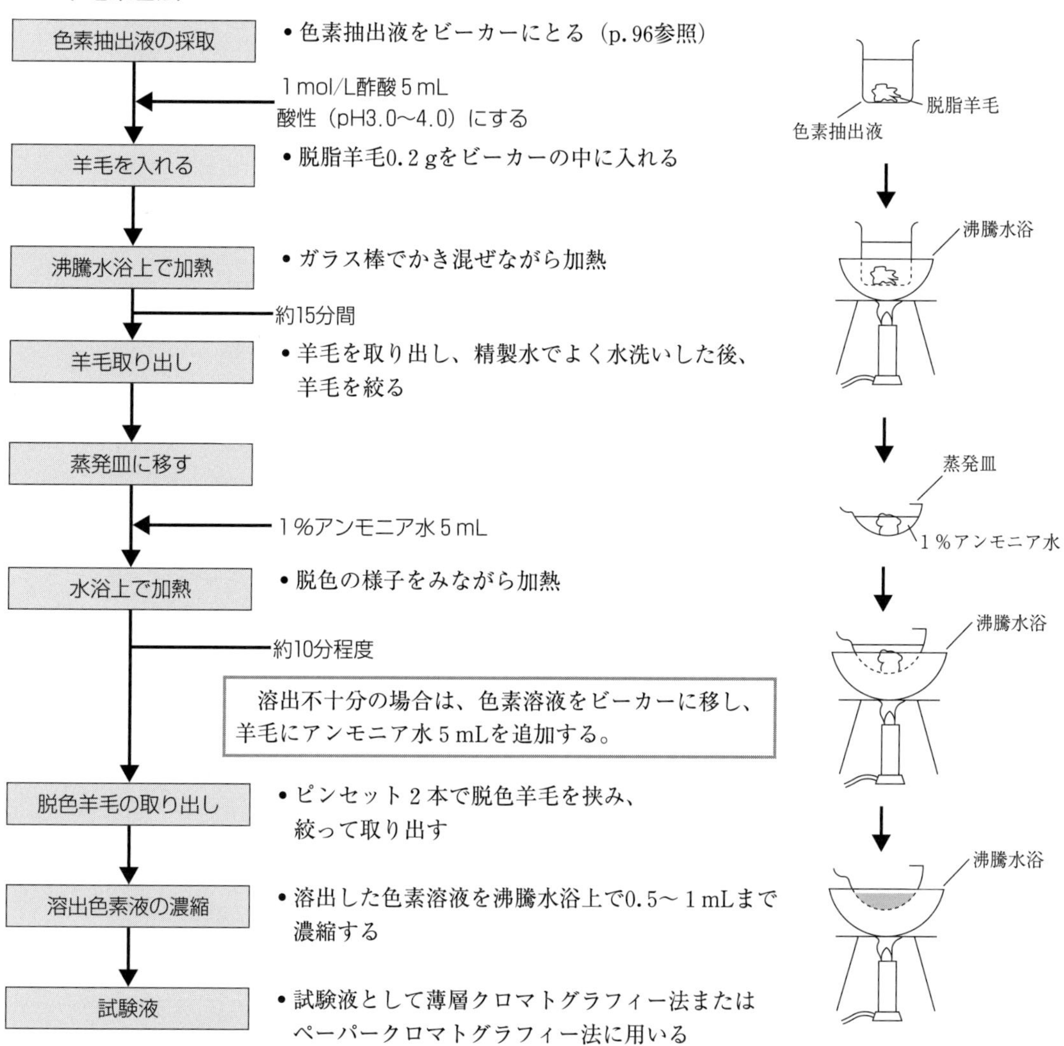

羊毛染色法は、よく使用される一般的な染色方法であるが、色素の溶出に加熱操作が必要なため、加熱によって分解しやすい青色２号（インジゴカルミン）などの分析には注意が必要である。他の染色方法としてポリアミド染色法がある。この方法では、タール色素の抽出を常温で行うため、加熱に弱い色素も分析可能である。

3　色素の分離：①薄層クロマトグラフィー法

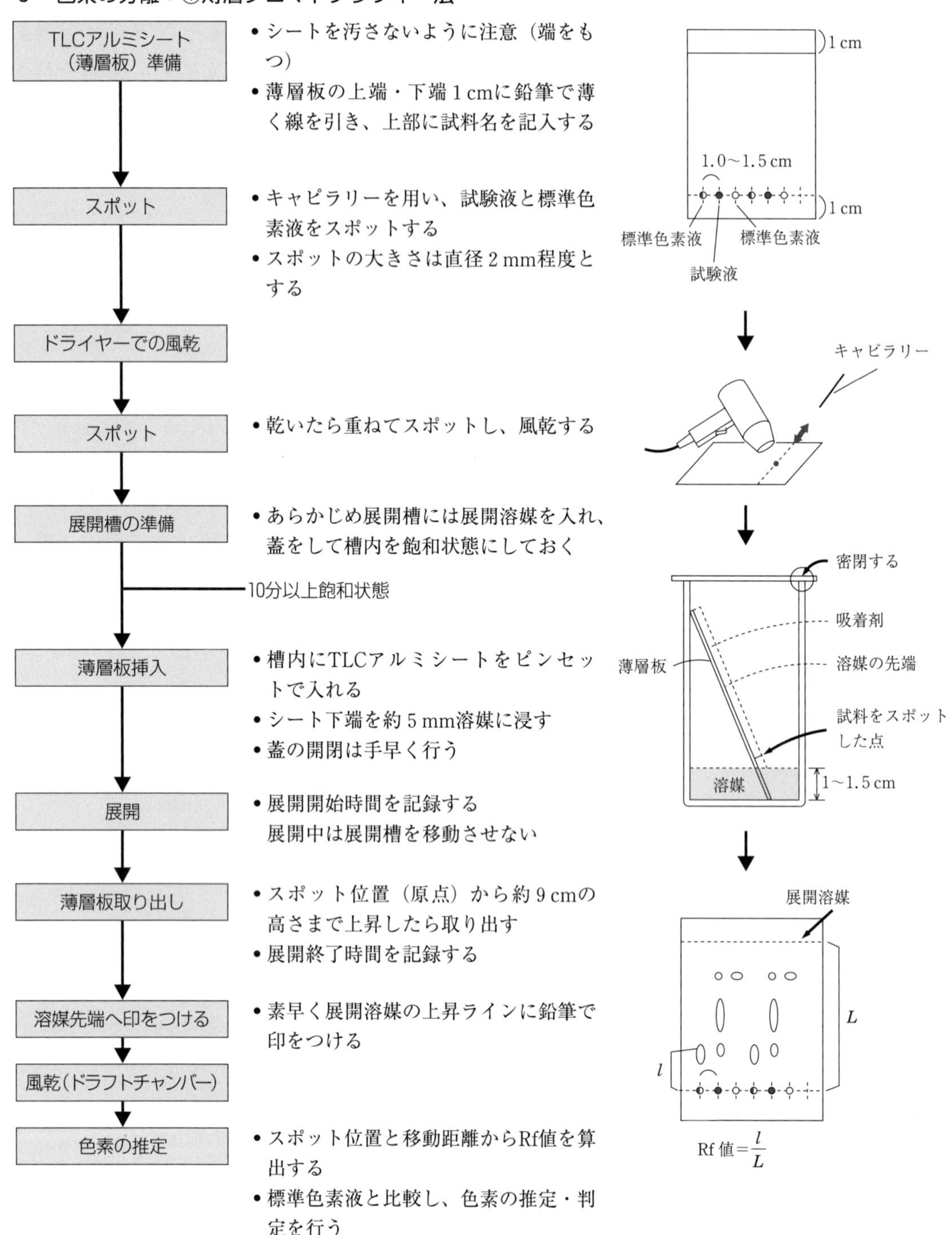

3　色素の分離：②ペーパークロマトグラフィー法

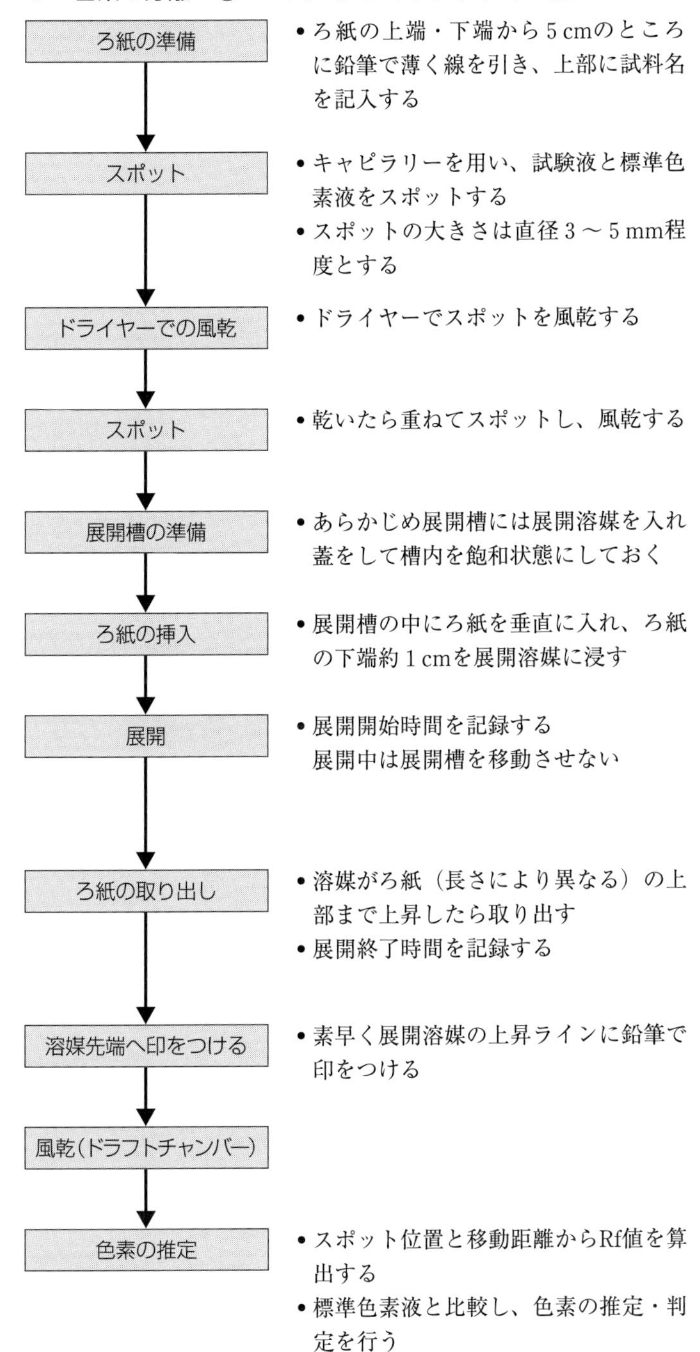

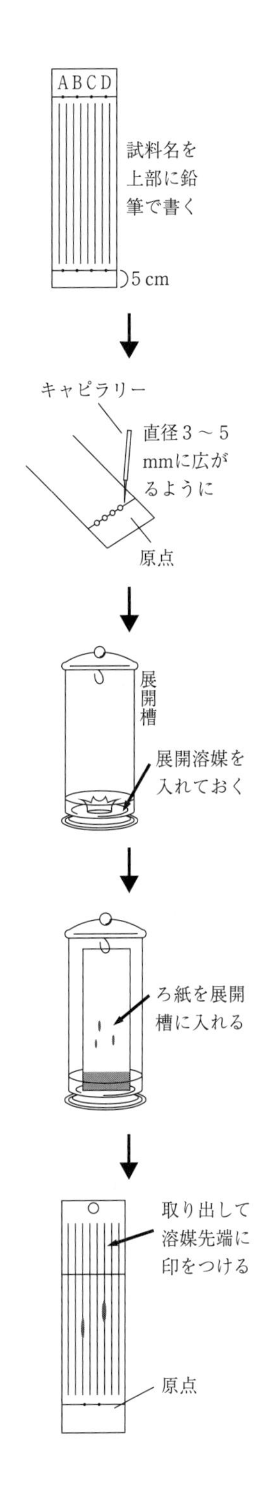

4　色素の推定・判定

→Rf値を求め標準色素液と比較する（表３－３）

$$\text{Rf値} = \frac{\text{原点からスポットの中心までの距離}}{\text{原点から展開溶媒の上昇先端までの距離}}$$

→スポットに紫外線（約360 nm）を照射し、蛍光の有無を調べる（表３－４）

→スポットテストによる色素の変色を確認する

- スポット部分を小さく切り取り、80％硫酸、濃塩酸、10％水酸化ナトリウムによる変色を標準色素液のスポットの変色と比較し、色調に差があるかどうかを確認する（表３－５）

→分光光度計を用いて吸収スペクトルを測定する

- スポット部分を小さく切り取り、0.02 mol／L酢酸アンモニウム溶液で溶出し、分光光度計によってその色素の可視部吸収スペクトルを測定し、標準色素のデータと比較する（図３－３）

表３－３　各条件における色素のRf値

タール色素（Color Index）	Rf値			タール色素（Color Index）	Rf値		
	分離条件A※1	分離条件B※2	分離条件C※3		分離条件A※1	分離条件B※2	分離条件C※3
食用赤色２号　(16185)	0.07	0.84	1.0	ポンソー３R　(16155)	0.38	0.16	0.77
食用赤色３号　(45430)	0.77	0	0.35	ポンソーSX　(14700)	0.26	0.19	0.81
食用赤色40号　(16035)	0.39	0.37	1.0	ポンソー６R　(16290)	0.02	1.0	1.0
食用赤色102号　(16255)	0.14	0.64	1.0	ファーストレッドE　(16045)	0.29	0.20	0.93
食用赤色104号　(45410)	0.80	0	0.11	オレンジⅠ　(14600)	0.42	0.14	0.64
食用赤色105号　(45440)	0.86	0	0.20	オレンジⅡ　(15510)	0.65	0.05	0.51
食用赤色106号　(45100)	0.54	0.04	0.73	オレンジRN　(15970)	0.64	0.04	0.50
食用黄色４号　(19140)	0.06	0.93	1.0	オレンジG　(16230)	0.30	0.47	1.0
食用黄色５号　(15985)	0.30	0.52	1.0	キノリンエロー※4　(47005)	0.62	0.12	0.68
食用緑色３号　(42053)	0.13	0.16	1.0	ナフトールエローS　(10316)	0.45	0.47	0.86
食用青色１号　(42090)	0.23	0.11	1.0	グリーンS　(44090)	0.17	0.14	0.88
食用青色２号　(73015)	0.23	0.79	1.0	ライトグリーンSF黄口　(42095)	0.20	0.07	1.0
アゾフロキシン　(18050)	0.26	0.44	1.0	ギネアグリーンB　(42085)	0.51	0	0.72
アゾルビン　(14720)	0.18	0.08	0.80	パテントブルーV　(42051)	0.10	0.05	0.73
エオシン　(45380)	0.53	0	0.37	アシッドバイオレット６B　(42640)	0.51	0	0.63
ポンソーR　(16150)	0.36	0.22	0.84	ブリリアントブラックBN　(28440)	0.07	0.49	1.0

※１　分離条件A
　　薄層プレート：Kieselgel 60 F254（E. Merck 5715）
　　展開溶媒：酢酸エチル・メタノール・28％アンモニア混液（３：１：１）
※２　分離条件B
　　薄層プレート：RP－18 F254s（E. Merck 1, 15389）
　　展開溶媒：メタノール・アセトニトリル・５％硫酸ナトリウム混液（３：３：10）
※３　分離条件C
　　薄層プレート：RP－18 F254s（E. Merck 1, 15389）
　　展開溶媒：メチルエチルケトン・メタノール・５％硫酸ナトリウム混液（１：１：１）
※４　標準品の種類によっては、あるいは食品から抽出した場合には、複数のスポットを示すことがある。

出典：厚生労働省監修『食品衛生検査指針　食品添加物編2003』日本食品衛生協会　2003年　p. 174

表3－4　紫外線照射による色素の推定の基準

色素名	蛍　光	色素名	蛍　光
食用赤色　3号	赤　　色	食用赤色　105号	弱い橙赤色
食用赤色　104号	橙　赤　色	食用赤色　106号	強い橙赤色

表3－5　スポットテストによる色素の変色

色素名	化学物名	染色ろ紙片の色	80%H_2SO_4	濃HCl	10%NaOH
食用赤色　2号	アマランス	赤色	紫色→褐色	暗色化	橙褐色
食用赤色　3号	エリスロシン	赤色	橙黄色	橙黄色	変化しない
食用赤色　40号	アルラレッドAC	赤色	紫赤色	紫赤色	褐橙色
食用赤色　102号	ニューコクシン	赤色	紫赤色	赤色	黄褐色
食用赤色　104号	フロキシン	赤色	橙色	黄色	変化しない
食用赤色　105号	ローズベンガル	赤色	橙色	ほとんど脱色する	変化しない
食用赤色　106号	アシッドレッド	赤色	橙色	橙色	青味を増す
食用黄色　4号	タートラジン	黄色	黄色	黄色	黄色
食用黄色　5号	サンサットイエローFCF	橙色	赤褐色	赤橙色	褐橙色
食用緑色　3号	ファーストグリーンFCF	緑色	緑色→褐色	橙色	青色
食用青色　1号	ブリリアントブルーFCF	青色	黄色	黄色	変化しない
食用青色　2号	インジゴカルミン	青色	暗青色	暗青色	緑黄色

出典：中村好志・松浦寿喜編著『健康と食の安全を考えた食品衛生学実験』アイ・ケイコーポレーション　2011年　p.50

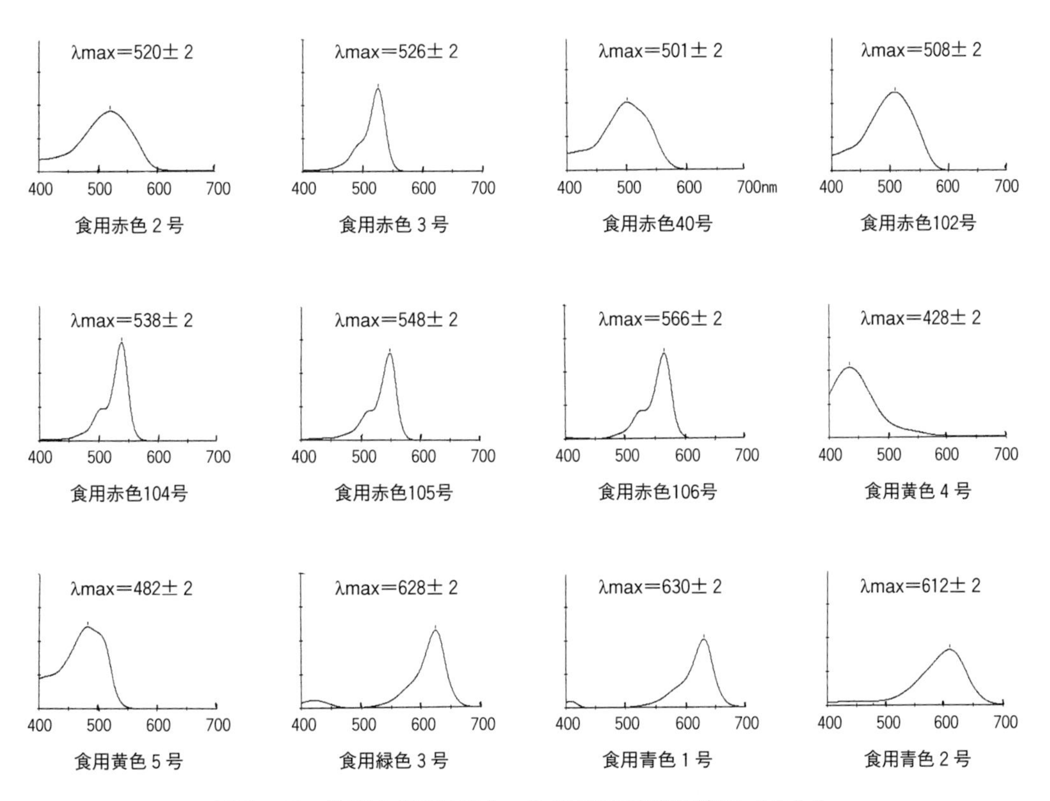

図3－3　許可されているタール色素の可視部吸収スペクトル

実験19　保存料の試験

●目的

　ソルビン酸（カリウム）は、細菌以外にカビや酵母に対して静菌作用があるため保存料として魚肉練り製品などに広く用いられている（表３－６）。ソルビン酸は水に溶けにくいためソルビン酸カリウムが用いられるが、ソルビン酸よりも効果がやや劣るので、どちらを使うかは状況に依存している。ソルビン酸は、不飽和脂肪酸の一種で、クラウドベリーの果実中に含まれているという報告もあるが、天然にはほとんど存在していない。なお、ナナカマド果実中にはパラソルビン酸（ソルビン酸ナトリウムを105℃で６時間加熱することで生成し、遺伝毒性を示す）は存在するが、ソルビン酸の存在を示す報告はみられない。一方、摂取したソルビン酸は他の脂肪酸と同様に体内で代謝され、二酸化炭素と水に分解される。ここでは、比色法を用いたソルビン酸（カリウム）の検査法を示す。

●測定原理

　ソルビン酸は高沸点（228℃）であるが、水に溶けにくいため水蒸気蒸留され、抽出することができる。ソルビン酸は不飽和脂肪酸の一種で、重クロム酸で容易に酸化されマロンアルデヒドを生成する。得られたジアルデヒドとチオバルビツール酸（TBA）を酸性（塩酸）下で加熱反応させることで呈色物（TBAアダクツ）が生成する。この呈色物（吸収波長530 nm；ピンク色）を比色法により定量することで、食品中のソルビン酸（カリウム）が分析できる（図３－４）。

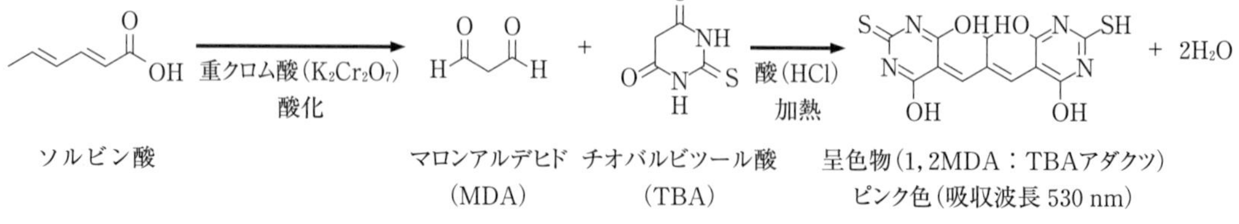

ソルビン酸 —重クロム酸（$K_2Cr_2O_7$） 酸化→ マロンアルデヒド（MDA） ＋ チオバルビツール酸（TBA） —酸（HCl） 加熱→ 呈色物（1, 2MDA：TBAアダクツ） ピンク色（吸収波長 530 nm） ＋ $2H_2O$

図３－４　ソルビン酸の呈色反応

●試料

- ソルビン酸カリウムが添加されている食品：水蒸気蒸留した抽出液の一部を試料液２mLとする。

●試薬

- 塩化ナトリウム
- 15％酒石酸水酸液
- 0.1％ソルビン酸カリウム標準溶液：ソルビン酸カリウム100 mgに精製水を加えて溶解し、全量100 mLとする。

表３－６　ソルビン酸とそのカリウム塩の使用基準

物質名	対象食品	使用量	使用制限	備　考
ソルビン酸 ソルビン酸カリウム	チーズ	3.0 g/kg以下 （ソルビン酸として）	・チーズにあってはプロピオン酸、プロピオン酸カルシウム又はプロピオン酸ナトリウムと併用する場合はソルビン酸としての使用量とプロピオン酸としての使用量の合計量が3.0 g/kgを超えないこと ・マーガリンにあっては、安息香酸又は安息香酸ナトリウムと併用する場合は、ソルビン酸及び安息香酸としての使用量の合計量が1.0 g/kgを超えないこと	・フラワーペースト類とは小麦粉、でんぷん、ナッツ類もしくはその加工品、ココア、チョコレート、コーヒー、果肉、果汁、いも類、豆類、又は野菜類を主原料とし、これに砂糖、油脂、粉乳、卵、小麦粉等を加え、加熱殺菌してペースト状とし、パン又は菓子に充てん又は塗布して食用に供するものをいう ・キャンデッドチェリーについては漂白剤の試験(p. 115)参照 たくあん漬とは、生大根、又は干大根を塩漬けにした後、これを調味料、香辛料、色素などを加えたぬか又はふすまで漬けたものをいう ただし一丁漬たくあん及び早漬たくあんを除く ・ニョッキとは、ゆでたじゃがいもを主原料とし、これをすりつぶして団子状にした後、再度ゆでたものをいう ・果実ペーストとは、果実をすり潰し、又は裏ごししてペースト状にしたものをいう
	魚肉ねり製品（魚肉すり身を除く）、鯨肉製品、食肉製品、うに	2.0 g/kg以下 （　〃　）		
	いかくん製品 たこくん製品	1.5 g/kg以下 （　〃　）		
	あん類、菓子の製造に用いる果実ペースト及び果汁（濃縮果汁を含む）、かす漬、こうじ漬、塩漬、しょう油漬及びみそ漬の漬物、キャンデッドチェリー、魚介乾製品（いかくん製品及びたこくん製品を除く）、ジャム、シロップ、たくあん漬、つくだ煮、煮豆、ニョッキ、フラワーペースト類、マーガリン、みそ	1.0 g/kg以下 （　〃　）		
	ケチャップ、酢漬の漬物、スープ（ポタージュスープを除く）、たれ、つゆ、干しすもも	0.5 g/kg以下 （　〃　）		
	甘酒（３倍以上に希釈して飲用するものに限る）、はっ酵乳（乳酸菌飲料の原料に供するものに限る）	0.30 g/kg以下 （　〃　）		
	果実酒、雑酒	0.20 g/kg以下 （　〃　）		
	乳酸菌飲料（殺菌したものを除く）	0.050 g/kg以下 （　〃　） （ただし、乳酸菌飲料原料に供するときは0.30 g/kg以下（〃））		
	菓子の製造に用いる果実ペースト 菓子の製造に用いる果汁	1.0 g/kg （ソルビン酸カリウムに限る）		

出典：「食品、添加物等の規格基準」（昭和34年12月28日厚生省第370号）

- 重クロム酸カリウム/硫酸溶液：10 mmol/L重クロム酸カリウム水溶液と0.3 mol/L硫酸を等量混合し、使用時まで褐色瓶で保管する。
- 10 mmol/L重クロム酸カリウム水溶液：重クロム酸カリウム294 mgに精製水を加えて溶解し、全量を100 mLとする。
- 0.3 mol/L硫酸：1 Lの三角フラスコに精製水800 mLを量り入れ、市販の濃硫酸（濃度98%）55.7 mLを少量ずつ注意しながら加えて混合する。この時、溶液が発熱するので必要に応じて容器を冷やしながら少しずつ加える。室温まで冷やした後、精製水を加えて全量1,000 mLとする（1 mol/L硫酸）。この液30 mLに精製水を加えて全量100 mLに希釈する。
- チオバルビツール酸溶液：2−チオバルビツール酸0.5 gを秤量し、精製水20 mLと1 mol/L水酸化ナトリウム水溶液10 mLで溶解する。さらに、1 mol/L塩酸11 mLを加え、精製水で全量100 mLとする。

●装置

水蒸気蒸留装置を組み立てる（図3－5）。

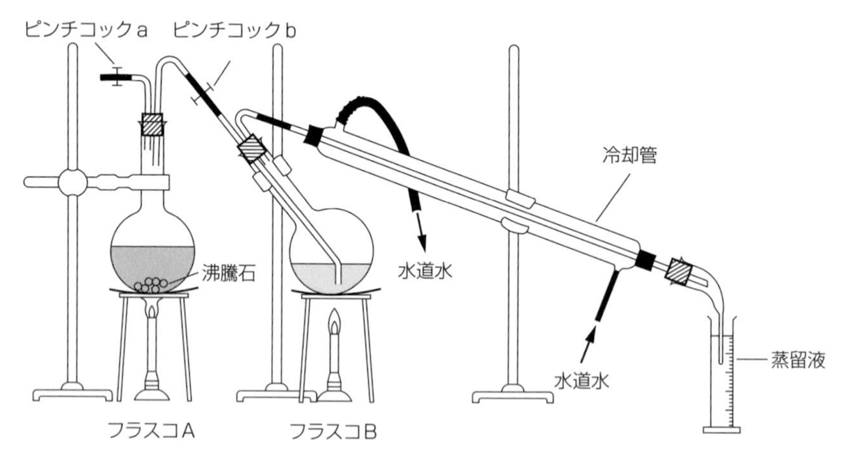

図3－5　水蒸気蒸留によるソルビン酸の抽出

●操作方法

以下に操作の流れを示す（図3－6）。

図3－6　保存料の試験の流れ

1　水蒸気蒸留による試料液の調製（図３－５）

①１Ｌのフラスコ A に精製水と沸騰石を入れる。

②１Ｌのフラスコ B に乳鉢などで均一にした試料10 g、塩化ナトリウム60 g、15％酒石酸水溶液10 mL および精製水300 mL を入れる。同時に、冷却管内に水道水を流しておく。

③フラスコ A のピンチコック a を開け、ピンチコック b は閉じた状態でフラスコ A のガスバーナーに点火し、フラスコ A 内の水を沸騰させる。ピンチコック a の端から水蒸気が出てきたらピンチコック b を開け、ピンチコック a は閉じる。なお、蒸気による火傷に注意して操作する。

④フラスコ B 内の液量がフラスコ A より導かれた水蒸気で増してきたら、フラスコ B のガスバーナーを点火し、加減しながらフラスコ B 内の蒸留を促進する。

⑤蒸留液が450 mL に達したら、ピンチコック a を開ける。次にガスバーナーを消火し、水蒸気蒸留を止める。

⑥得られた蒸留液に精製水を加えて全量を500 mL とし、試料液とする。

2　検量線標準溶液の調製

６本の100 mL メスフラスコを用意する。各メスフラスコに0.1％ソルビン酸カリウム標準溶液を０、0.10、0.20、0.30、0.40、0.60 mL 量り入れる。それぞれに、精製水を加えて全量100 mL とする。この時のソルビン酸カリウムの濃度は、０、１、２、３、４、６ μg/mL になる。

3　比色法による定量

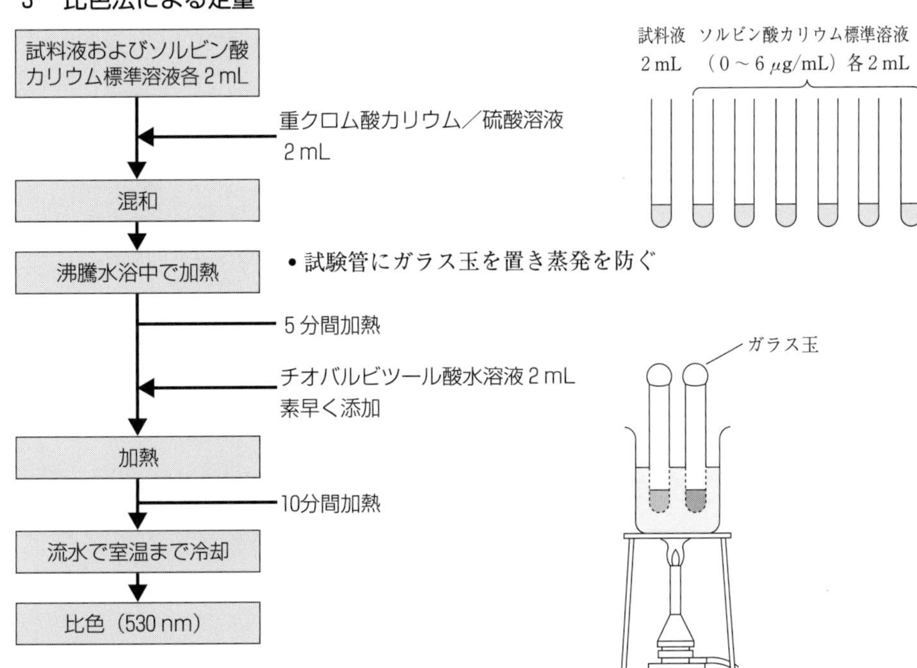

4　検量線の作成と算出

①検量線の作成：ソルビン酸カリウム溶液の各濃度（0～6 µg/mL）をX軸、対応する吸光度をY軸として、エクセルなどを用いて「Y=aX＋b」の係数（a、b）を求める。この時、相関係数（r^2）が0.99以上であることを確認する。

②試料液から得られた吸光度（S）を次の式に入れ、試料液のソルビン酸カリウム濃度（Xs）を求める。

ソルビン酸カリウム濃度（Xs）＝（S－b）/ a

S：試料液の吸光度

③以下の式よりソルビン酸カリウム含量（g/kg）を算出する。

ソルビン酸カリウム含量（g/kg）＝Xs×(500 mL/ 2 mL)×(1,000 g/ 5 g)

（　　）：希釈率

実験20　保存料の一斉定量

●目的

実験19 保存料の試験に続いてここでは、保存料として食品衛生法で定められている（表3－7）、ソルビン酸（カリウム）、安息香酸（ナトリウム）およびデヒドロ酢酸ナトリウムを高速液体クロマトグラフィー（High Performance Liquid Chromatography：HPLC）法で一斉分析する検査法を示す。

表3－7　安息香酸と安息香酸ナトリウムおよびデヒドロ酢酸の使用基準

<table>
<tr><th>物質名</th><th>対象食品</th><th>使用量</th><th>使用制限</th><th>備　考</th></tr>
<tr><td rowspan="4">安息香酸

安息香酸ナトリウム</td><td>キャビア</td><td>2.5 g/kg以下
（安息香酸として）</td><td rowspan="5">・マーガリンにあってはソルビン酸又はソルビン酸カリウムと併用する場合は安息香酸及びソルビン酸としての使用量の合計量が1.0 g/kgを超えないこと</td><td rowspan="5">・キャビアとはチョウザメの卵を缶詰又は瓶詰にしたもので、生食を原則とし、加熱殺菌することができない</td></tr>
<tr><td>菓子の製造に用いる果実ペースト及び果汁（濃縮果汁を含む）
マーガリン</td><td>1.0 g/kg以下
（　〃　）</td></tr>
<tr><td>清涼飲料水、シロップ、しょう油</td><td>0.60 g/kg以下
（　〃　）</td></tr>
<tr><td>菓子の製造に用いる果実ペースト
菓子の製造に用いる果汁（濃縮果汁を含む）</td><td>1.0 g/kg
（安息香酸ナトリウムに限る）</td></tr>
<tr><td>デヒドロ酢酸ナトリウム</td><td>チーズ、バター又はマーガリン</td><td>0.50 g/kg以下
（デヒドロ酢酸として）</td></tr>
</table>

出典：表3－6に同じ

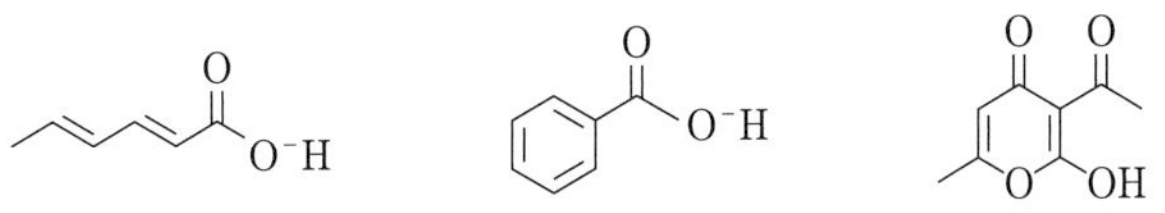

ソルビン酸　　安息香酸　　デヒドロ酢酸

図3－7　ソルビン酸、安息香酸およびデヒドロ酢酸の化学構造式

●分析原理

ソルビン酸と同様、安息香酸およびデヒドロ酢酸（図3－7）は高沸点を有するが水に難溶であることから、水蒸気蒸留で同時に抽出できる。また、これら化合物には波長230 nmに共通の吸収を認める。ここでは、水蒸気蒸留で得られた抽出液中3種類の保存料をHPLC（逆相モード）で分離し、溶出した各添加物を紫外吸収検出器（λ＝230 nm）でオンライン検出する。得られた各ピーク面積を同様にして得た標準品（既知濃度）のピーク面積と比較することで定量分析ができる。

●試料液

- ソルビン酸、安息香酸、デヒドロ酢酸などを含む加工食品5 gを秤量し、乳鉢内で均等に粉砕する。ソルビン酸カリウム（実験19 保存料の試験（p. 102）参照）と同様に水蒸気蒸留して得られた蒸留液500 mLの一部を試料液として用いる。

●試薬

標準溶液

- ソルビン酸、安息香酸およびデヒドロ酢酸を50.0 mgずつ秤量し、3本の100 mLメスフラスコに移す。0.1 mol/L水酸化ナトリウム水溶液を加えて溶解する。その後、精製水を加えて全量100 mLとし、標準溶液500 μg/mLとする。

標準混液

- ソルビン酸、安息香酸およびデヒドロ酢酸の各標準溶液4.0 mLを量り、100 mLメスフラスコに移した後、精製水を加えて全量100 mLとし、標準混液20 μg/mLとする。

緩衝液

- 5 mmol/Lクエン酸緩衝液（pH4.0）：クエン酸（一水和物）7.0 gとクエン酸三ナトリウム二水和物6.0 gを秤量し、1 Lメスフラスコに移した後、精製水を加えて全量1,000 mLとする。使用直前に精製水で10倍希釈し、メンブランフィルター（0.45 μm）でろ過した液を使用する。

移動相

- HPLC用メタノール100 mL、HPLC用アセトニトリル200 mL、5 mmol/Lクエン酸緩衝液（pH4.0）700 mLを量り、移動相用容器に移して混合する。必要に応じて、使用前に超音波を当てながら減圧下で脱気してから使用する。

●HPLC装置

HPLC装置を組み立てる（図３－８）。

- 送液ポンプ：HPLC用送液ポンプ
- 試料注入器：HPLC用ループインジェクター
- カラム：HPLC用ODSカラム
- 検出器：HPLC用紫外分光検出器
- データ処理装置：A/Dコンバータを装着した記録装置

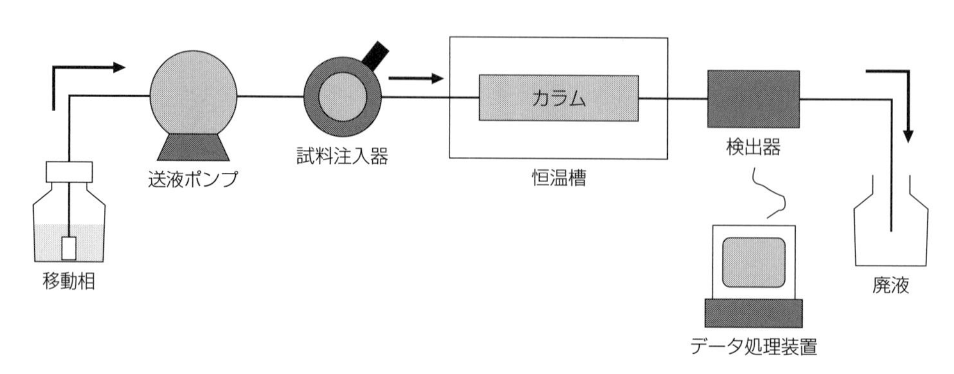

図３－８　HPLC装置

●操作方法

以下に操作の流れを示す（図３－９）。

図３－９　保存料の一斉定量の流れ

HPLC装置に移動相とカラムをセットし、電源を入れる。恒温槽の温度が40℃になったことを確認する。

次に送液ポンプを稼動し、送液圧が変動（脈流）してないことを確認しながら流速1.0 mL/minに設定する。同時に、検出器の検出波長を230 nmに設定し、出力電圧が変動しなくなるまで送液を続ける（クロマトグラムのベースライン安定）。標準混液10 μLを試料注入器から入れると同時に、検出器からの電気信号取り込み装置（データ処理装置）を始動する。試料注入開始より10分以内に３本のピークがベースライン分離できることを確認し（図３－10）、それぞれのピーク保持時間とピーク面積（As）を求める。必要に応じて、移動相のアセトニトリル量を変えることで、ピーク保持時間と分離ピーク理論段数を調整する。

上記と同条件で、引き続き試料液10 μLを注入し、対応するピーク保持時間の一致と、ピーク面積（At）を求める。

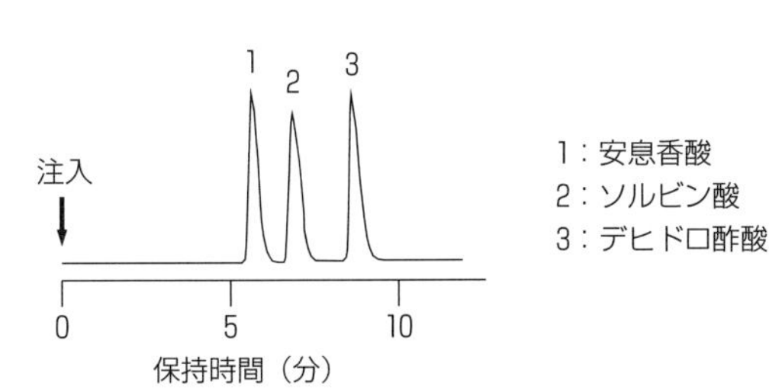

図３－10　安息香酸、ソルビン酸、デヒドロ酢酸のクロマトグラム

以下の式から各保存料の含量を算出する。

$$\text{各保存料含量(mg/kg)} = 20\ \mu\text{g/mL(標準溶液濃度)} \times \frac{\text{At}}{\text{As}} \times \frac{500\ \text{mL(蒸留全量)}}{5\ \text{g(試料重量)}}$$

At：試料液中の各添加物ピーク面積

As：標準溶液中の各添加物ピーク面積

なお、ソルビン酸カリウム量、安息香酸ナトリウム量およびデヒドロ酢酸ナトリウム量で算出したい場合は、上記の値に、塩と遊離体との式量比を乗じて補正する。

実験21　発色剤の試験

●目的

発色剤とは、それ自体に色はないが、食品中の色素を固定して安定な色素としたり、食品成分と反応して安定な色素を生成する物質をいう。食品衛生法においては、肉類の発色剤として、亜硝酸ナトリウム、硝酸カリウムおよび硝酸ナトリウムが指定されている。このうち、最も多く用いられているのは亜硝酸ナトリウムである。亜硝酸ナトリウムは、肉製品の加熱による肉色の変色を抑え、色調を長時間維持する効果がある。

肉の色の変化について図３－11に示した。新鮮肉は、ミオグロビン（肉色素）とヘモグロビン（血色素）によって暗赤色をしている。これらが酸化されると褐色のメトミオグロビンやメトヘモグロビンに変わる。肉中に亜硝酸ナトリウムが添加されることによりニトロソミオグロビンやニトロソヘモグロビンとなり、安定した色素となる。使用には、アスコルビン酸などの発色補助剤を併用することが多い。生成されたニトロソミオグロビンは、加熱により変性してニトロソミオクロモーゲンに変化するが、桃赤色を保ち、食肉製品固有の色調となる。

また、亜硝酸ナトリウムには風味を改善し、醸成効果がある。さらに、食中毒防止のためのボツリヌス菌の増殖抑制効果もあり、諸外国においてはハム・ソーセージなどの食肉製品に保存料として使用している。

亜硝酸ナトリウムには、表３－８に示した使用基準が決められている。ここでは、亜硝酸ナトリウムを使用している食肉製品を分析し、使用基準との比較検討を行う。

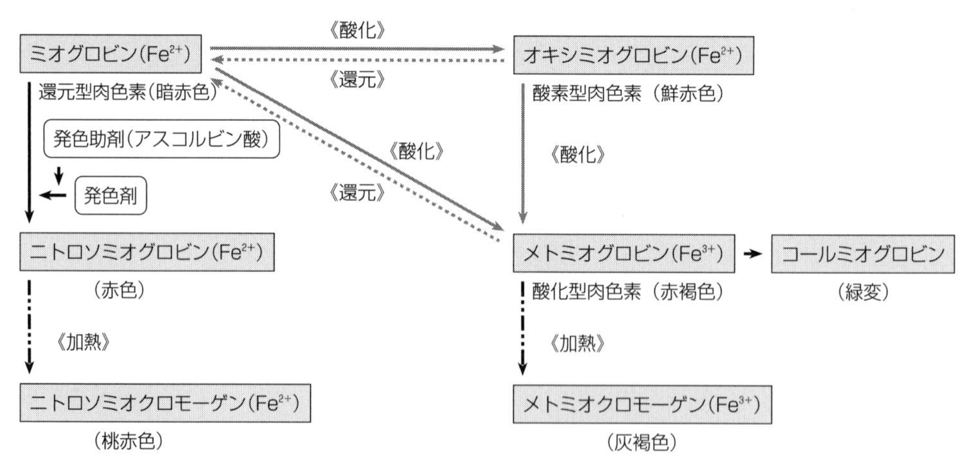

図3－11　肉の色の変化

出典：中嶋加代子編『調理学の基本　第2版』同文書院　2014年　p.83　一部引用改変

表3－8　発色剤の使用基準

物質名	対象食品	使用量	使用制限	備　考 （他の主な用途名）
亜硝酸ナトリウム	食肉製品 鯨肉ベーコン	0.070 g/kg以下 （亜硝酸根としての最大残存量）		
	魚肉ソーセージ 魚肉ハム	0.050 g/kg以下 （　〃　）		
	いくら、すじこ、たらこ	0.0050 g/kg以下 （　〃　）		・たらことはスケトウダラの卵巣を塩蔵したものをいう
硝酸カリウム 硝酸ナトリウム	食肉製品 鯨肉ベーコン	0.070 g/kg未満 （亜硝酸根としての最大残存量）		（発酵調整剤）

出典：表3－6に同じ

●分析原理

亜硝酸およびその塩類の定量は、亜硝酸イオンのジアゾ化能を利用する。すなわち、亜硝酸とスルファニルアミドを反応させ、生成したジアゾニウム塩とナフチルエチレンジアミンとをカップリングさせる。生成されたアゾ色素の吸光度を測定し、検量線をもとに比色法により定量し、算出する。発色反応については図3－12に示す。

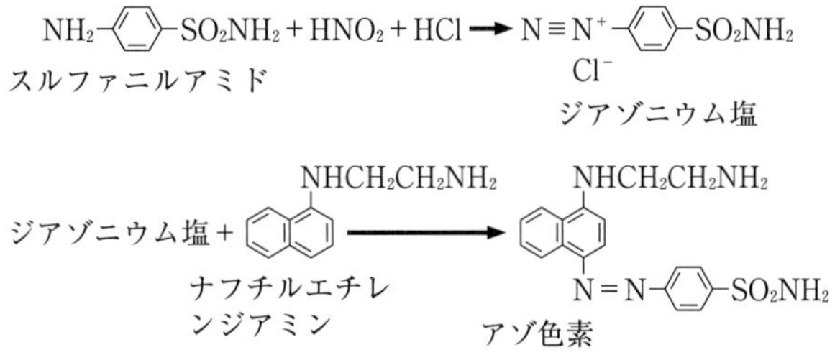

NH_2-C6H4-SO_2NH_2 + HNO_2 + HCl → N≡N^+-C6H4-SO_2NH_2
スルファニルアミド
Cl^-
ジアゾニウム塩
$NHCH_2CH_2NH_2$
ジアゾニウム塩＋
ナフチルエチレンジアミン
$NHCH_2CH_2NH_2$
N＝N-C6H4-SO_2NH_2
アゾ色素

図 3 −12　発色反応機構

●試料

- 市販のハム・ソーセージ類

●試薬

- 0.5 mol/L水酸化ナトリウム溶液：水酸化ナトリウム20 gを精製水に溶かして1,000 mLとする。
- 9 %酢酸亜鉛溶液：酢酸亜鉛二水和物 9 gを精製水に溶かして100 mLとする。
- 亜硝酸ナトリウム標準原液：亜硝酸ナトリウム0.150 gを正確に量り、1,000 mLのメスフラスコに入れ、精製水を加えて溶かして正確に1,000 mLとし、標準原液とする。
- スルファニルアミド溶液：スルファニルアミド0.50 gを 6 mol/L塩酸（塩酸（1→2））100 mLに加温しながら溶かす。
- ナフチルエチレンジアミン溶液：N−1−ナフチルエチレンジアミン二塩酸塩0.12 gを精製水100 mLに溶かす。

●操作方法

以下に操作の流れを示す（図 3 −13）。

試料液・空試験液調製
検量線用標準溶液の調製
呈色物の比色
検量線の作成・算出

図 3 −13　発色剤の試験の流れ

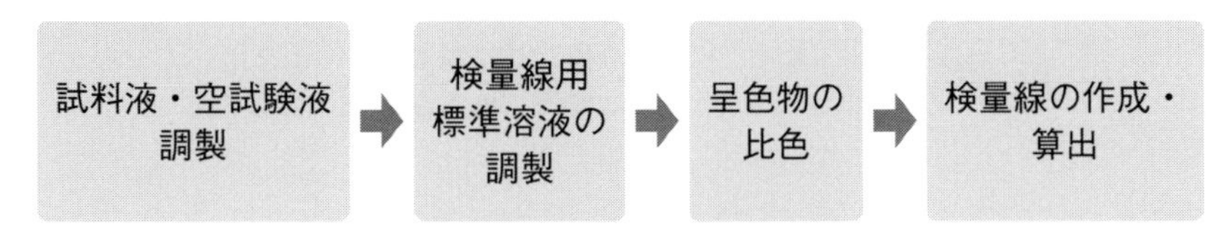

1　試料液の調製

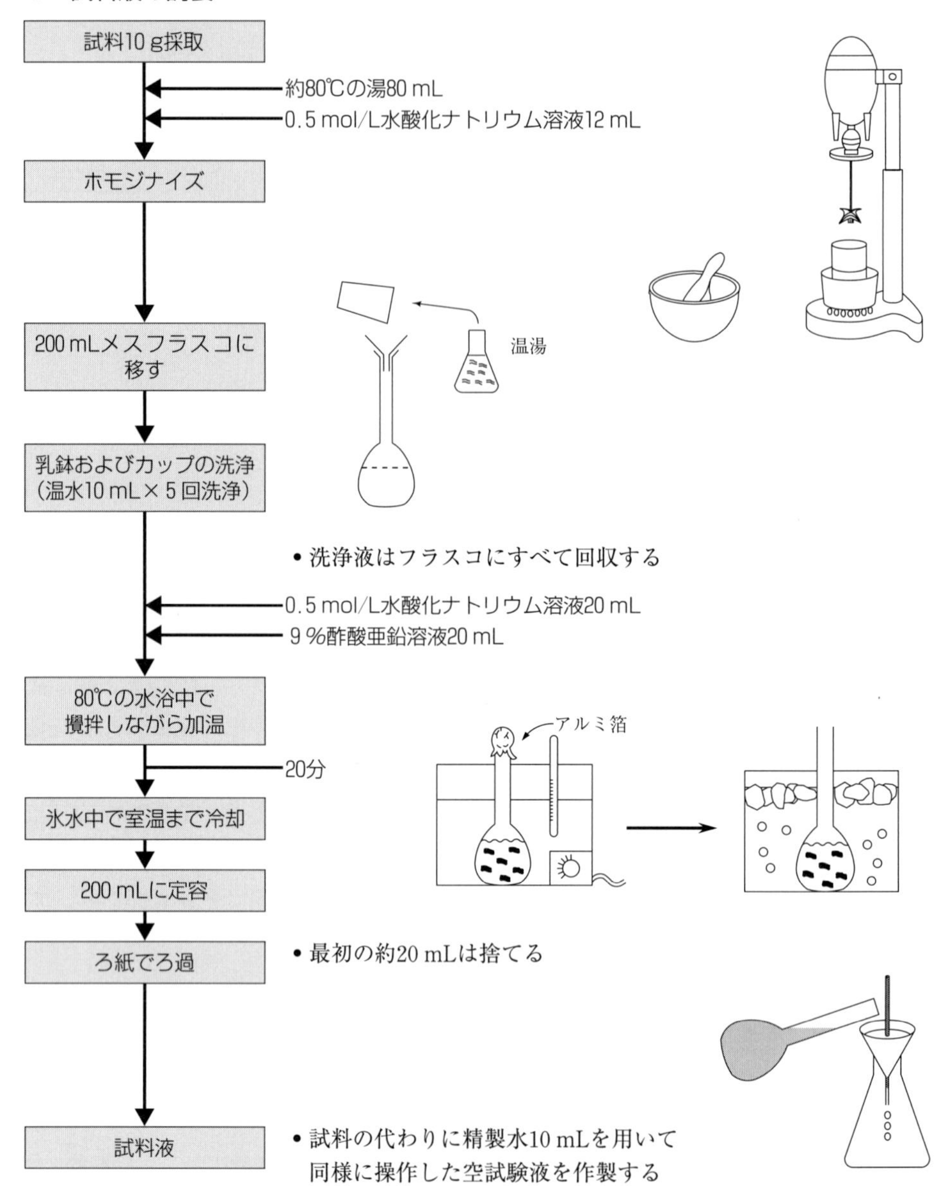

2　検量線用標準溶液の調製

亜硝酸ナトリウム標準原液10 mLを正確に量り、100 mLのメスフラスコに入れ、精製水を加えて正確に100 mLとし、その4 mLを正確に量り、精製水を加えて正確に100 mLとし、標準溶液（この液1 mLは、亜硝酸根0.4 μgを含む）とする。

標準溶液2.5、5、10、15、20 mLをそれぞれ正確に量り、精製水を加えて20 mLとして、これらを検量線用標準溶液（これらの液1 mL中には、亜硝酸根0.05、0.1、0.2、0.3、0.4 μgを含む）とする。

3　比色法による定量

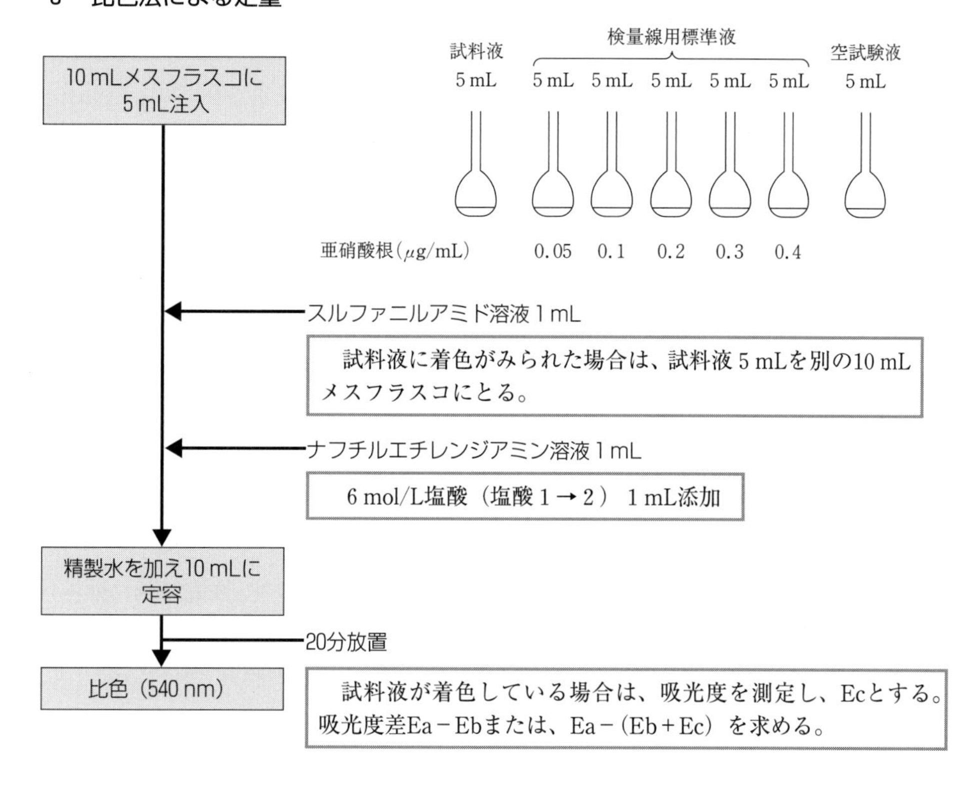

4　検量線の作成・算出

①得られた吸光度から検量線を作成する（図3－14）。

②検量線から試料液の亜硝酸根濃度A（μg/mL）を求める。

③試料液の亜硝酸根濃度A（μg/mL）から試料中の亜硝酸根含量（g/kg）を求める。

試料液の亜硝酸根濃度（g/L）＝A×(1／1000)

試料中の亜硝酸根含量（g/kg）＝A×(1／1000)×(200／W)

W：試料重量

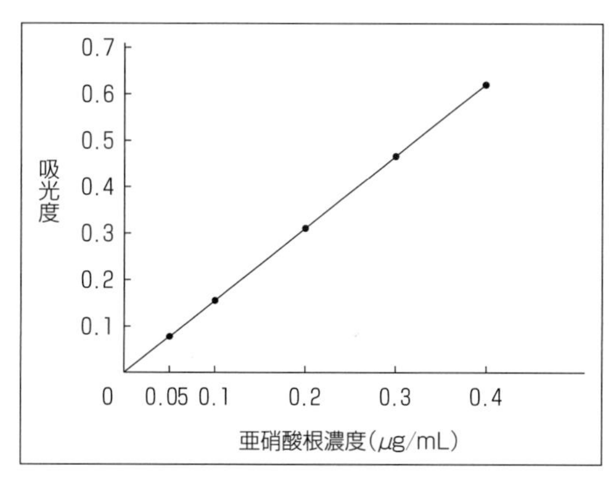

図3－14　検量線の例

コラム 亜硝酸テスター

図に示したような亜硝酸テスターを用いた簡易法でも発色剤の試験ができる。定性試験では、検体に純水をたらし、試験紙のろ紙部分ではないほうで傷付けた後、ろ紙部分を当て1分後に発色があれば亜硝酸塩が含まれる。定量試験では、試験液に試験紙のろ紙部分を浸し、1分後に標準比色表と比較して判定する。

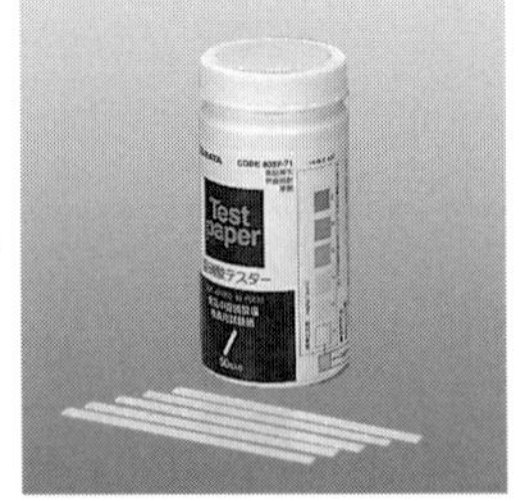

亜硝酸テスター〔柴田科学〕

実験22 漂白剤の試験

●目的

漂白剤とは、有色物質を酸化あるいは還元することで化学的に脱色し、漂白する作用のある物質で、酸化漂白剤（小麦粉改良剤、亜塩素酸ナトリウムなど）および還元漂白剤（亜硫酸塩類）などが添加物として使用が許可されている（表3－9）。また、これら漂白剤には殺菌効果や酸化防止効果もあり、特に亜硫酸系の還元漂白剤には多くの食品加工処理段階で多目的に使用されている。ここでは、ヨウ素酸カリウム・でんぷん紙法による簡易試験法を用いて、市販加工食品中の亜硫酸ナトリウムの有無の検査法を示す。

●分析原理

亜硫酸ナトリウム（Na_2SO_3）は水によく溶けるため、水で容易に食品から抽出できる。溶出液中のNa_2SO_3はリン酸（H_3PO_4）などの酸を加えて溶液を酸性にすると分解し、亜硫酸（SO_2）ガスとなり揮散する(ア)。SO_2は還元性があるため、ヨウ素酸カリウム・でんぷん紙に触れるとヨウ素酸カリウム（KIO_3）を還元し、ヨウ素（I_2）を生成する。なお、この酸化還元反応には水を必要とするため、ヨウ素酸カリウム・でんぷん紙をあらかじめ精製水で湿らせておく(イ)。生成したヨウ素（I_2）は気化し、でんぷんと結合して青色を呈する。

$$3Na_2SO_3 + 2H_3PO_4 \rightarrow 2Na_3PO_4 + 3H_2O + 3SO_2\uparrow \quad \cdots\cdots\cdots（ア）$$

$$2KIO_3 + 5SO_2 + 4H_2O \rightarrow I_2 + K_2SO_4 + 4H_2SO_4 \quad \cdots\cdots\cdots（イ）$$

●試料

- かんぴょう、ワインなど

表3－9　漂白剤の使用基準

物質名	対象食品	使用量	使用制限	備考 （他の主な用途名）
亜塩素酸ナトリウム	かずのこ加工品（干しかずのこ及び冷凍かずのこを除く。）かんきつ類果皮（菓子製造に用いるものに限る）、さくらんぼ、生食用野菜類及び卵類（卵殻の部分に限る）、ふき、ぶどう、もも		生食用野菜類及び卵類（卵殻の部分に限る）に対する使用量は、浸漬液1kgにつき、0.5g以下とすること 最終食品の完成前に分解又は除去すること	（殺菌料）
亜硫酸ナトリウム 次亜硫酸ナトリウム 二酸化硫黄 ピロ亜硫酸カリウム ピロ亜硫酸ナトリウム	かんぴょう	5.0g/kg未満 （二酸化硫黄としての残存量）	ごま、豆類及び野菜に使用してはならない	（保存料、酸化防止剤）
	乾燥果実（干しぶどうを除く）	2.0g/kg未満 （　〃　）		
	干しぶどう	1.5g/kg未満		
	コンニャク粉	0.90g/kg未満 （　〃　）		
	乾燥じゃがいも ゼラチン ディジョンマスタード	0.50g/kg未満 （　〃　）		・ディジョンマスタードとは、黒ガラシの種だけ、または油分を除いていない黄ガラシの種を粉砕、ろ過して得られた調整マスタードをいう ・果実酒は果実酒の製造に用いる酒精分1v／v%以上を含有する果実搾汁及びこれを濃縮したものを除く ・キャンデッドチェリーとは除核したさくらんぼを砂糖漬けにしたもの、またはこれに砂糖の結晶をつけたものもしくはこれをシロップ漬けにしたものをいう ・糖化用タピオカでんぷんとは、そのまま食用に用いることはせず、でんぷんの分解、水素添加などによって、水あめをつくるために用いられているでんぷんをいう ・天然果汁は5倍以上に希釈して飲用に供するもの
	果実酒、雑酒	0.35g/kg未満 （　〃　）		
	糖蜜、キャンデッドチェリー	0.30g/kg未満 （　〃　）		
	糖化用タピオカでんぷん	0.25g/kg未満 （　〃　）		
	水あめ	0.20g/kg未満 （　〃　）		
	天然果汁	0.15g/kg未満 （　〃　）		
	甘納豆、煮豆、えびのむきみ、冷凍生かにのむきみ	0.10g/kg未満 （　〃　）		
	その他の食品（キャンデッドチェリーの製造に用いるさくらんぼ及びビールの製造に用いるホップ並びに果実酒の製造に用いる果汁、酒精分1v／v%以上を含有する果実搾汁及びこれを濃縮したものを除く）	0.03g/kg未満 （　〃　） ただし、添加物一般の使用基準の表の亜硫酸塩等の項に掲げる場合であって、かつ、同表の第3欄に掲げる食品（コンニャクを除く）1kg中に同表の第1欄に掲げる添加物が、二酸化硫黄として、0.030g以上残存する場合は、その残存量未満		

出典：表3－6に同じ

●試薬

- 25%リン酸溶液：リン酸100 mLに精製水240 mLを加えて混和する。
- ヨウ素酸カリウム・でんぷん紙：ヨウ素酸カリウム0.2 gに精製水100 mLを加えて溶かした液（0.2%ヨウ素酸カリウム溶液）と、でんぷん（溶性）0.5 gに80℃以上に加熱した熱水100 mLを加えて溶かし（溶けない場合は溶液をさらに加熱する）、放冷した液（0.5%可溶性でんぷん溶液）を等量混合する。この混液を定量用ろ紙に浸し、取り出した後、暗所で風乾する（保存は暗所）。

●試料液の調製

液体試料は10～20 mL、固体試料は1～5 gをはさみや乳鉢を用いて、できるだけ細かくし、三角フラスコに移して精製水10～30 mLを加える。よく振り混ぜて5分間放置する。

●操作方法

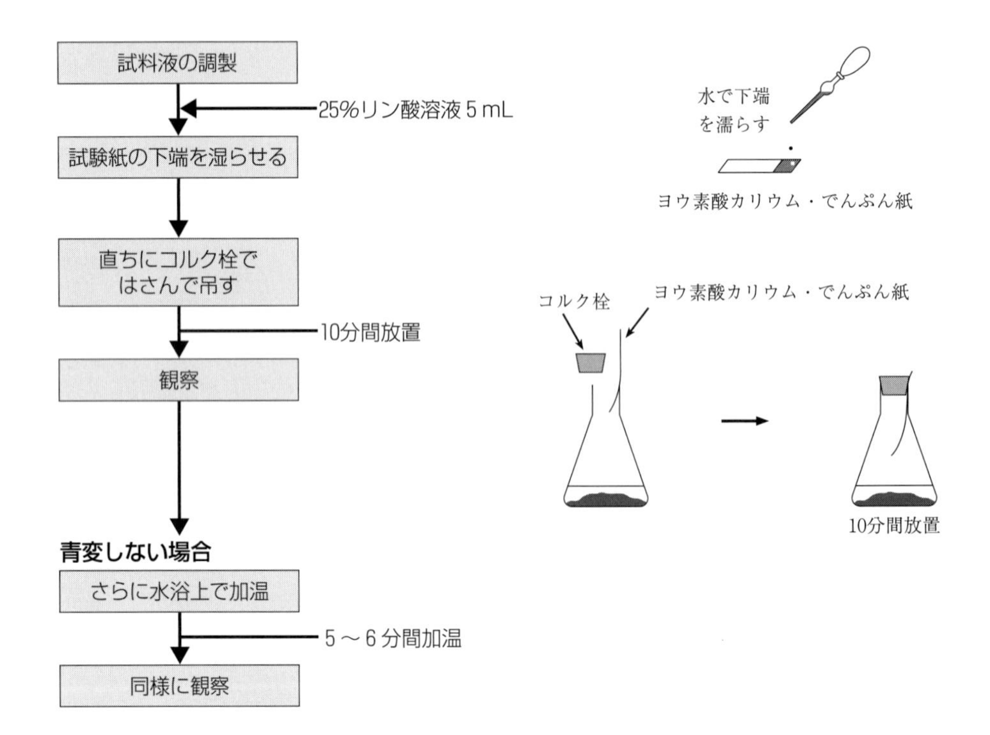

3－2　器具・容器包装

実験23　過マンガン酸カリウム（$KMnO_4$）消費量の試験

●目的

過マンガン酸カリウム（$KMnO_4$）は強い酸化剤であり、有機化合物などの還元性物質によって消費される。過マンガン酸カリウム消費量試験は、容器包装に使用されるプラスチック製品から水中に溶出される還元性物質を定量する方法である。プラスチックは、モノマーを重合させた高分子化合物であり、それ自体が食品中に溶出することはないが、未反応のモノマーや、物性を向上させるために添加された有機化合物が溶出するおそれがある。溶出された有機化合物には、摂取するとホルモン様作用、発がん性や催奇性などが疑われる物質が存在するため、食品衛生法で過マンガン酸カリウム消費量試験による基準値が設定されている。60℃の温水に30分間浸した時の溶出液の過マンガン酸カリウム消費量を10 μg/mL以下と定めている。ただし、有機化合物の中には過マンガン酸カリウムによって酸化されないものや、無機化合物でも酸化される物質もあるため、過マンガン酸カリウム消費量は、正確に有機化合物量を表すわけではない。

●分析原理

試料液に含まれる還元性物質を一定過剰量の0.002 mol/L過マンガン酸カリウムで酸化する。消費されずに残存する未反応の過マンガン酸カリウムを一定過剰量の0.005 mol/Lシュウ酸ナトリウムで還元する。未反応の過剰分のシュウ酸ナトリウムを再度0.002 mol/L過マンガン酸カリウムで酸化（滴定）する。この時の滴定量には、試料液中の還元性物質による消費量の他に、一定過剰量のシュウ酸ナトリウム溶液と過マンガン酸カリウム溶液の差などによる影響が含まれている。このため蒸留水を用いて空試験も行い、空試験液の滴定量を試験液の滴定量から差し引いた量が試料液中の還元性物質による消費量となる（図3－15）。

●試薬

- 0.002 mol/L過マンガン酸カリウム溶液：過マンガン酸カリウム（mw. 158.03）約0.31 g※を蒸留水で溶かして1 Lとする。遮光した共栓瓶に保存する。
  ※力価が1を超えないように正確な0.002 mol（＝0.316 g）よりやや少ない量とする。
- 0.005 mol/Lシュウ酸ナトリウム溶液：シュウ酸ナトリウム（容量分析用標準物質、mw. 134.00）を正確に0.6700 gメスフラスコにとる。蒸留水で溶かして1 Lとする。遮光した共栓瓶に保存する。調製後1か月以上経過したものは使用しない。
- 硫酸溶液（約6 mol/L）：蒸留水100 mLに濃硫酸50 mLを少量ずつ加える。さらに、湯浴させながら0.002 mol/L過マンガン酸カリウム溶液を微紅色が残るまで

試料液の滴定

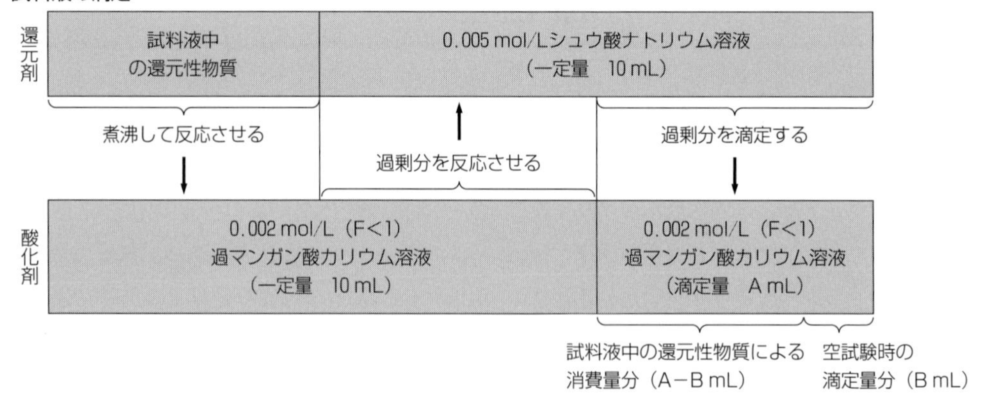

空試験液の滴定

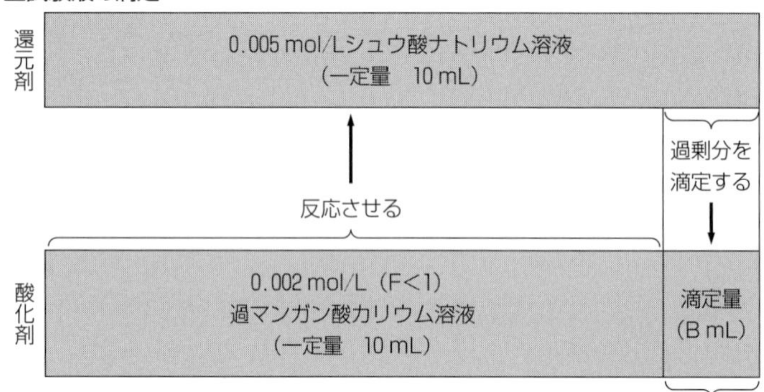

試薬以外の影響を考慮しない場合は、
0.002 mol/L過マンガン酸カリウムの力価
（F）を用いて算出できる（B＝10／F−10）

図 3 −15　過マンガン酸カリウム消費量の分析原理スキーム

滴下する。

●操作方法

以下に操作方法の流れを示す（図 3 −16）。

図 3 −16　過マンガン酸カリウム（$KMnO_4$）消費量の試験の流れ

1　力価の評定

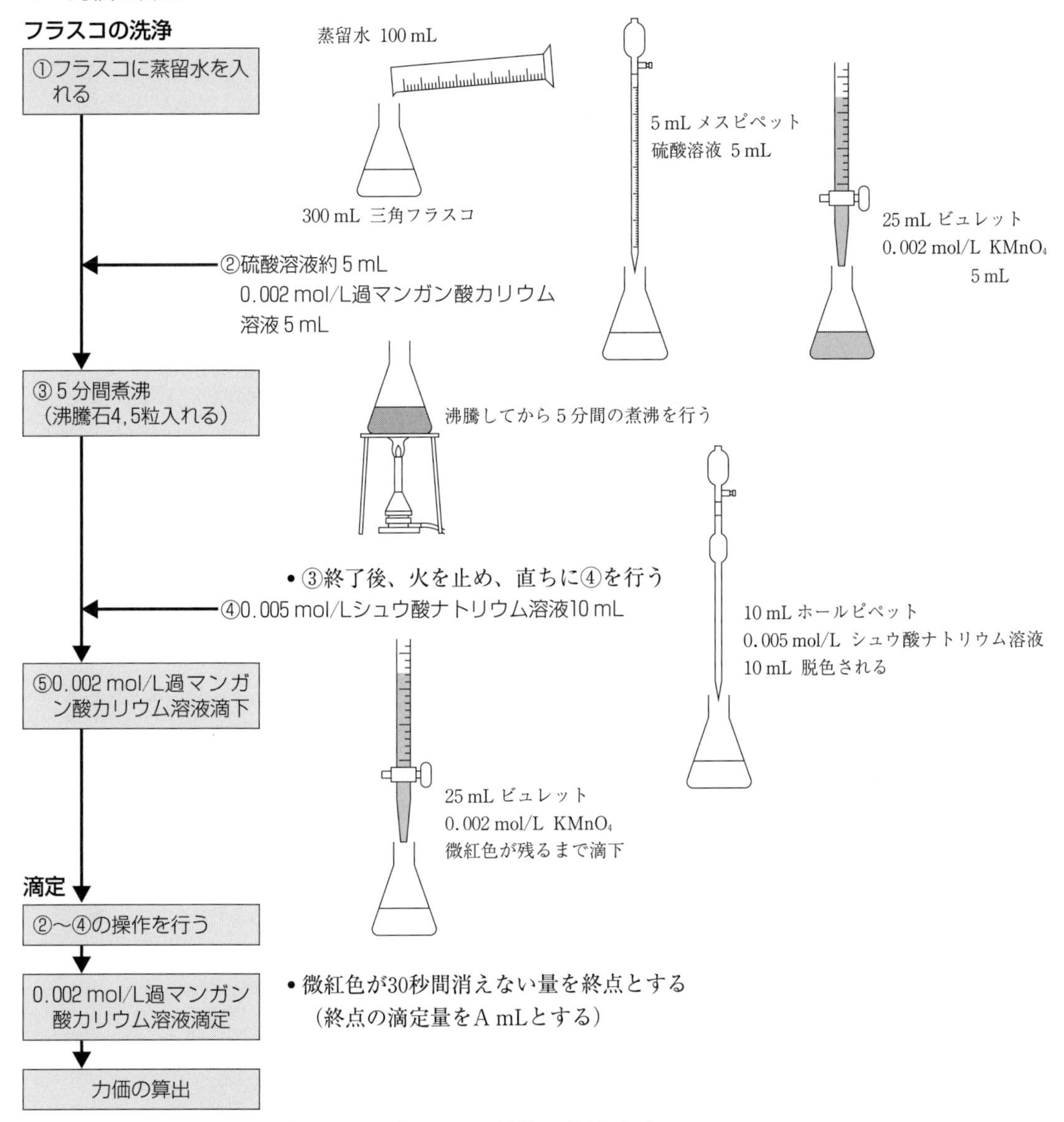

0.002 mol/L過マンガン酸カリウム溶液の力価（F）

F＝10／（５＋A）

2　試料液の調製

①試料を蒸留水でよく洗う。

②60℃※1の浸出用液（蒸留水）を用意する。

③液体を満たすことが可能な試料の場合：試料すべてに接触する量の浸出用液を入れる（浸出用液の使用量を記録しておく※2）。

液体を満たすことができない試料の場合：ビーカーに試料と試料表面積１cm^2あたり２mLの浸出用液を入れる（試料が浸出用液にすべて浸せられない場合は浸出用液を追加し、使用した浸出用液量を記録する※2）。

④60℃※1で30分間放置後、浸出用液を試料液とする。

※1　使用温度が100℃以上の試料の場合は、いずれも95℃とする。

※2　この場合、試料表面積1 cm^2あたり2 mLになるように換算する。試料表面積1 cm^2あたりVmLの浸出用液を使用して過マンガン酸カリウム消費量を測定した場合、得られた数値をV/2倍する。

3　消費量の算出

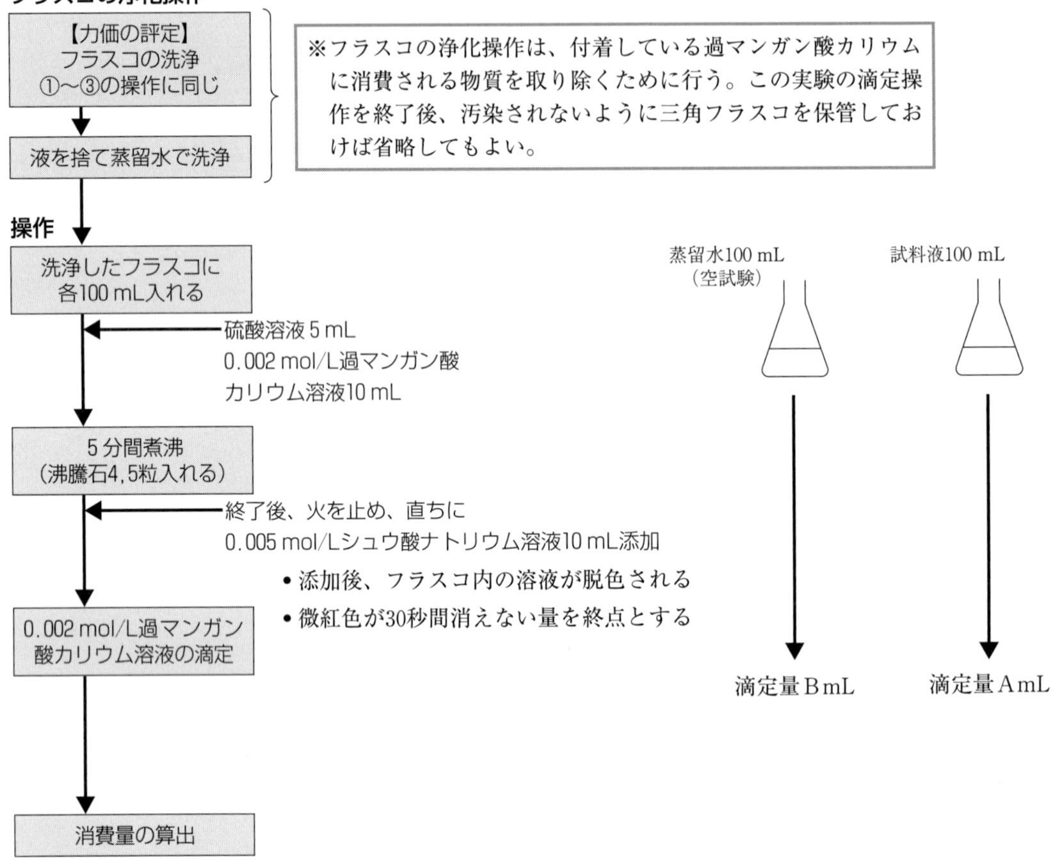

過マンガン酸カリウム消費量（μg/mL）＝（A－B）×0.316×F×1000／100

- （A－B）×0.316×F：試料により消費された過マンガン酸カリウム消費量（mg）
- 1000：過マンガン酸カリウム消費量の単位mgをμgに変換
- 100：実験に用いた試料の体積（mL）

F：0.002 mol/L過マンガン酸カリウム溶液の力価

A：試料液の滴定量mL

B：空試験液の滴定量mL

実験24　ホルムアルデヒド(HCHO)の試験

●目的

ホルムアルデヒド（HCHO）は、皮膚に接触すると痒みや発疹などアレルギー性皮膚炎を引き起こすおそれがある。また、WHOのIARC（International Agency for Research on Cancer：国際がん研究機関）は、ホルムアルデヒドを発がんのハイリスク有害物質としている。一方、ホルムアルデヒドは身の回り品でもある衣類や壁紙などの防縮加工剤や接着剤として使用されている。また、家具や食器類に用いられるフェノール樹脂、メラミン樹脂、尿素樹脂などもホルムアルデヒドから製造されるため、日常の生活において接触する機会が多い化学物質である。ここでは、食器類から溶出するホルムアルデヒドの検査法を示す。

●分析原理

ホルムアルデヒドの試験法として、操作が簡便で感度や再現性も良好なアセチルアセトン法を示す。この方法は、遊離ホルムアルデヒドをアセチルアセトンと反応させると、3,5－ジアセチル－1,4－ジヒドロルチジンが生成する。その反応生成物の吸光度（波長420 nm）を比色法により定量することで、ホルムアルデヒドが分析できる（図３－17）。

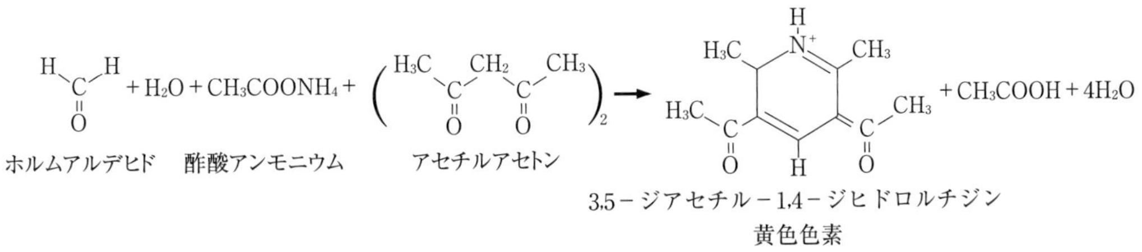

$$HCHO + H_2O + CH_3COONH_4 + (CH_3COCH_2COCH_3)_2 \rightarrow \text{3,5-ジアセチル-1,4-ジヒドロルチジン} + CH_3COOH + 4H_2O$$

ホルムアルデヒド　酢酸アンモニウム　アセチルアセトン　3,5－ジアセチル－1,4－ジヒドロルチジン　黄色色素

図３－17　ホルムアルデヒドとアセチルアセトンの反応

●試薬

- ホルムアルデヒド標準原液：ヘキサメチレンテトラミン31.1 mgを正確に量り、精製水に溶解して全量100 mLとする。さらに、この溶液５mLに精製水を加えて100 mLにしたものを標準原液（20 µg/mL）とする。この時、１molのヘキサメチレンテトラミンから６molのホルムアルデヒドが発生する。

$$C_6H_{12}N_4 + 6\,H_2O \rightarrow 6\,HCHO + 4\,NH_3$$

- 標準液：標準原液20 mLに精製水を加えて、全量100 mL（HCHO濃度４µg/mL）とする（使用直前に調製する）。
- アセチルアセトン溶液：酢酸アンモニウム150 gを精製水に溶かし、酢酸３mLおよびアセチルアセトン２mLを加え、さらに精製水を加えて全量1,000 mLとする

（使用直前に調製する）。

- 20％リン酸溶液：リン酸２gを精製水10 mLに溶解する。

●装置

水蒸気蒸留装置（セミミクロケルダール装置）を組み立てる（図３－18）。

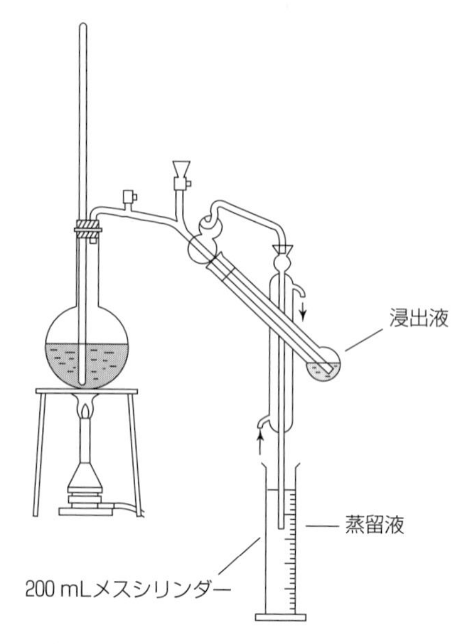

図３－18　水蒸気蒸留装置（セミミクロケルダール装置）

●試験液の調製

①水浸出液は、実験23 過マンガン酸カリウム消費量の試験の「試料液の調製」（p. 119）により得る。なお、水浸出液が無色透明であれば、以下②～④の水蒸気蒸留は省略し、そのまま試験液とする。

②水浸出液25 mLを蒸留フラスコにとり、20％リン酸溶液１mLを加える。

③あらかじめ、精製水５～10 mLを入れた200 mLのメスシリンダーに冷却器の先端が精製水に浸るようにセットしてから水蒸気蒸留を始める。

④蒸留液が約190 mLになったら蒸留を止め、精製水を加えて全量200 mLとし、試験液とする。

●操作方法

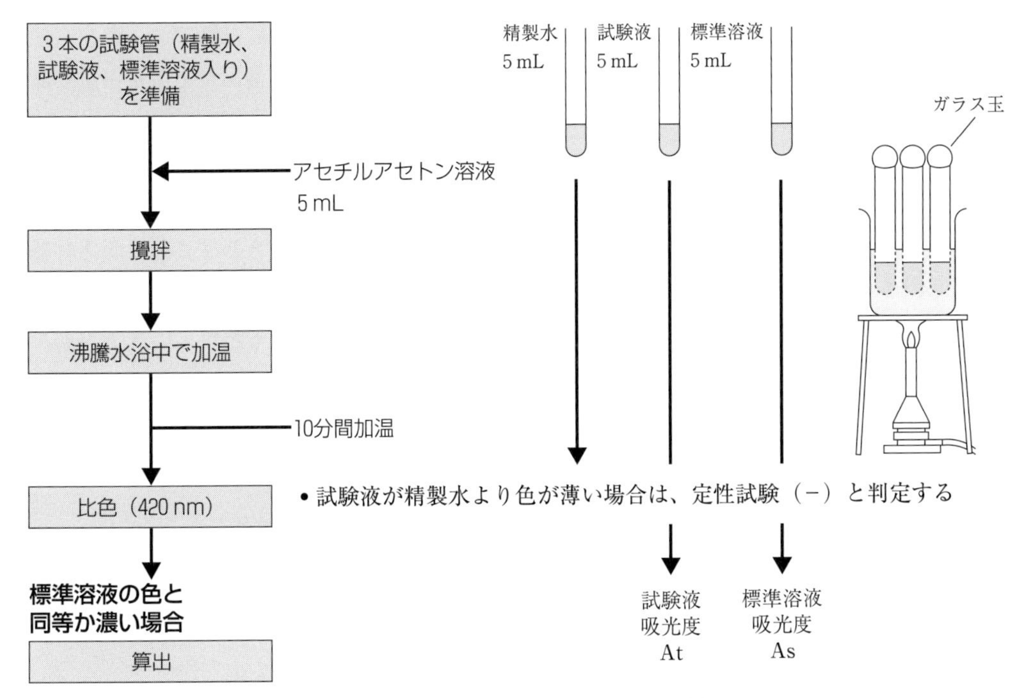

$$ホルムアルデヒド濃度（\mu g/mL）= 4 \times \frac{At}{As} \times \left(\frac{200}{25}\right)$$

At：試験液の吸光度
As：標準溶液の吸光度
（　　）：水蒸気蒸留を行った場合

実験25　スズ溶出確認試験

●目的

身近な缶詰などの金属缶の規格では、溶出試験における試験項目や規格が定められている。果実缶詰や一部の野菜缶詰は、製品貯蔵中の品質の劣化を防ぐために缶内面を塗装しない無塗装缶（通称：白缶）を使用しているものがある。この缶材料であるブリキは、スチールにスズメッキを行っており、缶詰製造後のわずかな溶存酸素をスズが酸化スズとして補足するため、褐変による色沢・香味の変化を抑え、ビタミンCの減少を防ぐ。そのため、無塗装缶が国際的にも広く使用されている。

果実・野菜缶詰のスズの許容量は、国際食品規格委員会で暫定承認250ppmとして採択されている。わが国では、清涼飲料水の缶詰についてはスズの許容量を150ppm以下と定めている。現在、これらの飲料缶詰は、ほとんど特殊塗装缶（PETラミネート鋼板）が使用されているので、スズの溶出量は10～30ppm程度である。しかしながら、無塗装缶の缶詰を開缶して長時間放置した場合は、酸素の影響で過剰なスズが溶出してくるので、開缶後は他の容器に移す必要がある。

2014（平成26）年12月、清涼飲料水の規格基準が改正され、公定法におけるスズの試験は、「湿式分解法等を行った後にサリチリデンアミノ２－チオフェノール法又はポーラログラフ法により行うこと」となっている。スズ溶出確認試験では、現在も使用されている無塗装缶の果実缶詰を開缶後放置した場合のスズ溶出量を半定量法で測定し、適正な容器包装の扱いを理解することを目的に行う。

●分析原理

「MQuant®（エムクァント™）テストストリップ」（試験紙および試薬、反応容器入り）〔メルク〕を用いて半定量試験紙による分析を行う。これは、トルエン－3,4－ジチオール（別名：ジチオール）によるスズ（Ⅱ）が赤色になる呈色反応を利用した方法である。

●試料

- 果実缶詰を開缶後一定時間保存したシロップ液

●試薬

- MQuant®（エムクァント™）〔メルク〕
  キット中試薬名：Sn－１（チオグリコール酸９％／塩酸30%）
- 試験紙（テストストリップ）50枚入り
- スズ標準液100 mL：金属標準液スズ1,000 mg/L HCl（2.5 mol/L）溶液〔関東化学〕を純水で希釈し、50 mg/Lで使用。

●試料の調製

①みかん缶詰（白缶の缶詰を購入）測定時間ごととブランク分を準備。

②開缶後、ラップで覆い、決めた保存時間冷蔵保存する。

③０、１、３、６、12、24、48時間経過ごとに、シロップをろ紙を用いてろ過し、サンプル瓶に各々保存する。

④希釈は、０、１、３時間までは原液、６、12時間は５倍に希釈、24、48時間は、10倍に希釈が必要になるが、購入品ごとで変わるので、測定値が上限を超えないように希釈を設定する。

●測定方法

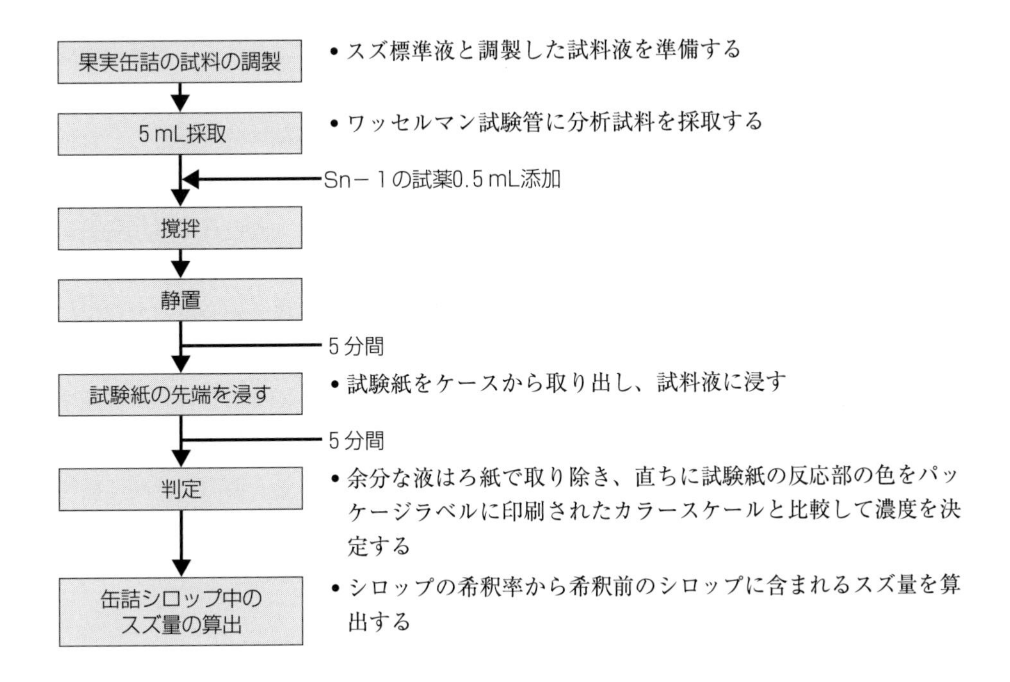

●結果のまとめ

開缶後の保存時間を横軸に、溶出量を縦軸にグラフにプロットする。対照の開缶直後とその後の変化をみて、わが国の基準150ppmならびに国際食品規格委員会の基準250ppmに達する溶出時間を確認する。また、試料液を採取した後の缶を保管しておき、スズ塗装面状態や缶臭などを観察する。

コラム　スズによる食中毒事例

1995年に学生４名が黄桃缶詰３缶を開けて喫食したところ、食後１～２時間で全員が吐き気、腹痛を呈した。また、喫食時に苦みを感じていた。無塗装缶のためスズが溶出し、残品からはスズ320ppmを検出していた。スズの中毒量は100～300ppmといわれている。

3 − 3 腐敗・変敗

食品は時間の経過とともに食品中の微生物や酵素の作用、食品中の成分間反応、さらに、食品が保管されている環境条件などにより、色、味、香り、外観、テクスチャーなどの変化、ガスの発生、有害物質の生成、栄養価の低下などの品質低下を起こして可食性を失う。この状態を「変質」と呼ぶ。

食品の「変質」において、食品中のタンパク質などの含窒素化合物が微生物の作用で分解され、低分子の悪臭物質、不快あるいは有害物質などを生成する現象を「腐敗」という。炭水化物や脂質などのタンパク質以外の成分が微生物の作用によって分解され、風味が悪くなって食用に適さない状態になった場合を「変敗」と呼び、腐敗と区別される。また、炭水化物や脂肪が微生物によって分解されて有機酸を産生し、酸味や酸臭を呈する変敗を「酸敗」と呼ぶ。さらに、炭水化物が分解されて有機酸やアルコールが産生されることを「発酵」と呼び、ワイン、清酒、味噌、漬物、ヨーグルトなどの食品生産の有用面とそれらの食品が可食性を失う変敗と酸敗の有害面がある。

食品の劣化は次の3要因に区別される。

❶生物的要因

微生物、衛生動物、衛生害虫など。

❷化学的要因

食品に含まれる酵素および増殖微生物の生成した酵素、脂質の酸化など。

❸物理的要因

光線、熱による食品成分の変質、乾燥、凍結による組織破壊など。

実験26 水分活性

●目的

食品中の水分は、食品成分と結合・吸着している結合水と遊離した状態で環境や温度・湿度の変化により、容易に移動や蒸発が起こる自由水に大別される。水分活性（Water Activity：Aw）とは食品中の微生物が増殖に際して利用できる水分、すなわち食品中の自由水の割合を示す指数のことである。微生物による食品の変質防止や保存性を向上させるために乾燥、凍結、塩蔵、糖蔵などの加工が行われてきた。これらの加工によって微生物が利用できる自由水が減少することにより、その発育や増殖が抑制される。食品の腐敗と関係が深い食品中の自由水の割合を示す水分活性を測定することにより、その食品が腐敗しやすい状態にあるか否かを判定する。

●分析原理

水分活性の測定法には、平衡重量法と蒸気圧法があるが、中間～高水分活性域（Aw 0.5以上）では、平衡重量法のLandrock法やその改良法であるコンウェイユニット法が適している。一方、低～中間水分活性域（Aw0.1～0.7）では蒸気圧直接測定法が適している。ここでは、中間～高水分活性域の測定に適したコンウェイユニットを使用した平衡重量測定法（グラフ挿入法）について示す。

水分活性を測定する場合は、密閉容器内の空間をあらかじめ水分活性既知の飽和塩類溶液（標準試薬）で一定の相対湿度に保ち、その中に測定試料を置き、やがて水分の関係が一定、平衡に達した状態となった時点で、測定試料の重量の増減を求める。

それぞれの標準試薬で測定した試料の増減率を縦軸に、標準試薬の水分活性値を横軸にとってグラフを作成し、これらの点を結ぶ直線あるいは曲線が増減率ゼロの線、つまり横軸と交わったところの値が試料の水分活性値である。なお、この方法により行うことができるのは、アルコールなど揮発性物質の影響を受けない場合に限る。

●試料

- アルコールなどの揮発性物質の影響を受けないもの

●試薬

- 食品の参考水分活性値（表3－10）を中心に、その上下同間隔になるように標準試薬（表3－11）を選択する。

  注）水分活性0.87を中心に上下同間隔になる試薬を用いる場合に、塩化カリウム（水分活性0.84）に対しては塩化バリウム（水分活性0.90）を、臭化カリウム（水分活性0.80）に対しては硝酸カリウム（水分活性0.92）を、塩化ナトリウム（水分活性0.75）に対しては硫酸カリウム（水分活性0.96）を選択する。

●試料の調製

①食品10～20 gを用意する。

②速やかに細切りし、混合均一化する。そのうち約1gを試料として採取する。操作中の吸湿や乾燥を抑えるため、迅速に行う。

表３－10　食品の水分活性および水分含量

食　品	水　分（％）	水分活性	食塩・糖分（％）
野菜	90以上	0.99～0.98	
果実	89～87	0.99～0.98	
魚介類	85～70	0.99～0.98	
食肉類	70以上	0.98～0.97	
卵	75	0.97	
果汁	88～86	0.97	
魚肉ソーセージ	69～66	0.98～0.96	
焼きちくわ	75～72	0.98～0.97	
かまぼこ	73～70	0.97～0.93	
さつま揚げ・はんぺん	76～72	0.96	
アジの開き	68	0.96	3.5
チーズ	40	0.96	
ジャム	－	0.94～0.82	
パン	35	0.93	
ハム・ソーセージ	65～56	0.9	
塩さけ	60	0.89	11.3
塩たらこ	62	0.91	7.2
塩たら	60	0.78	15.4
しらす干し	59	0.86	12.7
ようかん	－	0.87	
サラミソーセージ	30	0.83～0.78	
いわし生干し	55	0.8	13.6
かつお塩辛	60	0.71	21.1
うに塩辛	57	0.89	12.7
いか塩辛	64	0.80	17.2
乾燥果実	21～15	0.82～0.72	
いか薫製	66	0.78	
蜂蜜	16	0.75	
オレンジマーマレード	32	0.75	66
ケーキ	25	0.74	55
ゼリー	18	0.69～0.60	
干しエビ	23	0.64	
キャンディ	－	0.65～0.57	
小麦粉	14	0.61	
乾燥穀類	－	0.61	
煮干し	16	0.57	
クラッカー	5	0.53	70
香辛料（乾燥品）	－	0.5	
ブドウ糖	9～10	0.48	
ビスケット	4	0.33	
チョコレート	1	0.32	
インスタントコーヒー	－	0.32	
脱脂粉乳	4	0.27	
緑茶	4	0.26	

出典：食品衛生検査指針委員会『食品衛生検査指針　理化学編2015』日本食品衛生協会　2015年　p.291

表３－11　飽和溶液の示す水分活性（25℃）

試　薬	水分活性
塩化リチウム（$LiCl \cdot H_2O$）	0.110
酢酸カリウム（CH_3COOK）	0.224
塩化マグネシウム（$MgCl_2 \cdot 2H_2O$）	0.330
炭酸カリウム（$K_2CO_3 \cdot 2H_2O$）	0.427
硝酸リチウム（$LiNO_3 \cdot 3H_2O$）	0.470
硝酸マグネシウム（$Mg(NO_3)_2 \cdot 6H_2O$）	0.528
臭化ナトリウム（$NaBr \cdot 2H_2O$）	0.577
塩化ストロンチウム（$SrCl_2 \cdot 6H_2O$）	0.708
硝酸ナトリウム（$NaNO_3$）	0.737
塩化ナトリウム（$NaCl$）	0.752
臭化カリウム（KBr）	0.807
塩化カリウム（KCl）	0.842
塩化バリウム（$BaCl_2 \cdot 2H_2O$）	0.901
硝酸カリウム（KNO_3）	0.924
硫酸カリウム（K_2SO_4）	0.969
重クロム酸カリウム（$K_2Cr_2O_7$）	0.980

出典：表３－10に同じ

●操作方法

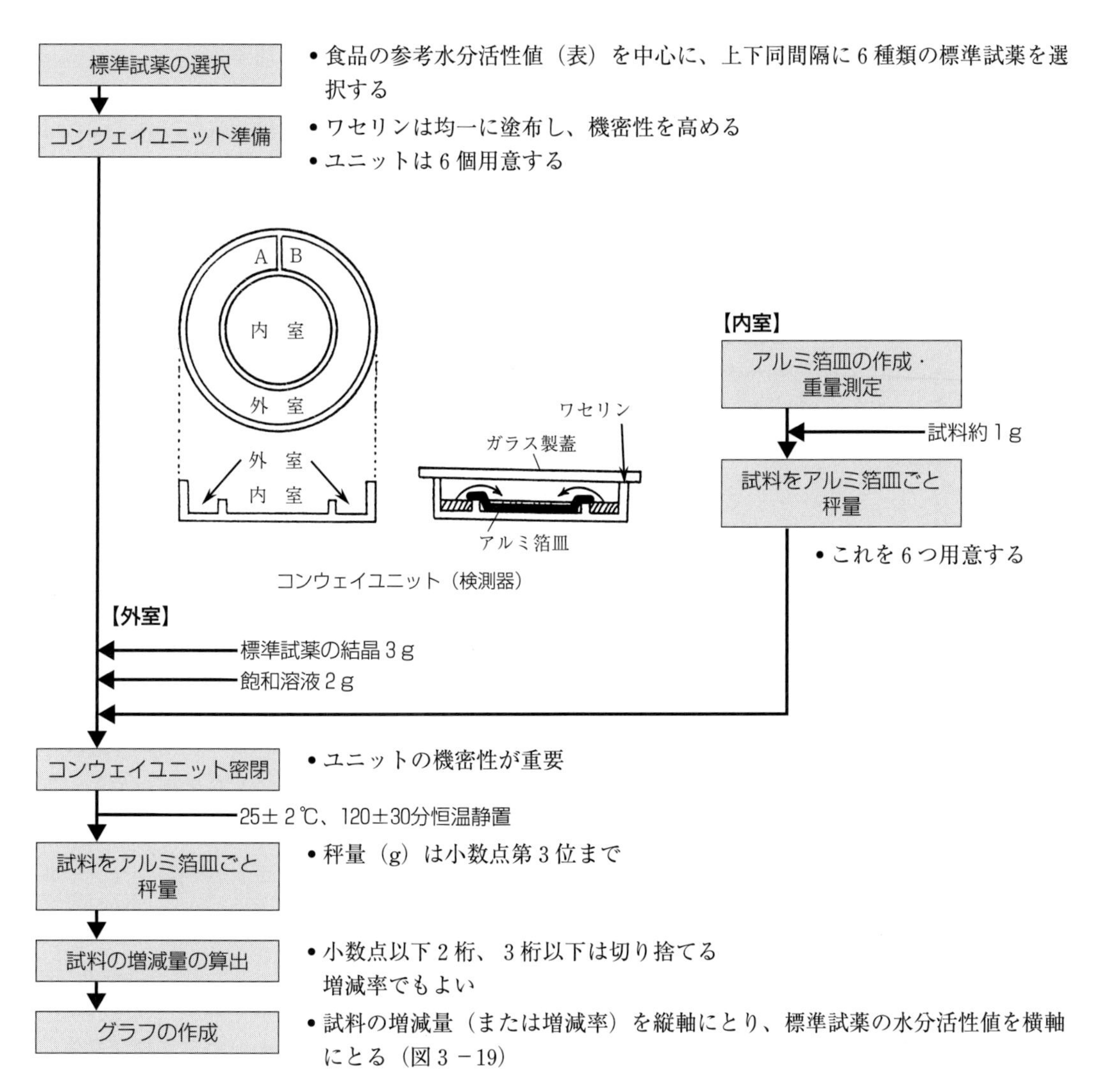

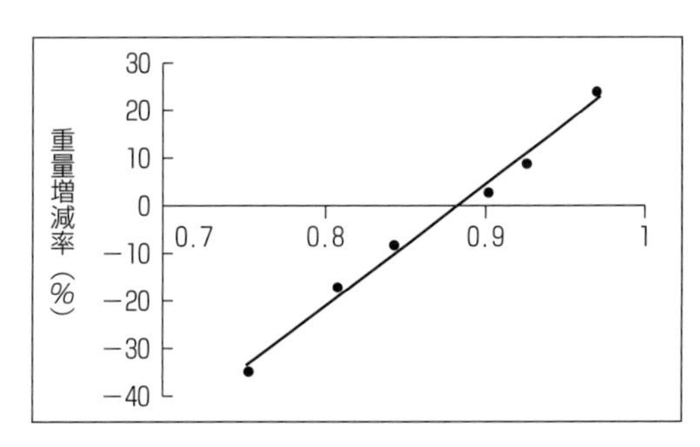

図 3 －19　試料の重量増減率のグラフ例

測定試料の水分活性値が、実験に使用した標準試薬の水分活性値よりも高い場合は、試料の水分が奪われることにより試料の重量は減少する。一方、標準試薬の水分活性値よりも低い場合は、測定試料が水分を吸収するため重量が増加する。

コラム 電気抵抗式水分活性測定装置（Aw計）

電気抵抗式水分活性測定装置（Aw計）を使用して水分活性を測定する方法もある。検出部で電気抵抗を測定することで、水分活性を求めることができる。試料を測定部にセットして測定を開始し、表示の値の変動がなくなったら終了となる。説明書にしたがって取り扱う。

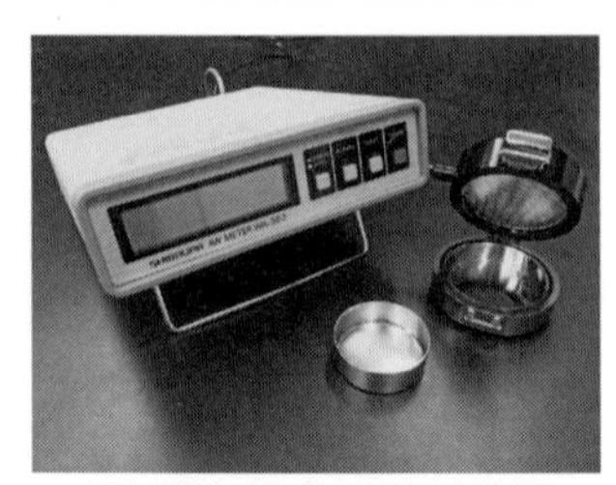

電気抵抗式水分活性測定装置（Aw計）の例

実験27 揮発性塩基窒素（VBN）

●目的

魚介類の筋肉における鮮度低下過程では細菌などのデアミナーゼの作用により、アミノ酸からアンモニア（NH_3）を生成する。また、トリメチルアミンオキシドからトリメチルアミンが生成される。さらに組織内酵素によってATPの分解過程で、AMPの脱アミノ反応によるアンモニアの生成、トリメチルアミンオキシドからトリメチルアミン、ジメチルアミンなどが酵素により生成される。これらは塩基性窒素化合物と呼ばれる。

魚介類では、畜肉に比較して自己消化が早く、死後硬直後、自己消化によるタンパク質の分解によって生じたペプチドやアミノ酸から生成機序にかかわらず揮発性塩基窒素化合物（アンモニア、アミン類）などが生成し、蓄積される。

そこで鮮度低下の指標として、魚肉100 g中に含まれる揮発性塩基性窒素（VBN: volatile basic nitrogen）のmg数が用いられる。ここでは微量拡散法（コンウェイ法）によって揮発性塩基窒素を測定し、魚肉の鮮度を判定する。

●分析原理

水溶液中に存在する揮発性塩基窒素化合物は、炭酸カリウムを加えてその溶液を強アルカリ性にするとガス状となって揮発する。揮発した揮発性塩基窒素化合物をホウ酸吸収溶液に吸収させ、その溶液を薄い硫酸溶液で中和滴定してVBNの値を求める。ただし、ここで求めるVBNはすべてアンモニアとして算出する。

●試料

- 魚の切り身や干物

●試薬

- 20％トリクロロ酢酸
- ２％トリクロロ酢酸
- ホウ酸吸収液：ホウ酸１gにエタノール20 mLを加えて溶解し、次に示す混合指示薬１mLを加え、水で100 mLとする。褐色瓶に入れて暗所に保存する。
- 混合指示薬：0.066％メチルレッドおよび0.066％ブロムクレゾールグリーンのエタノール溶液を等量混合する。
- 50％炭酸カリウム溶液
- 0.01 mol/L硫酸溶液：力価を求めておく。
- 膠着剤：白色ワセリン

●試料の調製

①細切りにした試料10 gを乳鉢にとり、精製水50 mLの一部を少しずつ加えながらよく磨砕する。磨砕物をビーカーに移し、残りの精製水で乳鉢、乳棒を洗い、洗液もビーカーに入れ、磨砕物と合わせる。

②30分間放置し、揮発性塩基窒素化合物を浸出させる。

③20％トリクロロ酢酸10 mLを加えてよく攪拌し、10分間放置する。

④③をろ紙でろ過し、100 mLメスフラスコに移す（この時、ろ紙上に固形物が残らないようにする）。

⑤ビーカーの残渣に２％トリクロロ酢酸を10 mL加え、④と同じろ紙でろ過し、④のろ液と合わせる。

⑥蒸留水で100 mLに定容する。

●操作方法

空試験と試料（本試験）分のユニットを準備しておく。

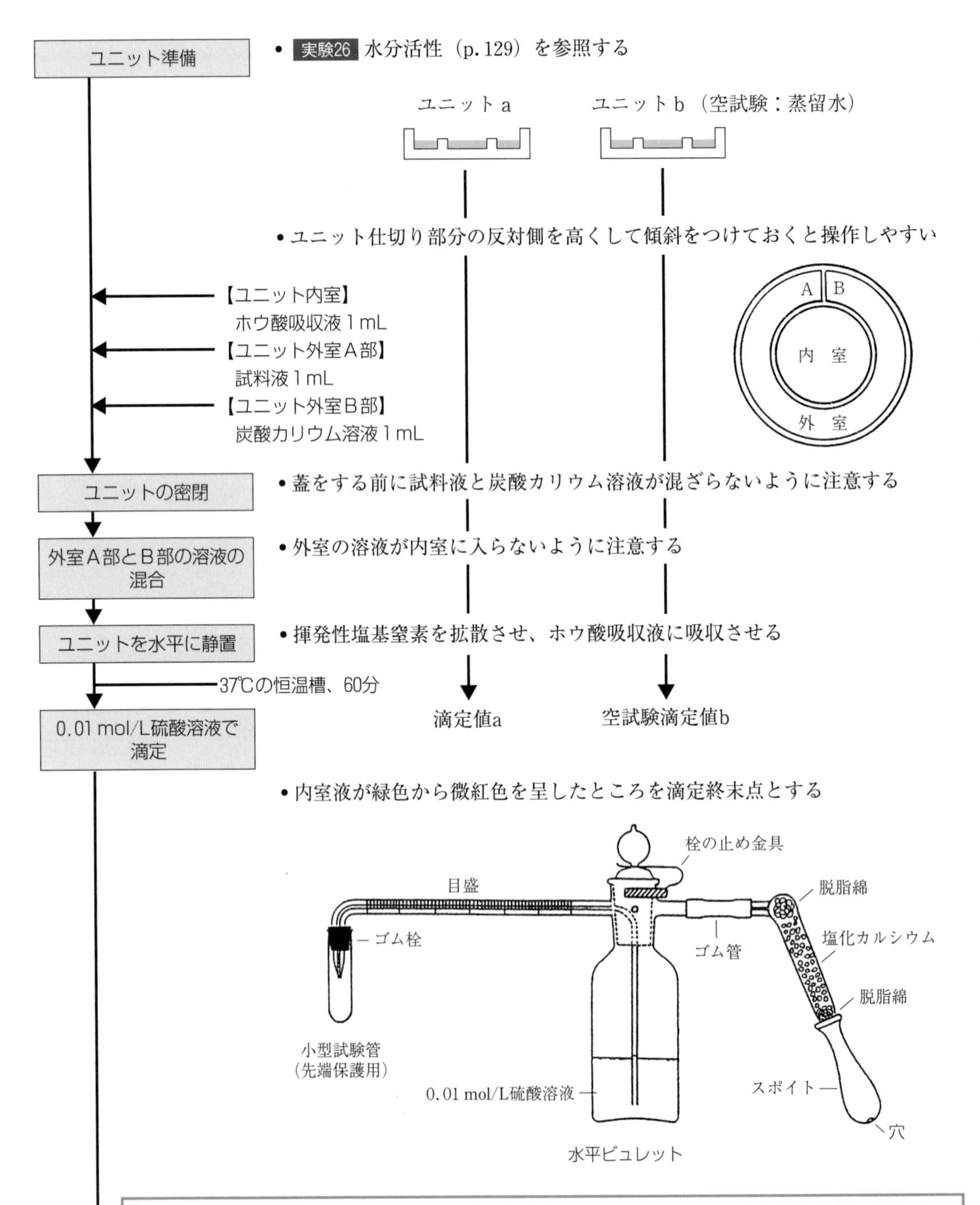

ユニットに油脂が残存していると測定に誤差を生じるので、ユニット内部は手指で触れないこと。使用後の微量拡散ユニットは、温湯と中性洗剤でよく洗う。この時スポンジは使用せず、ガーゼなどの柔らかい布を用いるとよい。

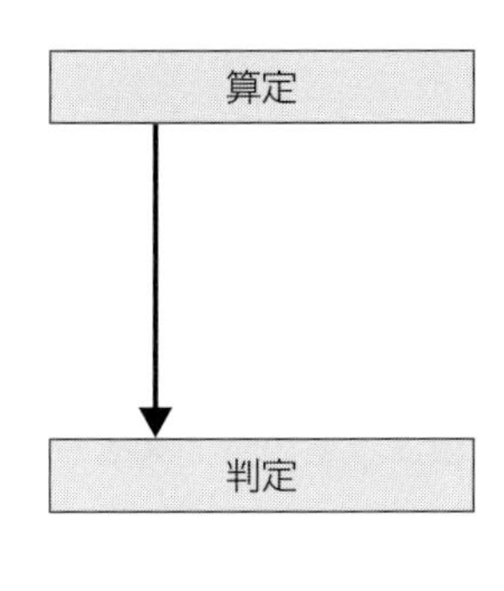

揮発性塩基窒素量（mg%）＝0.28×（a − b）× F ×100/0.1
a ：滴定値
b ：空試験滴定値
F ：0.01 mol/L硫酸溶液のファクター
0.28：0.01 mol/L硫酸溶液１mLに相当する揮発性塩基窒素（mg）
0.1：試験溶液１mLに相当する試料重量（g）

• 表３ −12参照

表３ −12　試料の鮮度判定基準

揮発性塩基窒素量（mg%）	判　定
５～10	極めて新鮮
15～25	新鮮または普通の鮮度
30～40	初期腐敗
50以上	腐　敗

実験28　ヒスタミン

●目的

アミノ酸の一つであるヒスチジンは、カツオ、マグロ、イワシ、サバ、アジなどの魚やその加工品に多く含まれている。これらの魚やその加工品に腸内細菌であるモルガン菌（*Morganella morganii*）や海洋、魚類の腸管・体表などに存在する好塩性の細菌（*Photobacterium damselae*）といった細菌の脱炭酸酵素による脱炭酸反応によってヒスタミン（histamine）が生成され、食品中に蓄積される。

食品に含まれるヒスタミンの摂取によって、アレルギー様食中毒が引き起こされる場合がある。一般的にヒスタミンが食品１g中に数mg蓄積されると、アレルギー様食中毒が発生するとされている（ヒスタミン中毒における感受性には個人差がある）。また、ヒスタミンを産生する細菌は、不揮発性アミン（プトレシン、トリプタミン、チラミンなど）を産生する。これらの不揮発性アミンは、ヒスタミン代謝酵素活性を阻害することによってさらにヒスタミンによる食中毒発症リスクを高め、少量のヒスタミンでも食中毒を起こすことが考えられる。

ヒスタミンは熱に安定な物質であり、通常の調理における加熱では完全に分解されないため細菌の付着を防ぎ、細菌の増殖を抑えるために保存条件に注意し、摂食までの保存期間をできるだけ短くすることなどが予防において重要である。

●分析原理

ヒスタミンの分析は、高速液体クロマトグラフィー（HPLC）による定量方法や円型ろ紙クロマトグラフィーによる定性法がある。ここでは、比較的短時間に判定できる簡易な方法である薄層クロマトグラフィーによる定性法を示す。

薄層クロマトグラフィーによってヒスチジンとヒスタミンを分離する。その後、発色液1（0.01%フルオレスカミン・アセトン溶液）でヒスタミン標準液との蛍光スポットのRf値を比較してヒスタミンの有無を検出する。次いで、発色液2（0.1%ニンヒドリン・アセトン溶液）によって赤紫色のスポット位置のRf値を比較してヒスタミンを判定する。

●試料

- 赤身の魚など

●試薬および器具

- ヒスタミン標準液：ヒスタミン二塩酸塩16.56 mgを正確に量り、0.5 mol/L塩酸に溶かして100 mLとする。
- 展開溶媒：アセトンと28%アンモニア水を9：1の割合で混合する。
- 発色液1：0.01%フルオレスカミン・アセトン溶液
- 発色液2：0.1%ニンヒドリン・アセトン溶液（ニンヒドリンスプレー〔和光純薬〕が使用できる）
- 薄層クロマトグラフィー用（TLC）プレート板（「シリカゲル60アルミニウムシート（蛍光なし）」〔メルク〕）

●試料の調製

実験27 揮発性塩基窒素（p. 130）で調製した試験液を用いる。

●操作方法

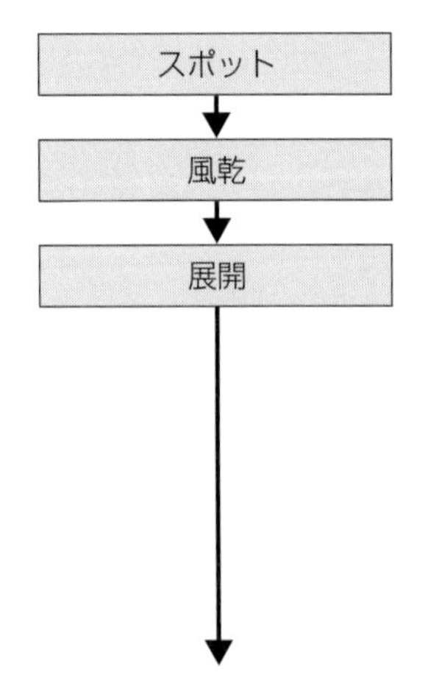

- 試験液、ヒスタミン標準液それぞれ5 µLをTLCプレート板にスポットする
- 展開溶媒は用時調製したものを使用し、7～8 cm展開する

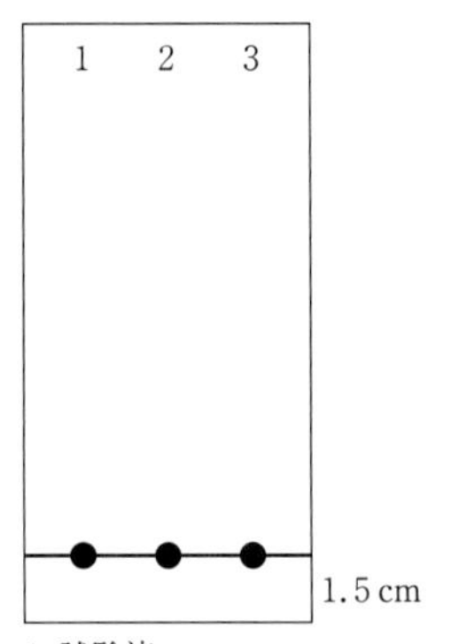

1. 試験液
2. ヒスタミン標準液
3. ヒスタミン標準液＋試験液

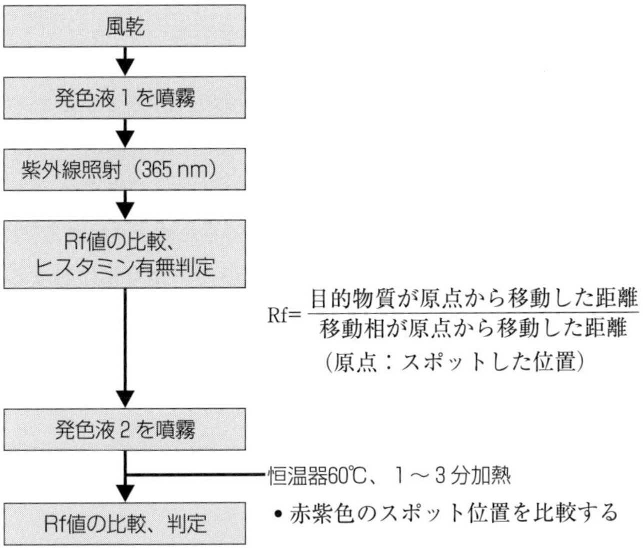

風乾
↓
発色液１を噴霧
↓
紫外線照射（365 nm）
↓
Rf値の比較、
ヒスタミン有無判定

$$Rf=\frac{\text{目的物質が原点から移動した距離}}{\text{移動相が原点から移動した距離}}$$

（原点：スポットした位置）

↓
発色液２を噴霧
↓ 恒温器60℃、１～３分加熱
Rf値の比較、判定

- 赤紫色のスポット位置を比較する

この実験における検出限度は、妨害がなければ試料中濃度として３mg%まで確認が可能である。

実験29　K値

●目的

魚介類の利用価値を判断するためには、鮮度を正確かつ客観的に判断する必要がある。そのため、様々な判定方法が考案されてきたが、いずれの測定方法も万能ではなく、すべての魚介類に利用できる簡便な方法はない。よって、判定方法に用いられる指標の意味をよく理解し、目的に最適な方法を選択することが重要である。

魚介類の鮮度を判定する方法は、官能検査法、物理的判定法、化学的判定法、微生物学的判定法などが知られている。魚介類の腐敗は微生物によるものであるが、魚介類に本来含まれている成分に起こる変化を測定した化学的指標など、他の指標の変化とはかかわりなく別に起こるが、生菌数の増加と腐敗は密接な関係にあり、魚介類の鮮度をある程度は反映しているといえる。

化学的判定法には、生存時に魚介類筋肉中には存在しないが、鮮度低下に伴って生成・蓄積する物質、または魚介類の筋肉構成成分で鮮度低下に伴って変質する物質を測定し、指標とする方法がある。後者の方法として、揮発性塩基窒素とK値（鮮度判定恒数）による方法がある。揮発性塩基窒素の蓄積は、ATPの分解（K値上昇）に比較してかなり遅い変化といえる。K値の変化には、魚介類の栄養状態、生理状態、致死条件、筋肉のタイプおよび貯蔵温度などが影響している。

●分析原理

筋肉には生体エネルギー源としてATPが含まれている。魚介類の死後、その筋肉中においてATPからヒポキサンチン（Hx）にまで分解する数種類の酵素がかかわる過程がある。魚介類の死後はATPが再生されなくなるため、ATPは減少しイノシン（HxR）やHxが蓄積される。また、全ATP関連化合物の量はほぼ一定である。さらにこれらの反応は、微生物の作用とは無関係に死直後から進行するため、いわゆる“生き”のよさを評価する方法として有効である。よって、ATP関連の全化合物に対するHxR+Hxの割合の変化が、魚肉の鮮度低下の指標として広く利用されるようになった。

鮮度低下に伴うATPは、次のように分解される。魚介類ではATP、ADP、AMP、イノシン酸（IMP）、イノシン（HxR）、ヒポキサンチン（Hx）の順となっている。

K値は、魚介類筋肉の鮮度低下を示す指標で、分析したATPとその分解物の合計値に対するイノシン（HxR）とヒポキサンチン（Hx）の合計値の百分率で表される。

$$K値(\%) = (HxR + Hx)/(ATP + ADP + AMP + IMP + HxR + Hx) \times 100$$

●試料

- 魚肉（背部普通肉のみ採取し、血合肉の混入を避ける）

●試薬および器具

- 10%および5％過塩素酸溶液
- 10 mol/Lおよび1 mol/L水酸化カリウム溶液
- 0.5 mol/L水酸化アンモニウム溶液
- 陰イオン交換樹脂Dowex 1 × 4 （200～400mesh, Cl^-型）
- アセトン
- 1 mol/L水酸化ナトリウム溶液
- 1 mol/L塩酸溶液
- カラム溶出用Ａ液：0.05 mol/L塩酸溶液
- カラム溶出用Ｂ液：0.6 mol/L塩化ナトリウム・0.01 mol/L塩酸溶液
- 遠沈管、ガラスカラム（0.6 cm×20 cm）、脱脂綿、メスフラスコ（50 mL、10 mL）、遠心分離機、分光光度計、小試験管

●試料の調製

①魚肉１gを遠沈管に採取し、氷冷した10%過塩素酸溶液２mLを加え、氷冷しながらガラス棒で破砕する。

②2,000～3,000回転で３分間遠心分離し、上澄み液を別の遠沈管に採取する。

③②の残渣に氷冷した５％過塩素酸溶液２mLを加え、同様に操作して上澄み液を②に合わせる。

④合わせた上澄み液を10 mol/Lおよび１mol/L水酸化カリウムでpH6.5に調整する。

⑤この溶液を2,000～3,000回転で３分間遠心分離し、生じた過塩素酸カリウムの沈殿を除く。

⑥上澄み液を10 mLメスフラスコに移し、標線まで精製水を加えてよく混合する。

●操作方法

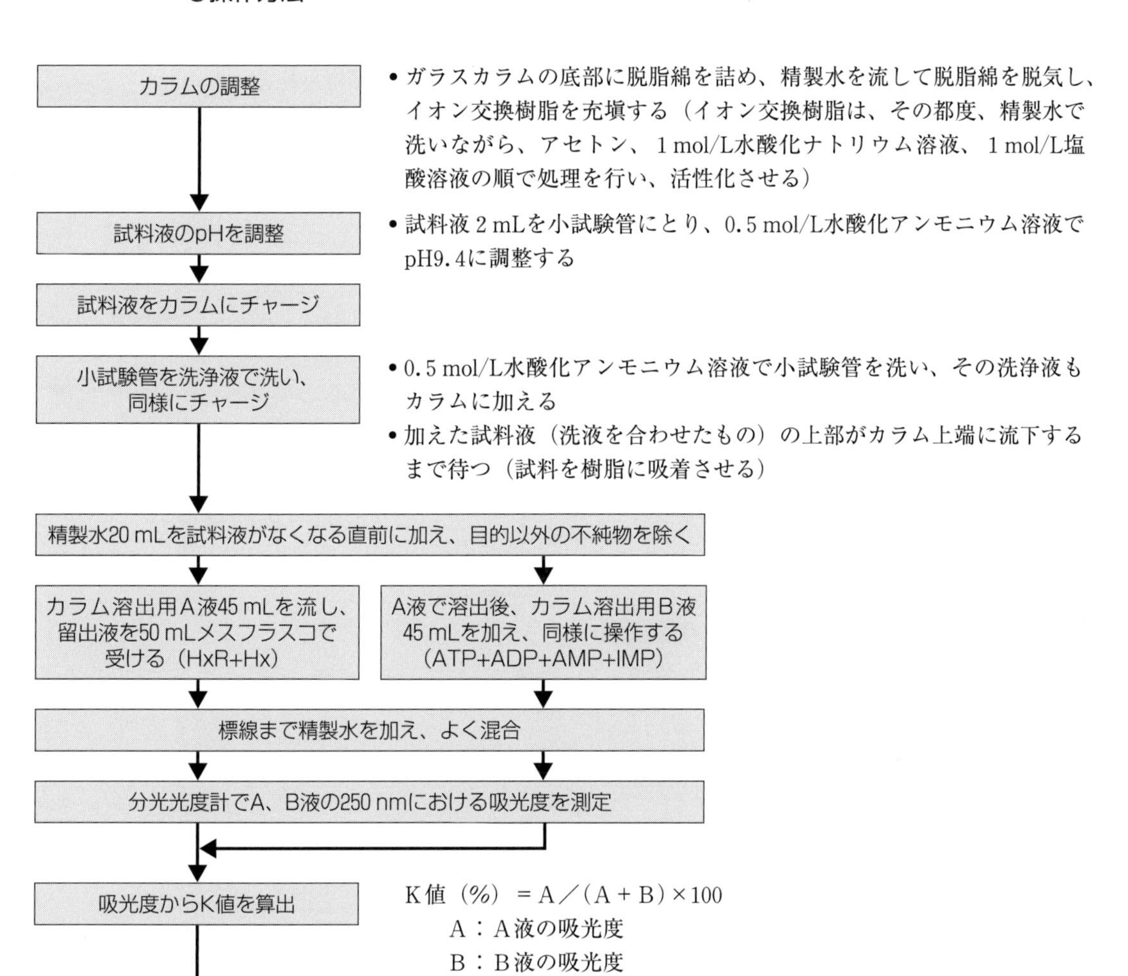

表３－13　K値と魚類の鮮度の判断基準

K値（%）	判　定
0～10	活魚、あらい
～20	刺身用
～35	鮮魚として一般に市販
～40	煮魚用
～60	すり身など加工用
60～	初期腐敗

実験30　酸価（AV）

●目的

油脂は変敗すると加水分解されて脂肪酸が遊離したり、酸化により生じた過酸化脂質が分解されて短鎖脂肪酸などが生成したりする（図３－20）。このため、油脂中に含まれる酸を測定することにより、油脂の酸化変敗の程度を知ることができる。食品の油脂の変敗に関する規格基準は、表３－14のように定められている。

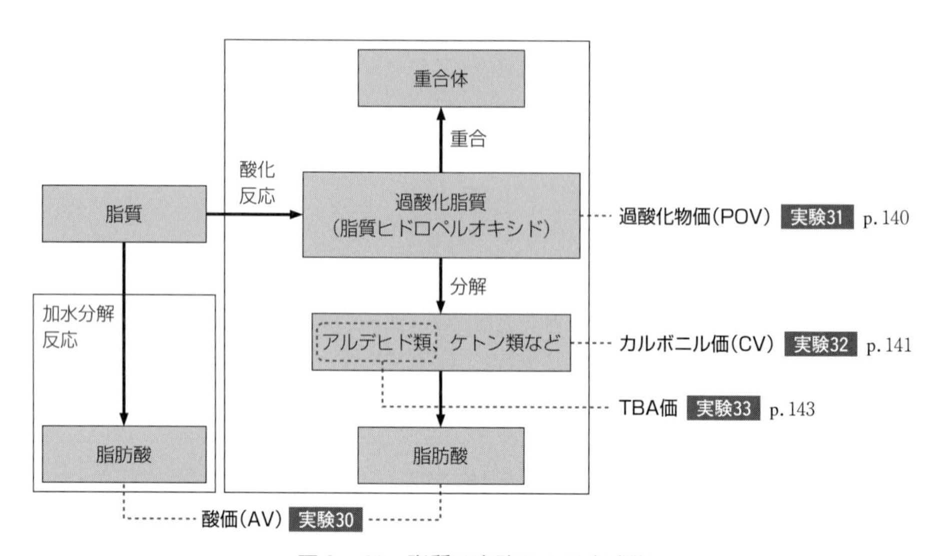

図３－20　脂質の変敗による生成物

表３－14　油脂の変敗に関する規格基準

食　品	規格基準	関連通知など
即席めん類	即席めん類の成分規格 ・AVが３以上またはPOVが30以上であってはならない	「食品、添加物等の規格基準」（昭和34年12月28日厚生省告示第370号）
油菓子	油脂で処理した菓子（油脂分が10％以上のもの）の管理 ・菓子は、直射日光及び高温多湿を避けて保存すること、その他必要な管理を行い、次の(a)及び(b)に適合するものを販売するようにすること。 (a)　AVが３以上かつPOVが30以上であってはならない (b)　AVが５以上またはPOVが50以上であってはならない	「菓子指導要領」（昭和52年11月16日環食第248号）
洋生菓子	製品の規格 ・AVが３以上またはPOVが30以上であってはならない	「洋生菓子の衛生規範」（昭和58年３月31日環食第54号）
弁当 そうざい	原材料として使用する油脂 ・AVが１以下（但し、ごま油を除く）かつPOVが10以下であるもの 揚げ処理中の油脂の交換基準 ・AVが2.5を超えたもの、CVが50を超えたもの	「弁当及びそうざいの衛生規範」（昭和54年６月29日環食第161号）

●分析原理

油脂中に含まれる酸をアルカリで中和滴定することにより、酸を定量する。酸価（Acid Value：AV）は、油脂試料１g中に含まれる酸を中和するために必要な水酸化カリウムのmg数で表す。

●試薬

- エタノール・エーテル混液：エタノールとジエチルエーテルを１：２（v/v）で混合する。
- 0.1 mol/Lアルコール性水酸化カリウム溶液：水酸化カリウム6.5 gを蒸留水５mLで溶解し、95%エタノールを加えて１Lとする。あらかじめ、容量分析用規格のシュウ酸標準液などを用いてファクターを求めておく。
- １%フェノールフタレイン指示薬

●操作方法

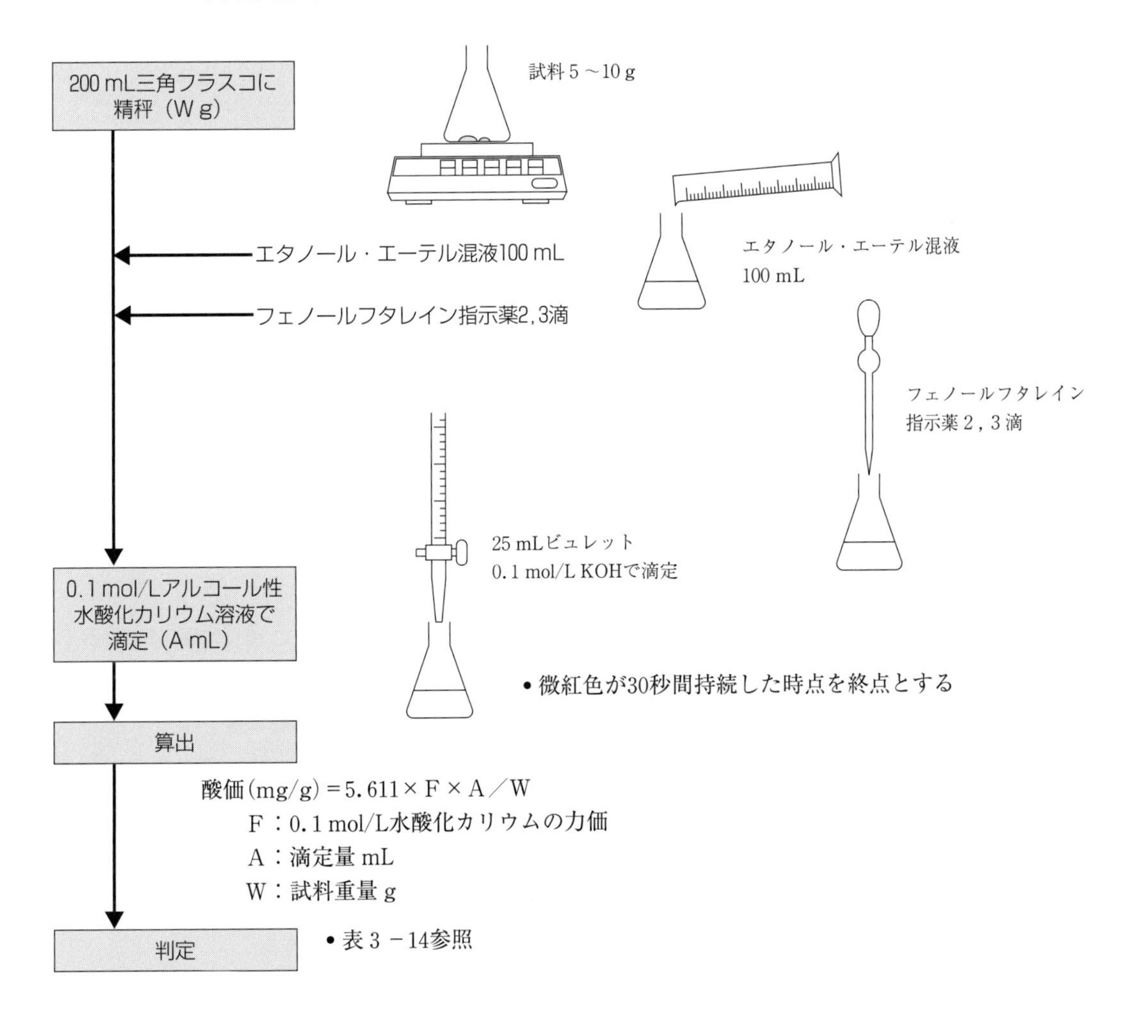

実験31　過酸化物価（POV）

●目的

油脂の酸化反応の初期には、脂肪酸の二重結合に挟まれたメチレン基の部分などに酸素が付加して過酸化脂質（過酸化物）が生成する。過酸化物価（Peroxide Value：POV）は、油脂試料1kg中に含まれる脂質ヒドロペルオキシドなどの過酸化物のミリ当量数で示す。脂質ヒドロペルオキシドは、比較的不安定な物質であるため、酸化初期には増加するが、酸化の進行とともに分解し減少する。このため、値が高い場合は酸化が進行していることを示すが、低値でも酸化が進行してないとはいえない。

●分析原理

油脂の酸化の初期に形成された過酸化脂質（R－OOH）は、ヨウ化カリウム（KI）を酸化させ、ヨウ素（I_2）を生成させる（ア）。このヨウ素をチオ硫酸ナトリウム（$Na_2S_2O_3$）で還元（滴定）して定量する（イ）。指示薬として1％でんぷん溶液を用いるため、ヨウ素の消失により青紫色から無色になる。数値は、油脂1kg中の過酸化物により遊離したヨウ素のミリ当量数（過酸化物のミリ当量数と同じ）で表す。ミリ当量数は、酸化還元反応の場合、酸化還元で用いられた電子のモル数のことである。したがって、過酸化物価は、試料1kg中の過酸化脂質によって生成したヨウ素を還元するために要したチオ硫酸ナトリウムのミリモル数に等しい。

ヨウ素の生成（滴定前処理）：$R\text{-}OOH + 2\,KI \rightarrow R\text{-}OH + I_2 + K_2O$ ……（ア）

$(R\text{-}OOH + 2\,e^- \rightarrow R\text{-}OH + O^{2-})$

$(2\,KI \rightarrow I_2 + 2\,K^+ + 2\,e^-)$

ヨウ素を還元（滴定）：$I_2 + 2\,Na_2S_2O_3 \rightarrow Na_2S_4O_6 + 2\,NaI$ ……（イ）

$(I_2 + 2\,e^- \rightarrow 2\,I^-)$

$(2\,Na_2S_2O_3^{2-} \rightarrow Na_2S_4O_6^{2-} + 2\,Na^+ + e^-)$

●試薬

- イソオクタン・酢酸混液：イソオクタンと氷酢酸を2：3の割合で混合する。
- 飽和ヨウ化カリウム溶液：煮沸後室温まで冷ました蒸留水に、過飽和となる量のヨウ化カリウムを溶解させる。遮光して保存する。用時調製する。
- 1％でんぷん溶液：1gのでんぷんを10mLの蒸留水に入れかき混ぜる。かき混ぜながら熱水100mLを加え、沸騰しない程度の温度で透明になるまで加温する。
- 0.01mol/Lチオ硫酸ナトリウム溶液：市販されている滴定用のチオ硫酸ナトリウム標準液を0.01mol/Lになるように正確に希釈する。

●操作方法

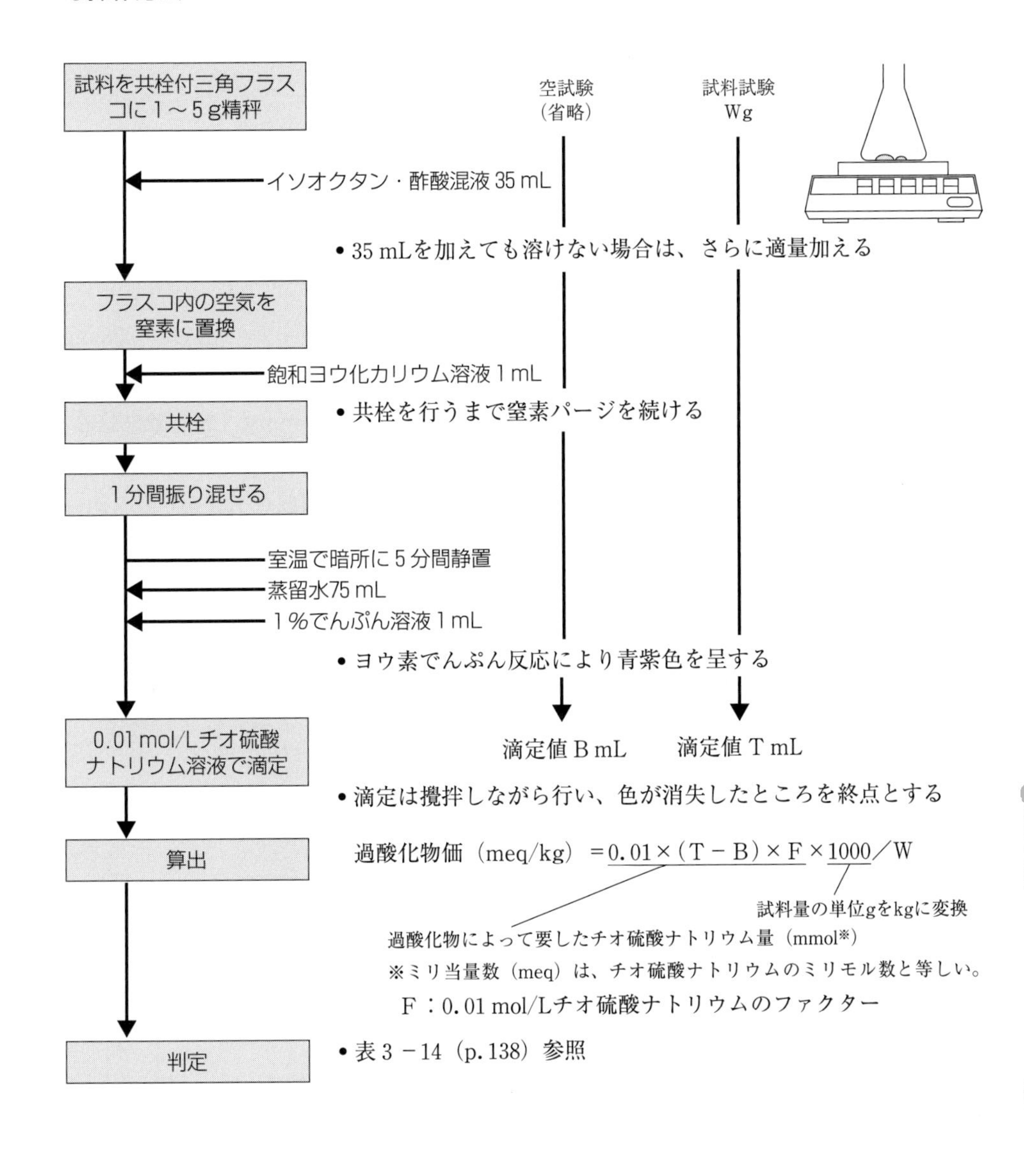

実験32　カルボニル価（CV）

●目的

油脂が酸化されると、初期反応で過酸化脂質が生成するが、比較的不安定な物質で、時間の経過とともに分解されカルボニル化合物などが生じる。油脂試料１gに含まれるカルボニル化合物の２－デセナール相当量をカルボニル価（Carbonyl Value：CV）といい、それを測定することにより、油脂の酸化の程度を判定できる。

●分析原理

カルボニル化合物と2,4－ジニトロフェニルヒドラジンを反応させると、ヒドラゾンが生成する。ヒドラゾンは、塩基性溶液中でキノイドイオンとなり赤紫色を呈するため、吸光度を測定することによりカルボニル化合物を定量することができる。

●試薬

- 1－ブタノール（分光分析用）
- 2,4－DNPH（ジニトロフェニルヒドラジン）溶液：2,4－ジニトロフェニルヒドラジン50 mgを1－ブタノール100 mLと塩酸3.5 mLを加え溶解する。
- 8％水酸化カリウム溶液：水酸化カリウム8 gを100 mLの1－ブタノールに溶かす。測定当日に調製する。
- 2－デセナール標準溶液：trans－2－デセナール2 mmol（308 mg）を1－ブタノールで溶解し正確に100 mLとする（20 mmol/L標準液）。さらに、この標準液を1－ブタノールで希釈し、400 μmol/L（20 mmol/L標準液50倍希釈）、200 μmol/L（20 mmol/L標準液100倍希釈）、100 μmol/L（20 mmol/L標準液200倍希釈）の各標準液を調製する。冷蔵庫で保存し1週間以上経過したものは使用しない。

●試験液の調製

測定する油脂50～500 mgを精秤し（Wmg）、10 mLメスフラスコに入れ、1－ブタノールで溶かして正確に10 mLとする。融点の高い油脂の場合は、加温しながら溶解させる。また、カルボニル価が50を超えることが予想される場合は、溶液が20 mLとなるように調製する。

●操作方法

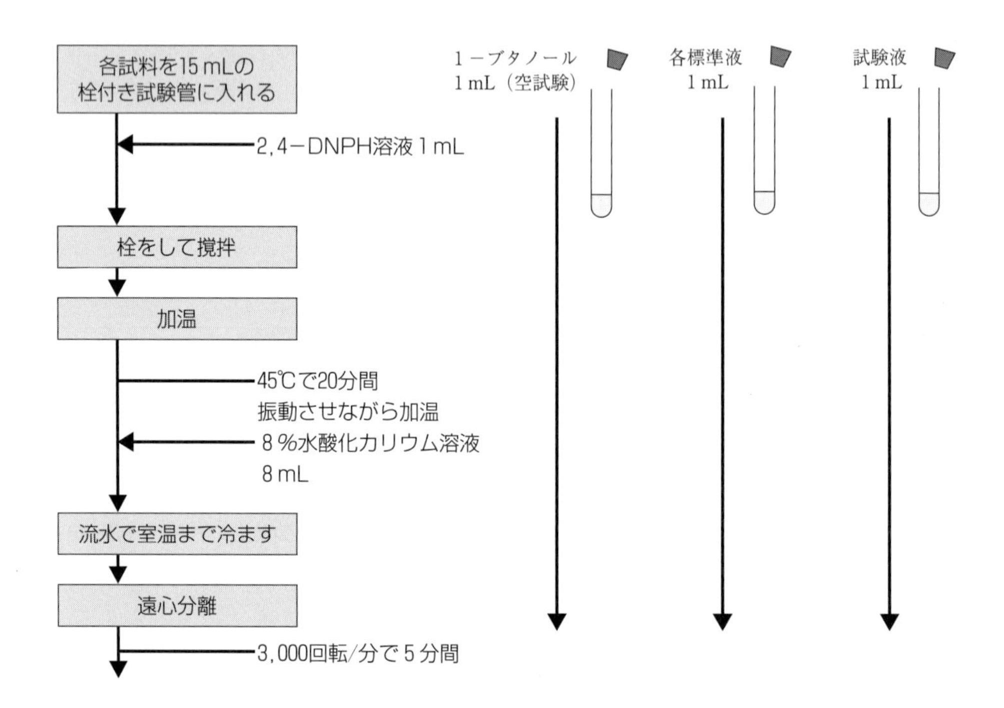

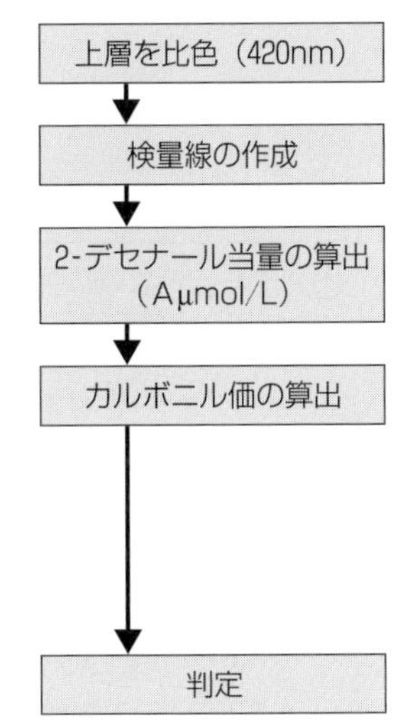

・１－ブタノールを対照として測定する

試験液を調製した時に使用した試料油脂量をWmgとすると、

カルボニル価（μmol/g）＝10×Ａ／Ｗ

（10：試験液を調製した時の体積（mL））

・表３－14（p.138）参照

実験33　試験紙法

●目的

油脂の変敗に伴い、過酸化脂質、有機酸、アルデヒド類などが生成するため、過酸化物価、酸価、カルボニル価、TBA価などを定量すれば、油脂の劣化度を正確に評価することができる。しかしながら、これらを定量するためには繁雑な操作が必要であったり、毒性のある試薬などを使用したりするため、食品を扱う現場などでは手軽に検査することが難しい。そこで、簡単に油脂の劣化度を判定することができる各種試験紙が市販されており、広く利用されている（図３－21、表３－15）。

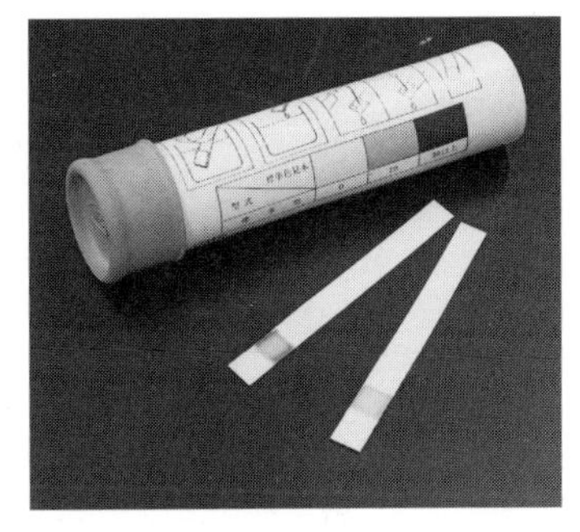

図３－21　試験紙（POV）の例

表３－15　油脂検査の試験紙の測定原理

種　類	製品名	測定原理
酸価用試験紙	・加熱油脂劣化度判定用試験紙AV－CHECK〔アドバンテック東洋〕 ・３Mショートニングモニター〔３M〕	塩基性物質とpH指示薬に使われる色素が含まれており、試料中に一定以上の酸が含まれるとpHが下がり、色が変化する。
過酸化物価用試験紙	・POV試験紙（過酸化物価試験紙、POV TESTER〔柴田科学〕）	ヨウ化カリウムとデンプンが含まれており、試料中に過酸化物が存在すると過酸化物とヨウ化カリウムが反応しヨウ素を遊離し、さらにヨウ素がデンプンと反応して青色を呈する。
TBA価用試験紙	・TBA試験紙〔柴田科学〕	チオバルビツール酸（TBA）などが含まれており、試料中のアルデヒド類と反応すると赤色に発色する。

3－4　アレルゲン

実験34　食品中のアレルゲン物質の検出

●目的

食物アレルギーは、食事をした時に、身体が食物に含まれるタンパク質を異物として認識し、自分の身体を防御するために過敏な反応を起こすことである。アレルギーの主な症状は、「皮膚がかゆくなる」「じんましんがでる」「せきがでる」などである。重い症状の場合にはアナフィラキシーショックを起こすこともあり、非常に危険な場合もある。

わが国において正確な人数は把握できていないが、全人口の1～2％（乳児に限定すると約10%）が何らかの食物アレルギーをもっているものと考えられている。食物アレルギーによる被害を防止するために、2002（平成14）年4月よりアレルゲンを含む特定原材料の表示が行われている。特定原材料については表3－16のように、卵、乳、落花生などの7品目を食品に使用した場合には、特定のアレルギーをもつ消費者の健康危害の発生を防止する観点から、過去の健康危害などの程度、頻度を考慮し、容器包装された加工食品へ特定原材料を使用した旨の表示を義務付けている。また、あわび、いか、大豆などの21品目を食品に使用した場合には、できるだけ食品の包装などにこれらの名称を表示するよう努めることとされている。表3－16に示した食品はもとより、多種多様なタンパク質の一部がアレルゲンとなる。表3－17に重要なアレルギー原因食品とその主要アレルゲンを示す。

アレルゲンは、おおむね分子量10,000～100,000程度のタンパク質で、熱や消化酵素により比較的分解されにくいことがほぼ共通した性質である。この特性により、食品中のアレルゲンは、加熱調理や消化酵素によってもアレルギー反応を誘発する能力を失わず、ヒトの腸管から吸収されるので抗原性が高いといえる。「アレルギー物質を含む食品の検査方法について」は、2002（平成14）年に厚生労働省により定められ、2010（平成22）年に通知法が発出された。この通知法では、各特定原材料の検査方法

表3－16　特定原材料等のアレルギー物質食品表示

根拠規定	特定原材料等の名称	理　由	表示の義務
食品表示基準（特定原材料）	えび、かに、くるみ、小麦、そば、卵、乳、落花生（ピーナッツ）	特に発症数、重篤度から勘案して表示する必要性の高いもの。	義務
消費者庁次長通知（特定原材料に準ずるもの）	アーモンド、あわび、いか、いくら、オレンジ、カシューナッツ、キウイフルーツ、牛肉、ごま、さけ、さば、大豆、鶏肉、バナナ、豚肉、まつたけ、もも、やまいも、りんご、ゼラチン	症例数や重篤な症状を呈する者の数が継続して相当数みられるが、特定原材料に比べると少ないもの。特定原材料とするか否かについては、今後、引き続き調査を行うことが必要。	推奨（任意）

出典：消費庁「アレルギー表示について」
https://www.caa.go.jp/policies/policy/food_labeling/food_sanitation/allergy/assets/food_labeling_cms204_230309_01.pdf

表３－17　アレルギー原因食品とその主要アレルゲン

食　品	アレルギーの原因食品とその主要アレルゲン
卵（鶏卵）	オボムコイド、オボアルブミン
牛乳	αs１－カゼイン、β－ラクトグロブリン
コメ	α－アミラーゼ/トリプシンインヒビター
コムギ	α－アミラーゼインヒビター（0.53,CM３）、ω－グリアジン
ソバ	16kDaタンパク質、24kDaタンパク質
ダイズ	Gly m Bd 30k、Gly m Bd 28k、β－コングリシニン
ラッカセイ	Ara h１、Ara h２
魚	パルブアルブミン
エビ、カニ	トロポミオシン

出典：日本食品衛生学会編『食品安全の事典』朝倉書店　2009年　p.262　一部引用改変

の詳細が示されている。まず検査特性の異なる２種のELISA法による定量検査を実施し、表示が適正であるかが判断される。判断が不可能な場合は、特異性の高い定性検査法であるウエスタンブロット法（卵、乳）またはPCR法（小麦、そば、落花生、えび、かに）により確認検査を行う。その他「アレルギー物質を含む食品の検査方法を評価するガイドライン」が示されている。

ここでは、イムノクロマト法により加工食品中に表示通りのアレルゲンが含まれているか否かを確認する実験を示す。実験に際し、加工食品の表示からアレルゲンとなる材料や添加物についても確認することにより、検出結果の考察を深める。試料の取り扱いも可能な限りコンタミネーションを起こさずに進める。

●分析原理

イムノクロマト法は、抗原と抗体の結合反応を利用した金コロイドクロマト免疫測定法で、試料液中の特定成分（抗体）を検出する方法である。特定原材料の検査の場合は、試料である食品からタンパク質を抽出して試料液とする。

この方法はアレルギー物質を含む食品の検査方法として公定法ではないが、各社製品がある。また、特定原材料以外にも特定原材料に準ずるものについても各種そろっている。「ナノトラップⅡR卵」の検査の原理を示すと、図３－22のようになる。

また、卵白アルブミンが過剰に含まれる場合には、プロゾーン現象と呼ばれる反応を起こし、線が現れないことがある。このような場合は、希釈して再度検査を行ってみるとよい。

検出感度は、表３－18のようで、食品１g中に５μgあれば検出できる。

●試薬および器具

- ナノトラップⅡR卵（卵白アルブミン）、ナノトラップⅡR牛乳（カゼイン）〔森永生科学研究所〕
- 上記の製品の共通試薬として以下のｉ）～ｖ）があり、テストスティックとして

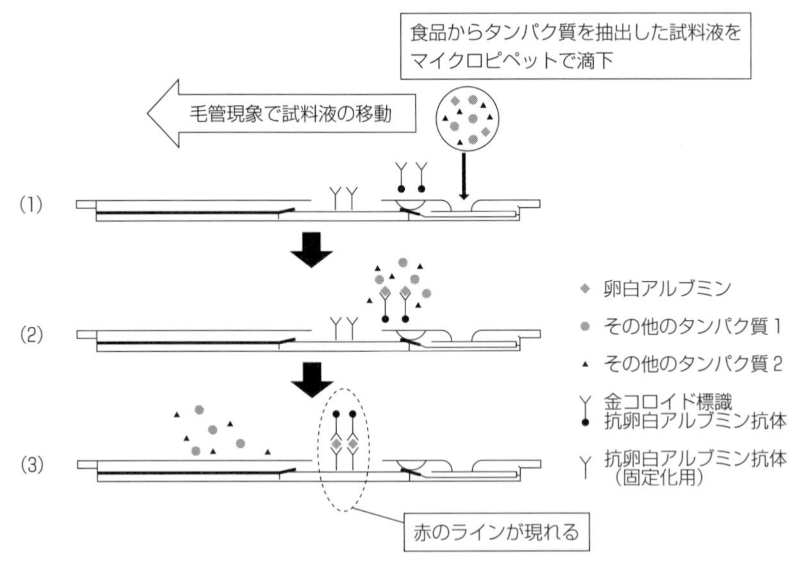

(1)テストスティックに試料液を滴下すると、金コロイド標識抗卵白アルブミンポリクローナル抗体が溶解する。
(2)金コロイド標識抗卵白アルブミンポリクローナル抗体は試料液中に存在する卵白アルブミンと結合し、複合体を形成する。
(3)複合体が毛管現象により移動し、テストスティック中央部に固定化された抗卵白アルブミンポリクローナル抗体に捕捉され、赤紫色の線が現れる。
試料液中に卵白アルブミンが存在しない場合は、線は現れない。
試料液中に卵白アルブミンが存在していても、検出感度以下の場合は線が現れない。

図3－22 イムノクロマトの原理

出典：「ナノトラップⅡR」森永生科学研究所ホームページより 一部引用改変

表3－18 キットの検出感度

キット名	検出対象タンパク質	検出感度	
		試料液	食品検体中換算値※
ナノトラップⅡR卵（卵白アルブミン） ナノトラップⅡR牛乳（カゼイン）	卵白アルブミン カゼイン	25 ng/mL	5 μg/g

※食品中換算値［μg/g］＝試料液［ng/mL］×抽出時の希釈倍率（20）×希釈液での希釈倍率（10）÷1000

vi）vii）がある。

i）A液（10倍濃縮液）50 mL

ii）B液（10倍濃縮液）50 mL

iii）C液（10倍濃縮液）50 mL

iv）D液　25 mL

v）E液　2 mL

vi）テストスティック（卵白アルブミン）

vii）テストスティック（カゼイン）

●試料

卵と乳を含む製品、卵を含む製品、乳を含む製品、卵も乳も含まない製品を使用する。市販品では、原材料あるいは添加物の卵と乳の表示を確認し、食肉加工品（ミートボール、ハンバーグなど）、菓子類（たまごボーロ、せんべい、ビスケットなど）を用意する。

●操作方法（キットは20〜30℃の室温に戻しておく）

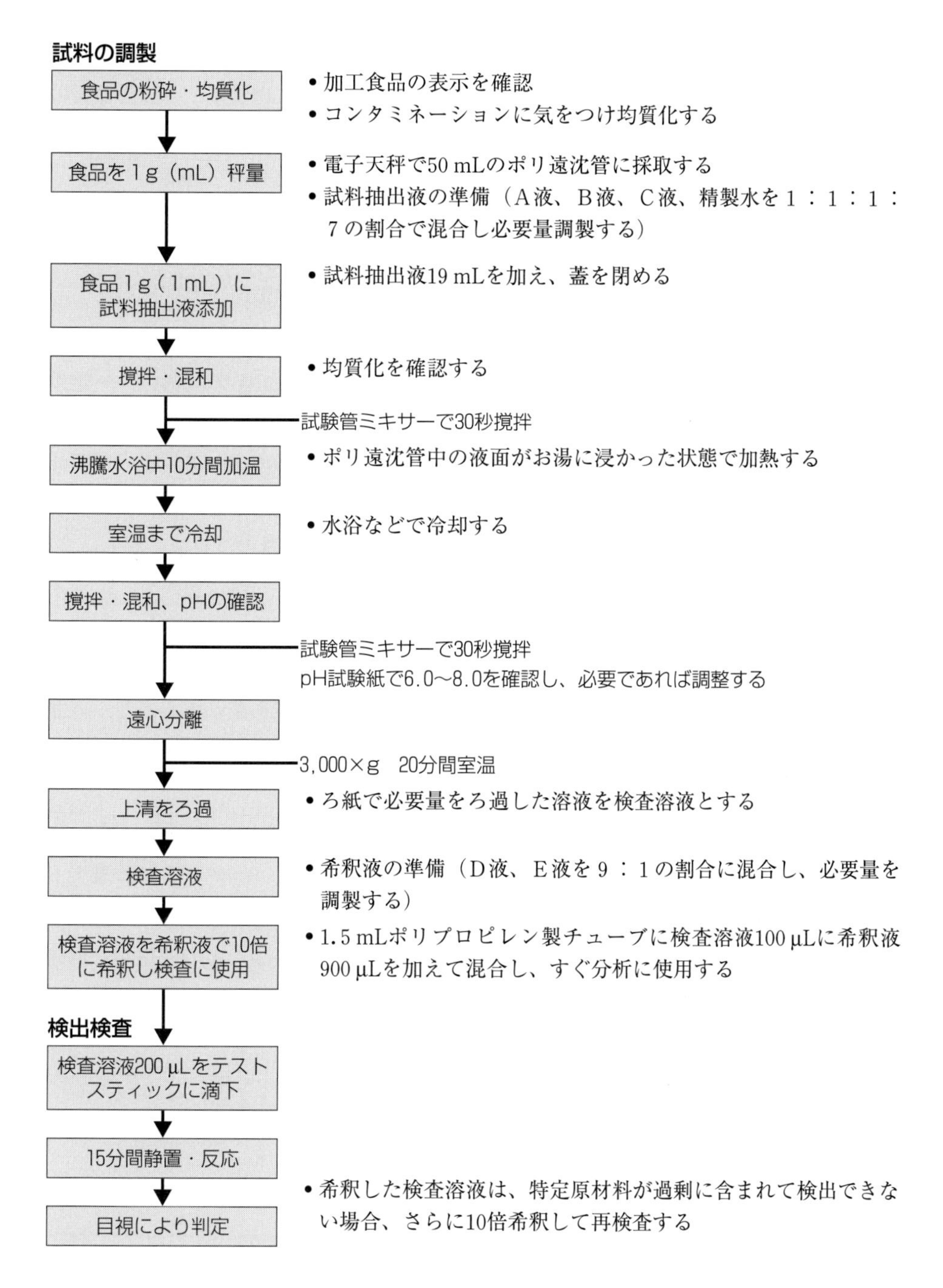

3－5 抗菌成分

実験35 食品素材の抗菌試験

●目的

ここでは、カップ法やディスク法を用いて抗菌物質（保存料など）や食品素材がもつ抗菌力の検査法を示す。

●分析原理

カップ法とは、畜産水産食品中に含まれる抗生物質などの抗菌物質の確認や定量を行うバイオアッセイ法を食品素材に応用したものである。原理は、あらかじめ平板培地に特定の細菌（供試菌）を混合または塗布したものを準備しておき、その培地にペニシリンカップと呼ばれるステンレス製のカップ（内径0.6 cm、高さ1 cm）を置き、その中に一定濃度の抗菌物質や食品素材を含む試料液を入れる。しばらくすると、カップ内から抗菌物質が同心円状に浸出し、培地上に拡散する。この時、カップ中心部が最大で外に向かって徐々に低下する濃度勾配ができる。この状態でインキュベータ内（37℃）で培養すると、抗菌物質に対して感受性のある細菌は、一定濃度以上の抗菌物質が存在すると増殖できない。この濃度を最小発育阻止濃度（MIC値）と呼ぶ。その結果、培養後にはカップを中心とした、細菌が増殖していない透明な円が観察され、これを阻止円（ハロー）と呼ぶ。阻止円の有無や大きさを比較することで試料中に含まれる抗菌物質の効果を推測できる。なお、一定量の試料液を浸み込ませた直径1 cm程度のろ紙を培地上に置くことで、同様の実験をすることができ、ディスク法と呼ばれる。いろいろな保存料の抗菌効果の比較や、香草・柑橘類・スパイス類など抗菌作用が期待される食品類の比較などに応用できる。さらに、供試菌の種類を変えることにより、細菌の種類と抗菌物質との関連についても確かめることが可能である。

●試料および供試菌

- 3％酢酸溶液：阻止円形成の確認のための試料（コントロール）
- 保存料：0.5％ソルビン酸カリウム水溶液、0.8％デヒドロ酢酸ナトリウム水溶液
- 食品類：にんにく、わさびなど
- 供試菌：枯草菌、または 実験1 生菌数（p. 47）などで使用した培地上のコロニーを釣菌し、液体培地（乾燥ブイヨン）で37℃、24時間培養した菌を用いる。

●試薬

- 普通寒天培地、寒天末、滅菌水、消毒アルコールなど

●操作方法

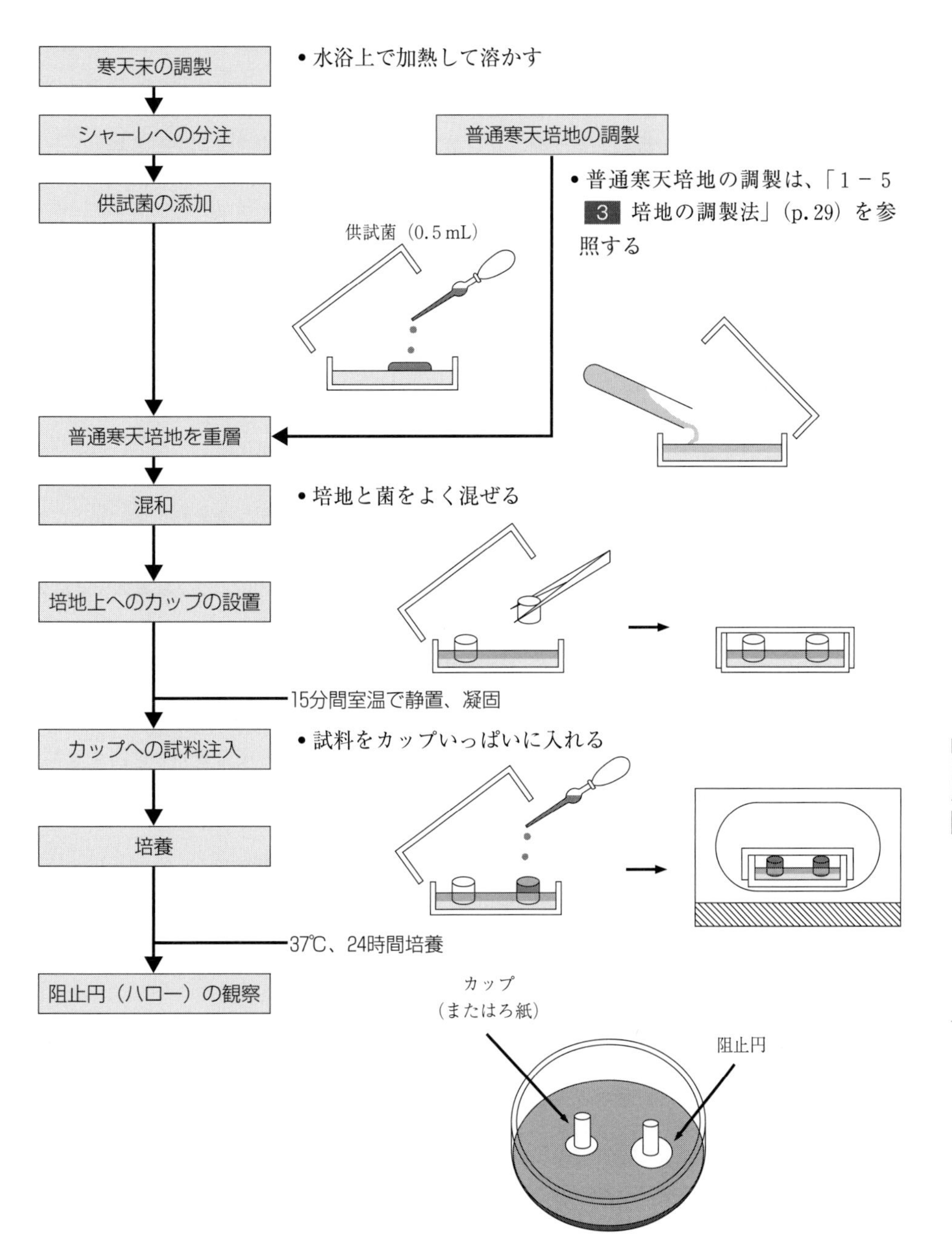

引用・参考文献

中村好志・松浦寿喜編著『健康と食の安全を考えた食品衛生学実験』アイ・ケイコーポレーション　2011年

厚生労働省監修『食品衛生検査指針　食品添加物編2003』日本食品衛生協会　2003年　pp. 142-148　p. 174

角田光淳・井上典子・青山光雄・長谷部昭久「ポリアミドを用いた食品中の合成着色料の迅速分析」『食品衛生学雑誌』28巻6号　1987年
春田三佐夫・細貝祐太郎・宇田川俊一編『目で見る食品衛生検査法』中央法規出版　1989年
日本薬学会編『衛生試験法・注解』金原出版　1990（追補1995）年
「添加物評価書　ソルビン酸カルシウム」食品安全委員会　2008年11月
日本食品分析センター編『ビジュアル版　食品衛生検査法　手順とポイント』中央法規出版　2013年
中嶋加代子編『調理学の基本　第2版』同文書院　2015年
食品衛生検査指針委員会『食品衛生検査指針　理化学編2015』日本食品衛生協会　2015年
厚生労働省「清涼飲料水等の規格基準の一部改正に係る試験法について」食安発1222第4号　2014年
日本食品衛生学会編『食品安全の事典』朝倉書店　2009年　pp. 178-179　p. 262
メルクミリポア化学分析用テストキットプライスリスト　メルク
https://www.merckmillipore.com/JP/ja/20140527_092653
日本薬学会編『衛生試験法・注解2010』金原出版　2010年
後藤政幸編著『改訂　食品衛生学実験』建帛社　2015年
菅原龍幸・前川昭男監修『新　食品分析ハンドブック』建帛社　2000年
岡崎眞・大澤朗・川添禎浩『食品安全・衛生学実験』講談社サイエンティフィク　2010年
小関聡美・北上誠一・加藤登・新井健一「海－自然と文化」『東海大学紀要海洋学部』4巻2号　2006年
江平重雄・内山均・宇多文昭『水産生物化学・食品学実験書』恒星社厚生閣　1974年
小畠渥・土井敏男・小野達也「血合肉中におけるイノシン酸の分解とその酵素活性」『日水誌』1998年
厚生労働省「食品衛生法施行規則及び乳及び乳製品の成分規格等に関する省令の一部を改正する省令等の施行について」食発第79号　2001年
消費者庁「アレルギー表示について」
http://www.caa.go.jp/foods/pdf/syokuhin425_2.pdf
消費者庁「アレルギー物質を含む食品の検査方法について」の一部改正について　消食表第36号　2014年
消費者庁「アレルギー物質を含む食品の検査方法について」消食表第286号　2010年
（別添1）アレルギー物質を含む食品の検査方法
（別添2）判断樹
（別添3）判断樹について
（別添4）標準品規格
（別添5）アレルギー物質を含む食品の検査方法を評価するガイドライン
（別添6）アレルギー物質を含む食品の検査方法の改良法の評価に関するガイドライン
食品衛生検査指針委員会『食品衛生検査指針　理化学編2015』日本食品衛生協会　2015年 pp. 310-353
ナノトラップⅡR　森永生科学研究所
https://www.miobs.com/product/tokutei/immuno2r/index.html
消費者庁「加工食品製造業・販売業の皆様へ　アレルギー物質を含む加工食品の表示ハンドブック」2014年
http://www.caa.go.jp/foods/pdf/syokuhin560_1.pdf

第4部 製造環境の検査

4－1 清浄度検査

食品、食器、調理器具、手指などの細菌による汚染状況を知ることは、細菌性食中毒予防や衛生管理上大変重要である。しかし、細菌検査は準備や培養に時間がかかり結果を得るまでに喫食や消費をしてしまうこともあり、衛生的な取り扱いがなされていたかについては、事後判断となることも起きてしまう。そこで、短時間で簡便に清浄度を確認できる方法として、微生物あるいは食品由来の有機物を検出するATP法や、食品残渣のタンパク質汚れを呈色反応で検出する方法を示す。

実験36 ATP法

●目的

器具、機器、設備、食器などの表面に付着する微生物や食品残渣のATP量を汚れとして計測する。「ATP拭き取り検査キット」にはATP測定装置と装置に対応する拭き取りデバイス（消耗品）が用意されている。拭き取りデバイスは試薬と綿棒が一体になっており、手間をかけずに、①拭き取り、②試薬との反応、③測定を行うことができる。微生物の測定法として開発されたが、微生物以外の各種食品などに含まれるATPも同時に測定するため、現状では、清浄度試験としてのATP拭き取り試験が確立されている。

●分析原理

ATP（アデノシン三リン酸）は、生きている細胞には必ず含まれており、生命活動に関与する重要なヌクレオチドである。ATPは生物発光にも関与しており、Mg^{2+}存在下でルシフェリンとルシフェラーゼが反応し、発光する時のエネルギーとなっていることを応用し、その発光量を測定することで、微生物や生細胞のATP量を求めることができる。この反応は30秒以内に起こり、細菌数（細胞数）と発光量は相関性がある。なお、細菌が死滅するとATP量は減少するが、植物や動物の細胞内のATPは比較的安定であり、食品残渣（汚れ）のATPも微生物由来のATPと同時に測定される。すなわち、「ATPが存在する」ということは、「生物、あるいは生物の痕跡が存在する」証拠となる。

（ルシフェリンの発光）

$$\text{ATP}+\text{ルシフェリン}+\text{酸素} \xrightarrow[\uparrow\ \text{ルシフェラーゼ}]{Mg^{2+}} \text{AMP}+\text{ピロリン酸}+CO_2+\text{オキシルシフェリン}$$

（発光反応）

●器具

- ATP測定器

　ATP発光測定器、拭き取り用綿棒と試薬が一体となったデバイスが市販されている。

例）ルミテスターPD－30〔キッコーマンバイオケミファ〕、3 M™クリーントレース™ルミノメーター〔3 M〕、EnSURE™〔Hygiena〕など

●検体の採取と測定方法

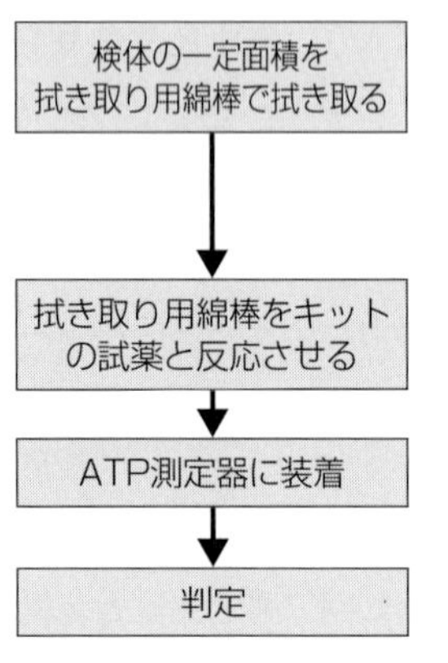

- 製品に付属している拭き取り用綿棒を用い、検査部位（手指や食器など）の一定面積（一般には10 cm²の面積を縦、横、斜めに5～10往復）を拭き取る
- 拭き取り時の圧力は、綿棒の軸がやや曲がる程度がよい
- 拭き取り用綿棒をキットの試薬と反応させた後、ATP発光測定器に装着する
- 決められた方法で操作し、測定値（RLU : Relative Light Unit）を読み取る
- 測定値と、あらかじめ設定されている管理基準値と比較し、清浄度を判定する

●結果の評価

　ATP法は現場で実施できる技術であり、結果がすぐに得られるため、食品製造環境や手指の清浄度検査として有効である。ATP測定量の管理基準をあらかじめ作成しておき、洗浄状態が不良であれば直ちに再洗浄を実施することができる。管理基準値は測定装置ごとに設定してあるので、それにしたがい清浄度の評価をする（表4－1）。

表4－1　管理基準の例

検査対象	基準値(RLU)	判　定	対　処
手指	1,500以上	不合格	再洗浄
	1,000以上	要注意	再洗浄または口頭注意
	1,000以下	合格	------------------------
冷蔵庫取っ手、はさみ、スライサーの刃、まな板、包丁、布巾、調理台	1,000以上	不合格	再洗浄
	500以上	要注意	再洗浄または口頭注意
	500以下	合格	------------------------
ボール ザル バット	300以上	不合格	再洗浄
	100以上	要注意	再洗浄または口頭注意
	100以下	合格	------------------------

コラム　ATP拭き取り法による手指検査

実験36 ATP法（p. 151）で、手洗い前と手洗い後の手指の清浄度を比較したり、手洗い効果を評価する時に行う検査方法の一例を示す。
検査手順
①2 ないし 3 人でお互いの右手を拭き取りデバイスで拭き取り、ATP量（RLU）を測定する。測定法は検査キットの取扱説明書に準じる。
②手指の拭き取りは、a ～ e の要領で行う。
a．手のひらのしわが伸びるように力を入れて手を開く。
b．手のひらの部分を 6 往復、縦・横・縦と 3 回拭き取る。
c．指の部分を 1 本ずつ各 2 往復指に沿って拭き取る。（5 本分）
d．指先から指先へと指の側面をなぞるように指の間を 1 往復拭き取る。（4 か所）
e．指の先、爪部（つま先）を 1 往復拭き取る。（5（本）か所）
③拭き取る時は「綿棒の先が変形するくらいの力を入れて」拭き取る。
④手を洗剤で洗浄し、ペーパータオルで水分をよく拭き取る。
⑤②の方法で左手も同様に行い、ATP量（RLU）を測定する。
⑥表 4 － 1 の管理基準の例を参考にして、手指の清浄度を比較、評価する。

実験37　タンパク質検出法

●目的

食品製造過程の清浄度のモニタリングでは、検査をすることで多大な労力が必要であり、専門的な知識や技術が必要な場合は、実際には採用できないことになる。簡易な方法で費用も高額ではなく、清浄度の判定が直ちに得られ、再洗浄などの決定に役立つ客観的な方法が理想である。このようなニーズに対応できる清浄度の指標として、タンパク質汚れを検出する検査キットが開発されている。

●分析原理

pH誤差現象（タンパク質が存在するとアルカリ側に反応するpH指示薬を用いるもの）やビューレット反応によるものがある。反応は鋭敏で微量のタンパク量でも発色する。その色調変化を観察し、清浄度を評価する。現場の作業者がその場で測定し、評価できる。

●器具

- 検査キット

例）タンパク残留測定スワブPRO50〔3 M〕、残留タンパク検出キットPRO－Clean〔ニッタ〕、洗浄度検査試薬セット〔SARAYA〕など

●測定方法

食品製造や調理現場の器具や設備の一定面積を、キットに付属している綿棒で拭き取る。その後、キットの試薬と反応させ、発色を標準色と比較して清浄度を判定する。

●結果の評価

検査の結果、清浄と判定された場合には合格とし、汚染ありと判定された場合は直ちに再洗浄するという対応が科学的根拠に基づいて行うことができる。

4－2　スタンプ法

実験38　スタンプ法による細菌検査

●目的

日常的に行える食品衛生検査の簡易法として、スタンプ法（接触平板法）がある。検体表面に培地面を接触させて、表面の微生物を採取し、培養後のコロニーを検出することができる。従来の培地や試料調製の必要がなく、食品工場や給食現場などで幅広く使用されている。ここでは、スタンプ法を用いて食品衛生検査を行い、食品取り扱い環境の衛生指標とする。

●分析原理

手指、調理器具（まな板、包丁、布巾、バット）、器材（冷蔵庫、調理台）、床、壁など、表面が平面な場所に、小型シャーレ状の標準寒天培地を一定時間圧着させて、表面に存在する微生物を採取する。一般的には37℃、24～48時間の培養を行って、コロニー数を計測する。

●使用培地

- 湿式培地：フードスタンプ®「ニッスイ」〔日水製薬〕、ぺたんチェック®〔栄研化学〕、サニスペックスタンプ〔アズワン〕、DDチェッカー〔極東製薬〕など
- 乾式培地：3M™ペトリフィルム™〔3M〕、シート培地サニ太くん®〔JNC〕など

●検体

- まな板、包丁、布巾、冷蔵庫、調理台など食品衛生検査の必要な箇所

●操作方法

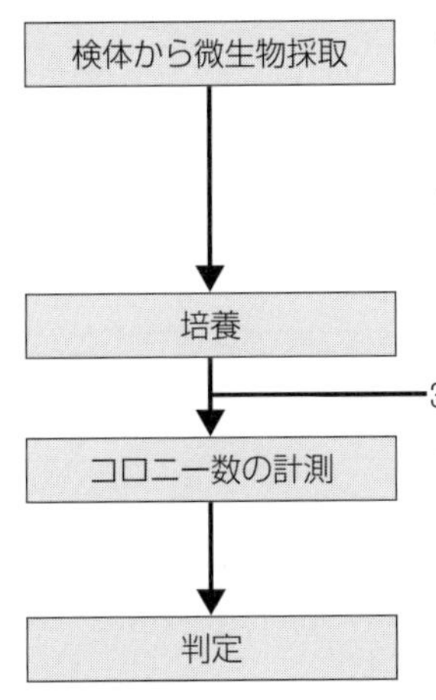

- 湿式培地の蓋をとり、培地表面を検体表面に軽く10秒程押し付ける（乾式培地の場合は、検体液を一定量加える）
- 各メーカーのマニュアルにしたがって採取

- 培養後の培地表面に出現したコロニー数を計測し、汚染度を評価する（表4－2）
- 接触表面積あたりの菌数を算定する

計測後のスタンプ培地は、オートクレーブで121℃、15分間滅菌をして廃棄する。

表4－2　汚染度評価の一例

コロニー数※	判　定	汚染度の評価
無数	＋＋＋＋	激しい汚染
200個＜	＋＋＋	やや激しい汚染
60～200個＞	＋＋	中程度の汚染
20～60個	＋	軽度の汚染
20個＞	±	ごく軽度の汚染
発育無し	－	非常に清潔

※20 cm^2あたりのコロニー数

4－3　手指の細菌検査

食品衛生管理における手洗いの重要性は高く、調理に従事する飲食店、食品の製造販売を行う食品工場、また大量調理施設や、一般家庭での正しい手洗いが食中毒予防対策には必要である。

手洗いの目的は、手指を介した交差汚染や伝播の予防であり、手指を介して食品を汚染することがないよう、常に洗浄・消毒の習慣を身に付けなければならない。

なお、消毒剤は表4－3のようなものが使用されている。

表４－３　手指の殺菌・消毒剤

有効殺菌成分名称 （一般名）	手指 消毒濃度	医薬品	医薬部外品	抗菌性
塩化ベンザルコニウム （逆性石けん）	0.05～0.1％	○		＊
グルコン酸クロルヘキシジン （グルコネート）	0.02～0.05％	○		＊
ポピドンヨード	7.5％	○		＊＊
消毒用エタノール	70～80％	○		＊＊＊
セチルリン酸化ベンザルコニウム	1％		○	＊
クロルキシレノール	0.3％		○	＊＊＊＊
イソプロピルメチルフェノール	0.1～0.3％		○	＊

*　グラム陽性菌、グラム陰性菌のほとんどの一般細菌に有効。酵母様の真菌に有効。芽胞菌およびウイルスには効果がない（または不十分）。

**　グラム陽性菌、グラム陰性菌、一般細菌、酵母様の真菌に有効であり、一部の芽胞菌およびウイルスに効果あり。

***　グラム陽性菌、グラム陰性菌、一般細菌、酵母様の真菌に有効であり、一部の芽胞菌（クロストリジウム属）およびウイルス（アデノウイルス、インフルエンザウイルス）に効果あり。

****　バクテリアや藻類、真菌の抑制に効果あり。

実験39　手洗い法

●目的

通過菌による手指の汚染状況を評価する。手指の菌を洗い出し、これを検体として、培養後の菌数を比較し、手指の汚染状況を考察する。

●使用培地

- 一般生菌用：標準寒天培地、普通寒天培地など
- 大腸菌群用：デオキシコレート培地、X-GAL寒天培地など
- 黄色ブドウ球菌用：卵黄加マンニット食塩寒天培地など
- 市販簡易培地：コラム 市販簡易培地（p. 157）参照

●検査方法

シャーレ（２枚）の準備	• 滅菌生理食塩水15～20 mLを滅菌済みシャーレに入れる（２枚）
↓	
手指からの検体採取	• 両手をよくこすり合わせ、汚れを左右均等にする • 一方の手指の指先をシャーレに浸し、もみ洗いする
↓	
消毒手指からの検体採取	• 別の手指をアルコールなどで消毒したのち、指先をシャーレに浸し、もみ洗いする
↓	実験１ 生菌数（p. 47）を参照する（以下、判定まで）
希釈検体液の調製	• 検体（洗い水２枚）を原液とし、10倍および100倍段階希釈液を調製
↓	
分注	• 手指の汚染状況により、シャーレに分注する段階を増減する 例えば、汚染がひどい場合は1,000倍段階希釈液を調製する
↓	
培地を混入・混和・静置	
↓	
培養	
↓	37℃、24～48時間培養
判定	

大腸菌群用培地を用いる場合、同様に調製し規定の温度・時間で培養する。
黄色ブドウ球菌用培地を用いる場合は、0.1 mLを培地表面に塗布し、24～48時間培養する。

コラム　市販簡易培地

市販のフィルム状、プレート状の簡易培地は検体を滴下するだけで培養でき、培地調製の手間がかからない。培養スペースも少なくてすみ、廃棄ボリュームも小さく環境への負荷が少なくなる利点がある。代表的な簡易培地には、ペトリフィルム™〔３M〕、サニ太くん〔JNC〕、コンパクトドライ〔日水製薬〕がある。

ペトリフィルム™〔３M〕

サニ太くん〔JNC〕

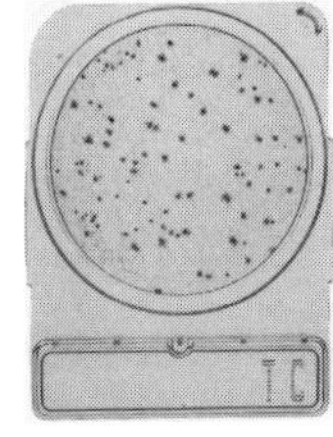

コンパクトドライ〔日水製薬〕

第４部
実験39
手洗い法

実験40 拭き取り法（スワブ法）

●目的

手指の汚染状況または洗浄効果を評価する。拭き取り試料を培養し、菌数を比較して汚染状況、洗浄効果を考察する。

拭き取り法は、曲面や凸凹面でも表面付着菌を捕捉できる。手のひら、指間、指頭部などを含めて手指全体を拭き取ることもできるが、目的の箇所を局所的に拭き取ることもできる。いずれにしても手指はしわや指紋があり、凹凸が多いので拭き取り方法を標準化する必要がある。傷や手荒れなどがある場合は、ブドウ球菌など常在菌が多数検出されることがあるので、通過菌による汚染状況を比較する場合は注意が必要である。

菌の回収率は、拭き取り時の力や角度が影響することがあり、個人差が出やすい側面もある。また、拭き取った後に滅菌希釈液に菌を溶出させ、これを試料液として培地に接種する操作が必要である。

●器具

- 滅菌ガーゼ（約 3 cm × 10 cm）、滅菌生理食塩水、共栓広口希釈瓶など

  または、拭き取りキットを使用してもよい（図 4 − 1）。

  例）Pro･media ST − 25〔エルメックス〕、ふきふきチェック Ⅱ／Ⅲ〔栄研化学〕、BD ラスパーチェック™〔日本BD〕、簡易ふき取りキット「ニッスイ」〔日水製薬〕など

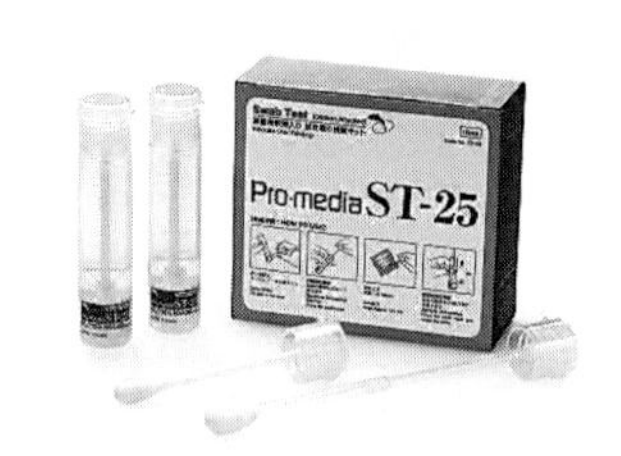

図 4 − 1　拭き取りキットの例
Pro･media ST − 25〔エルメックス〕

●検査方法

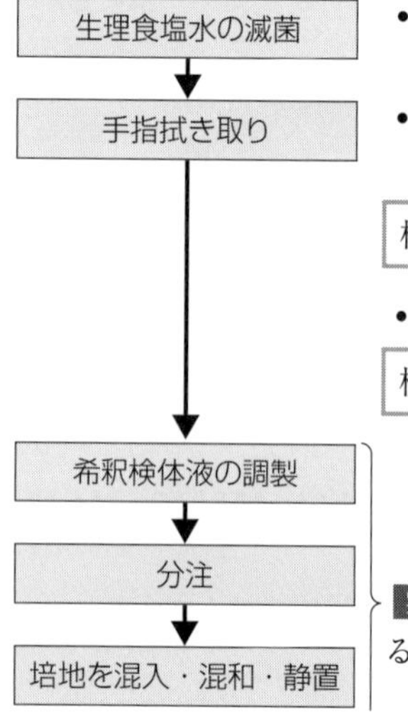

- 共栓広口希釈瓶に生理食塩水50 mLを入れ滅菌しておく（＝滅菌瓶）
- 滅菌したピンセットでガーゼを取り出し、滅菌生理食塩水で湿らせ、手指を拭き取る

検査キットを使用の場合は、キット付属の綿棒で手指を拭き取る。

- ガーゼを滅菌瓶に入れ、１分間振り混ぜる

検査キットを使用の場合は、綿棒を容器に戻して振り混ぜる。

実験39 手洗い法（p. 156）に準じ、一般生菌用、大腸菌群用あるいは黄色ブドウ球菌用の培地に供し培養する

培養

↓

判定

実験41　スタンプ法（手形平板培地法）

●目的

スタンプ法は、手のひらの表面を直接培地に接触させて表面の微生物を採取するコンタクト法である。手形平板培地を用いて手のひら全体に付着している微生物の汚染を検査する。手形をとるような要領で手のひらを軽く押し付けたのち培養、コロニー数を計測、観察する。

●使用培地

- 手形平板培地：パームチェック〔日研生物医学研究所〕、ハンドぺたんチェック®〔栄研化学〕など

なお、使用培地をデオキシコレート寒天培地にすれば、大腸菌群、卵黄加マンニット食塩寒天培地にすれば黄色ブドウ球菌の検査ができる。

●検査方法

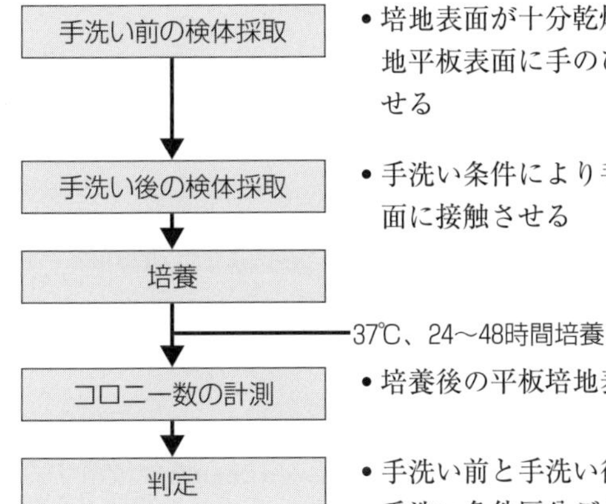

- 培地表面が十分乾燥したことを確認し、手洗い前の状態で、培地平板表面に手のひら全体を軽く押し付け、4〜5 秒間密着させる
- 手洗い条件により手指を洗浄後、手洗い前同様に、培地平板表面に接触させる
- 培養後の平板培地表面に出現したコロニー数を計測する
- 手洗い前と手洗い後の生菌数から除菌率を算出する
- 手洗い条件区分ごとに次の算出式により、除菌率を求め、洗浄・消毒前後の生菌数の増減を検討する

$$\text{除菌率(\%)} = \frac{\text{手洗い前の生菌数} - \text{手洗い後の生菌数}}{\text{手洗い前の生菌数}} \times 100$$

それぞれの洗浄・消毒方法などを比較検討して、洗浄効果のある手洗いの手順を確認する（手のひらは平面ではないので、すべての部分が培地面に接触できないこと、培地に押し付ける圧力や時間、個人が有する細菌数の差などに考慮する必要がある）。

コラム 手形平板培地を使った手指検査結果の例

手形平板培地は手洗い教育のツールとしても使うことができる。

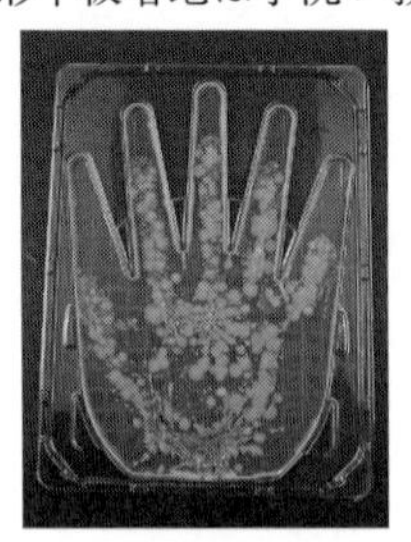
手洗い前

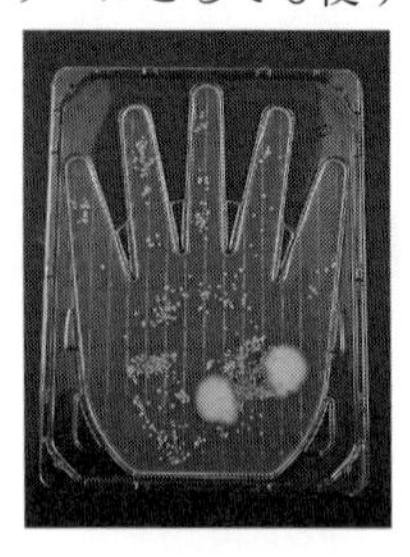
不十分な手洗い

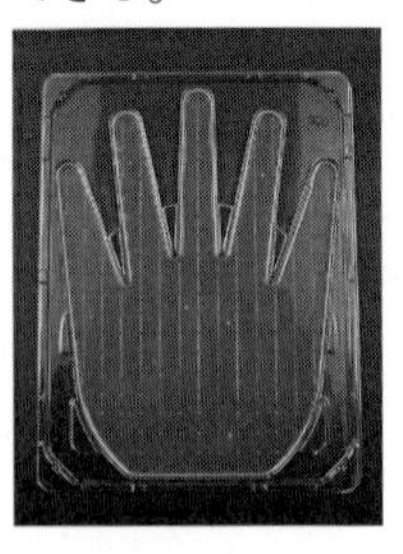
洗浄剤、殺菌剤を使った正しい手洗い

出典：矢野俊博・岸本満編『管理栄養士のための大量調理施設の衛生管理』幸書房　2009年　p.71

実験42　グローブジュース法

●目的

グローブジュース法は、FDA（米国食品医薬品局）が外科用手指消毒薬の有効性試験法として推奨する手指細菌の試験法である。手指に手術用のゴム手袋を装着し、その中にサンプリング液を加えて手袋上部よりマッサージをし、手指の表面からサンプリング液に移行した細菌の数を測定する。手指表面全体の生菌数や菌種（黄色ブドウ球菌など）を算定・検出することができる。

●試薬

- サンプリング液：18 mL/片手
  リン酸二ナトリウム10.1 g、リン酸一カリウム0.4 g、TritonX－100 1.0 gを 1 Lの精製水に溶解し、pHを7.8±0.1に調製して121℃15分滅菌する。
- 中和剤： 2 mL/片手
  リン酸緩衝液1.25 mL、レシチン3.0 g、Tween80 10 g、3.3％チオ硫酸ナトリウムを 1 Lの精製水に溶解し、pHを7.2に調製して121℃15分滅菌する。

●使用培地

- 標準寒天培地
- 卵黄加マンニット食塩寒天培地

●検査方法

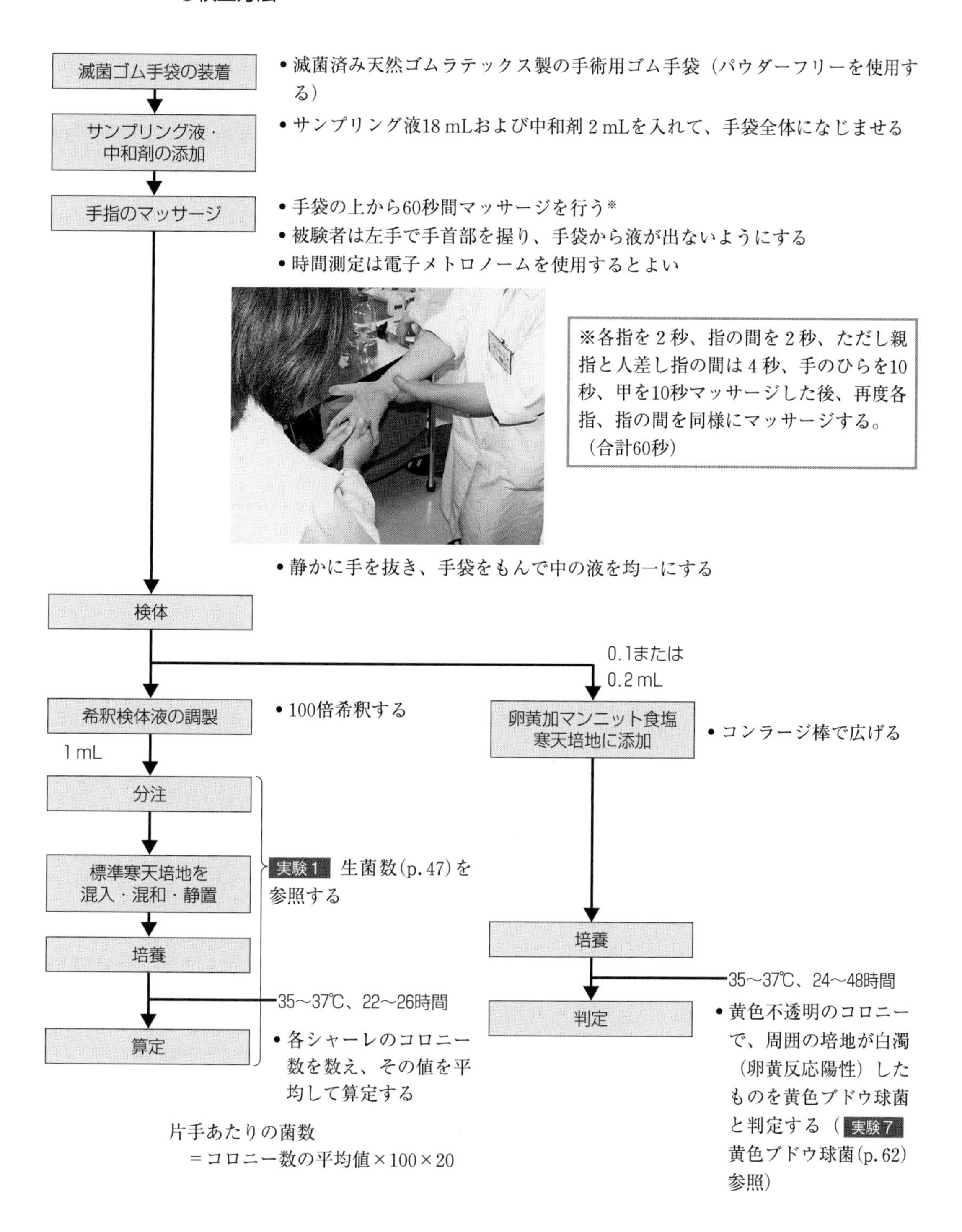
滅菌ゴム手袋の装着
•滅菌済み天然ゴムラテックス製の手術用ゴム手袋（パウダーフリーを使用する）
サンプリング液・中和剤の添加
•サンプリング液18 mLおよび中和剤 2 mLを入れて、手袋全体になじませる
手指のマッサージ
•手袋の上から60秒間マッサージを行う※
•被験者は左手で手首部を握り、手袋から液が出ないようにする
•時間測定は電子メトロノームを使用するとよい
※各指を 2 秒、指の間を 2 秒、ただし親指と人差し指の間は 4 秒、手のひらを10秒、甲を10秒マッサージした後、再度各指、指の間を同様にマッサージする。（合計60秒）
•静かに手を抜き、手袋をもんで中の液を均一にする
検体
希釈検体液の調製
•100倍希釈する
1 mL
分注
標準寒天培地を混入・混和・静置
実験 1 生菌数（p. 47）を参照する
培養
35〜37℃、22〜26時間
算定
•各シャーレのコロニー数を数え、その値を平均して算定する
片手あたりの菌数
＝コロニー数の平均値×100×20
0.1または0.2 mL
卵黄加マンニット食塩寒天培地に添加
•コンラージ棒で広げる
培養
35〜37℃、24〜48時間
判定
•黄色不透明のコロニーで、周囲の培地が白濁（卵黄反応陽性）したものを黄色ブドウ球菌と判定する（実験 7 黄色ブドウ球菌（p. 62）参照）

4－4　空気中の細菌検査

調理室などの食品を取り扱う場所において、空気中に浮遊する細菌が直接または間接的に食品に付着して、食品の腐敗・変敗の原因となることがある。空中落下菌は食品の微生物の汚染源の一つとして重要視されており、汚染源の解明や衛生的環境管理の指標として用いられている。

ここでは､培養法による落下細菌とエアサンプリング法による浮遊細菌の検査を行う。

実験43　落下細菌

●使用培地

- 標準寒天培地

●操作方法

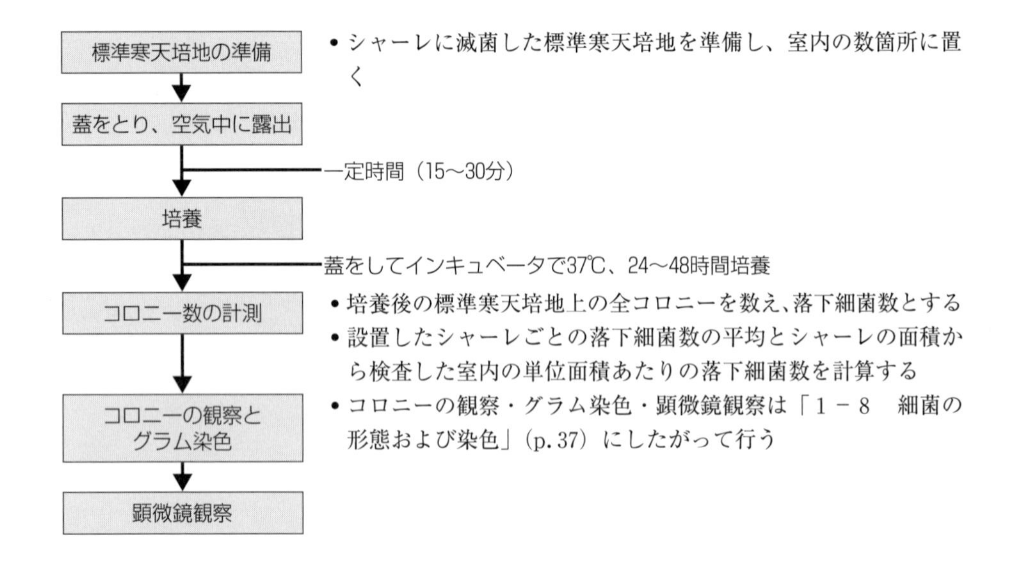

コラム　弁当及びそうざいの衛生規範

厚生省通知「弁当及びそうざいの衛生規範」環食第161号（昭和54年６月29日）では、製造場内の各作業区域においては以下のような落下細菌数（生菌数)、落下真菌数（カビおよび酵母の生菌数）となるようにすることが望ましいとされる。①汚染作業区域は、落下細菌数（生菌数）100個以下、②準清潔作業区域は、落下細菌数（生菌数）50個以下、③清潔作業区域は、落下細菌数（生菌数）30個以下、④清潔作業区域は、落下真菌数（カビおよび酵母の生菌数）10個以下。

検査の操作手順は以下のとおりである。標準寒天平板培地（真菌はCP加バレイショ・ブドウ糖寒天平板培地）を床面から80 cmの高さの台などに置き、蓋をとり、５分間(真菌は20分間)水平に静置した後、再び静かに蓋をしめて、これを35±１℃で48±３時間（真菌は23±２℃で７日間）培養する。

実験44 浮遊細菌

●使用器具

- 浮遊菌カウンタ（〔ニッタ〕など）

一定量の空気を機械的に吸引（エアサンプリング）し、微生物をフィルターで捕集し、その中の細菌数を測定するものである。従来からエアサンプリングと培養を組み合わせて検査が行われているが、結果を得るまでに、数日間を要する。近年はエアサンプラーと菌数測定が一体化した浮遊菌カウンタが使用される。

●測定原理

通常捕集される浮遊粒子には、非生菌、生菌、非生物粒子、花粉などが含まれるが、紫外線レーザー光の照射により微生物粒子が蛍光を放つことを応用したものである。

●測定方法

浮遊細菌カウンタを用い、内臓ポンプにより標準的な28.3L/分の流量で自動的に空気を吸引し、その中に含まれる微生物粒子数を計測する。

●結果の解析

浮遊細菌カウンタの評価基準にしたがい、浮遊細菌による汚染度を判定する。

コラム　エアサンプラー

空気を吸引し、空中微生物を捕集するエアサンプラー装置は種々あるが、例えば、図に示すエアサンプラーは「衝突」の原理に基づいて微生物を計測する。通常の寒天平板培地(シャーレ)をセットし、1分間で100 L分の空気をサンプリングする。寒天培地の表面が乾くので10分を超えないよう、1回で最大1,000 Lまでサンプリングすることができる。衝突するときの風速（培地表面に微生物が衝突／捕集されるスピード）は、およそ11 m/秒で、この衝突スピードでは1 μmより大きな粒子のすべてが捕集される。

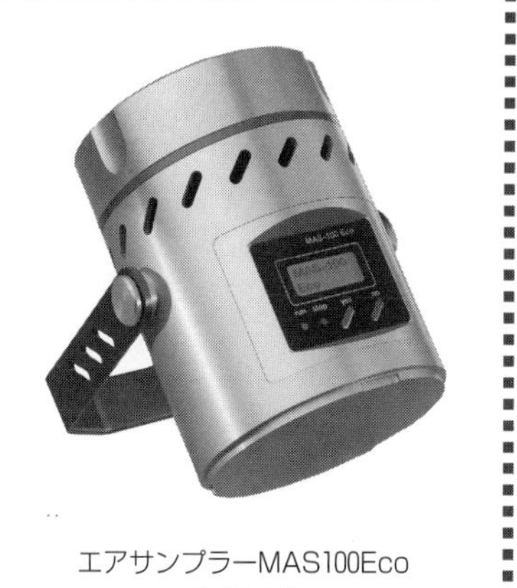

エアサンプラーMAS100Eco
〔メルク〕

4 − 5 上水検査

水道法に基づく水質管理は、重要な管理項目である。多くの給食施設や食品工場は水道水を使用しているが、使用する水が多い場合は、施設内に貯水タンクを設置し、一時保管している場合がある。この貯水槽は年１回洗浄し、貯水槽中の水の水質検査を行う義務がある。したがって、水道法に基づいた表４－４の水質基準51項目を遵守する必要がある。その他に水質管理目標設定項目26項目、要検討項目47項目がある。

一方、水道法では「大腸菌 陰性」であるが、厚生労働省では「食品製造用水」に対し、「大腸菌群 陰性」を義務付けている。この「食品製造用水」とは、水道水または「食品、添加物等の規格基準」に定める26項目に適合する水をいう。さらに、水道水の消毒については水道法施行規則に定められている。

ここでは、日常の確認が必要な残留塩素と理解を深めるために一般細菌と大腸菌の検査について取り上げる。

表４－４　水質基準項目

項　目	基準値	区　分
1　一般細菌	1 mLの検水で形成されるコロニー数が100以下	病原生物による汚染の指標
2　大腸菌	検出されないこと	
3　カドミウム及びその化合物	カドミウムの量に関して、0.003 mg/L以下	無機物・重金属
4　水銀及びその化合物	水銀の量に関して、0.0005 mg/L以下	
5　セレン及びその化合物	セレンの量に関して、0.01 mg/L以下	
6　鉛及びその化合物	鉛の量に関して、0.01 mg/L以下	
7　ヒ素及びその化合物	ヒ素の量に関して、0.01 mg/L以下	
8　六価クロム化合物	六価クロムの量に関して、0.05 mg/L以下	
9　亜硝酸態窒素	0.04 mg/L以下	
10　シアン化物イオン及び塩化シアン	シアンの量に関して、0.01 mg/L以下	
11　硝酸態窒素及び亜硝酸態窒素	10 mg/L以下	
12　フッ素及びその化合物	フッ素の量に関して、0.8 mg/L以下	
13　ホウ素及びその化合物	ホウ素の量に関して、1.0 mg/L以下	
14　四塩化炭素	0.002 mg/L以下	一般有機物
15　1,4－ジオキサン	0.05 mg/L以下	
16　シス－1,2－ジクロロエチレン及びトランス－1,2－ジクロロエチレン	0.04 mg/L以下	
17　ジクロロメタン	0.02 mg/L以下	
18　テトラクロロエチレン	0.01 mg/L以下	
19　トリクロロエチレン	0.01 mg/L以下	
20　ベンゼン	0.01 mg/L以下	

21　塩素酸	0.6 mg/L以下	消毒副生成物
22　クロロ酢酸	0.02 mg/L以下	
23　クロロホルム	0.06 mg/L以下	
24　ジクロロ酢酸	0.03 mg/L以下	
25　ジブロモクロロメタン	0.1 mg/L以下	
26　臭素酸	0.01 mg/L以下	
27　総トリハロメタン	0.1 mg/L以下	
28　トリクロロ酢酸	0.03 mg/L以下	
29　ブロモジクロロメタン	0.03 mg/L以下	
30　ブロモホルム	0.09 mg/L以下	
31　ホルムアルデヒド	0.08 mg/L以下	
32　亜鉛及びその化合物	亜鉛の量に関して、1.0 mg/L以下	着色
33　アルミニウム及びその化合物	アルミニウムの量に関して、0.2 mg/L以下	
34　鉄及びその化合物	鉄の量に関して、0.3 mg/L以下	
35　銅及びその化合物	銅の量に関して、1.0 mg/L以下	
36　ナトリウム及びその化合物	ナトリウムの量に関して、200 mg/L以下	味
37　マンガン及びその化合物	マンガンの量に関して、0.05 mg/L以下	着色
38　塩化物イオン	200 mg/L以下	味
39　カルシウム、マグネシウム等(硬度)	300 mg/L以下	
40　蒸発残留物	500 mg/L以下	
41　陰イオン界面活性剤	0.2 mg/L以下	発泡
42　ジェオスミン	0.00001 mg/L以下	カビ臭
43　2－メチルイソボルネオール	0.00001 mg/L以下	
44　非イオン界面活性剤	0.02 mg/L以下	発泡
45　フェノール類	フェノールの量に換算して、0.005 mg/L以下	臭気
46　有機物（全有機炭素（TOC）の量）	3 mg/L以下	味
47　pH値	5.8以上8.6以下	基礎的性状
48　味	異常でないこと	
49　臭気	異常でないこと	
50　色度	5度以下	
51　濁度	2度以下	

注）水質基準項目は、人の健康の保護の観点から設定された項目と、生活利用上障害が生ずるおそれの有無の観点から設定された項目からなる。人の健康の保護の観点から設定された項目は、「1　一般細菌」から「31　ホルムアルデヒド」までの31項目である。(「9　亜硝酸態窒素」は、平成26年4月1日より水質管理目標設定項目から水質基準項目に移行した。)

実験45　残留塩素

●目的

水道水の消毒は、水道法第22条に基づき水道法施行規則（厚生労働省令）第17条３号で「給水栓（蛇口）における水が、遊離残留塩素を0.1 mg/L（結合残留塩素の場合は0.4 mg/L）以上保持するように塩素消毒をすること。ただし、供給する水が病原生物に著しく汚染される恐れがある場合、又は病原生物に汚染されたことを疑わせるような生物もしくは物質を多量に含む恐れのある場合の給水栓における水の遊離残留塩素は0.2 mg/L（結合残留塩素の場合は、1.5 mg/L）以上とする」と規定されている。塩素は、細菌類、特に消化器系病原菌に対し微量で迅速な殺菌効果を示すが、水道水中に残留している残留塩素は濃度が高すぎると、いわゆる「カルキ臭」の原因となる。そのため、水質管理目標設定項目の残留塩素は、目標値１mg/L以下（区分は臭気）となっている。

●分析原理

わが国で水道水に使用されているのは、次亜塩素酸ナトリウム、次亜塩素酸カルシウム、液化塩素である。塩素は、水に溶けると加水分解して（ア）のような平衡状態が保たれて塩酸（HCl）と次亜塩素酸（HClO）を生成する。また、HClOは（イ）のように解離して、水素イオン（H^+）と次亜塩素酸イオン（ClO^-）になる。

Cl_2 ＋ HCl ⟷ HCl ＋ HClO……（ア）

HClO ⟷ H^+ ＋ ClO^-……………（イ）

水中の残留塩素は、次亜塩素酸などの遊離残留塩素およびクロラミンのような結合残留塩素に区分され、いずれも酸化力を有する。殺菌作用は遊離残留塩素のほうが高いが、残留性は結合残留塩素のほうが高い。塩素は、細菌類、特に消化器系病原菌に対して微量でも迅速な殺菌効果を示すので、残留塩素は殺菌効果の保証としての意義が大きい。しかし、多すぎると塩素臭の他に金属などの腐食性を増す障害ともなり、また、水中のフミン質などと反応してトリハロメタンなどを生成する。

残留塩素の確認は、飲料水の衛生上極めて重要であり、測定手法として、比色法、電流法、吸光光度法、連続自動測定機器による吸光光度法、ポーラログラフ法などがある。ここでは、比色法であるジエチル-*p*-フェニレンジアミン（DPD）法による測定を示す。

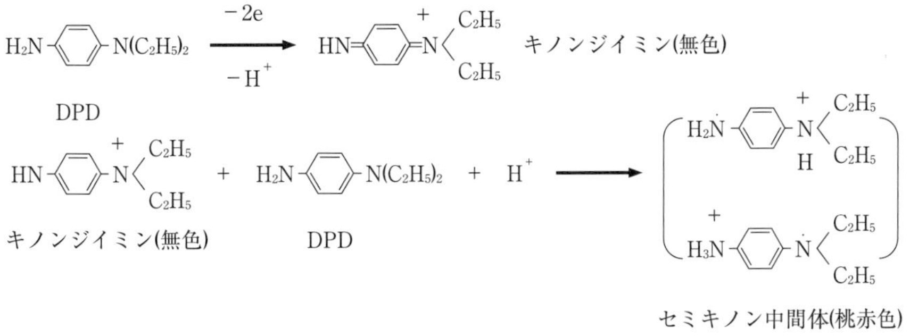

$$\underset{\text{DPD}}{H_2N-C_6H_4-N(C_2H_5)_2} \xrightarrow[-H^+]{-2e} HN=C_6H_4=N^+(C_2H_5)_2 \quad \text{キノンジイミン(無色)}$$

$$\underset{\text{キノンジイミン(無色)}}{HN=C_6H_4=N^+(C_2H_5)_2} + \underset{\text{DPD}}{H_2N-C_6H_4-N(C_2H_5)_2} + H^+ \longrightarrow \underset{\text{セミキノン中間体(桃赤色)}}{\left(\begin{array}{c} H_2\dot{N}-C_6H_4-N^+H(C_2H_5)_2 \\ H_3N^+-C_6H_4-\dot{N}(C_2H_5)_2 \end{array} \right)}$$

図4－2　DPDの呈色原理

DPDは残留塩素により酸化されてキノンジイミン（無色）を生成し、キノンジイミンが未反応のDPDと反応してセミキノン中間体（桃赤色）を生成するため、発色には過剰量のDPDが必要である（図4－2）。発色時のpH値は3から7.5で最も良好に発色する。DPDは遊離残留塩素とは直ちに発色するが、結合残留塩素との反応は遅いため、総残留塩素（遊離残留塩素＋結合残留塩素）を求めるには、結合型を遊離型に変えるためにヨウ化カリウムを添加する必要がある。本法の定量範囲は、残留塩素として0.05～2.00 mg/Lである。

測定には、標準比色液または濃度に応じた発色に模したアクリル板を用い、目視で発色の度合いを比較する。DPDによる発色は、緑色の光線510～560 nm付近の波長を吸収するために、人の目にはピンク色にみえる。標準比例色により0.1～2.0 mg/Lの測定ができる。

●試薬および器具

- 使用キット：ジエチル-*p*-フェニレンジアミン（DPD）法

  例）残留塩素測定器DPD法〔柴田科学〕(図4－3)、ニットー残留塩素測定器NKシリーズDPD法〔日陶科学〕、DPD残留塩素テスターCLT－10DPD〔タクミナ〕など
- DPD法用ヨウ化カリウム　0.1～0.5 g/回（必要に応じて使用）
- 残留塩素測定DPD分包試薬（リン酸緩衝剤＋DPD粉末）各キット対応を使用
- 採水用ビーカー、メスシリンダー

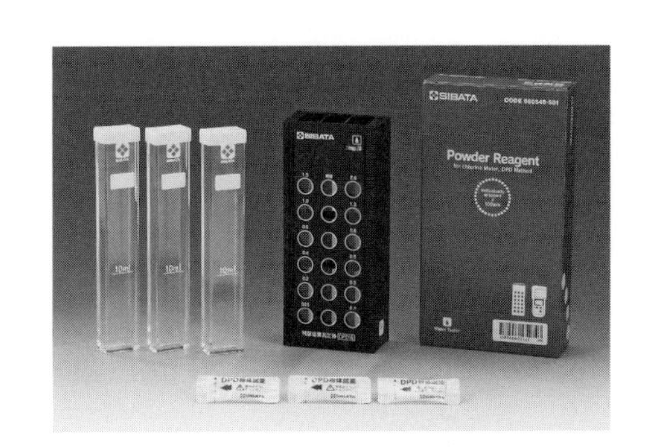

図4－3　残留塩素測定器の例

残留塩素測定器DPD法〔柴田科学〕

●採水方法

試料は、その日最初に蛇口から採水した水道水（滞留水）と、その後、3～5分間放水したのち、採水した水道水とする。

●操作方法

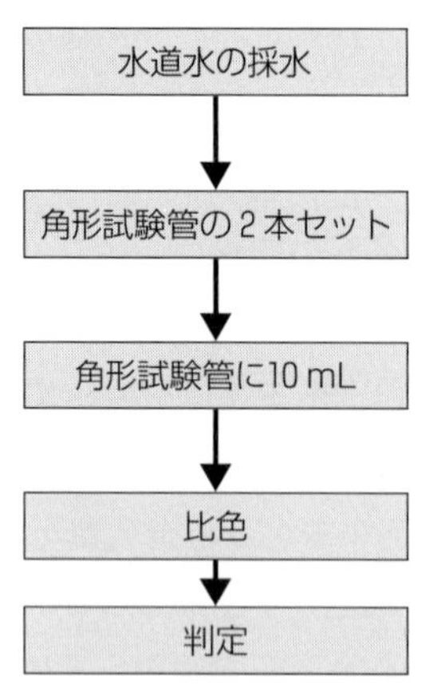

- 蛇口からメスシリンダーなどに採水する
  （給水系統が複数ある時は各系統の末端で実施）
- 角形試験管2本に試料を8分目まで入れ蓋をし、本体左右の試験管ポケットにセットする（図4－3）
- 3本目に試料10 mLとDPD粉体試薬を加え、蓋をして混和する
- 中央の試験管ポケットに入れ、1分以内で比色する

測定した遊離残留塩素濃度が滞留水以外で0.1 mg/L以下の時は、次のように再実験を行う。

結合残留塩素を測定する。中央の試験管にヨウ化カリウムを添加・溶解し、2分間静置後、再度比色する。該当する標準色より総残留塩素の濃度を求める。結合残留塩素濃度（mg/L）＝総残留塩素濃度（mg/L）－遊離残留塩素（mg/L）となる。

この確認でも0.1 mg/L以下の時は、さらに適当な時間、蛇口から水を流した後、再測定を行う。

コラム　デジタル残留塩素計

高精度に残留塩素濃度を測定できる残留塩素計もある。取り扱い指示にしたがい、試料を入れた容器にDPD試薬を添加し、装置にセットすると迅速に検査することができる。

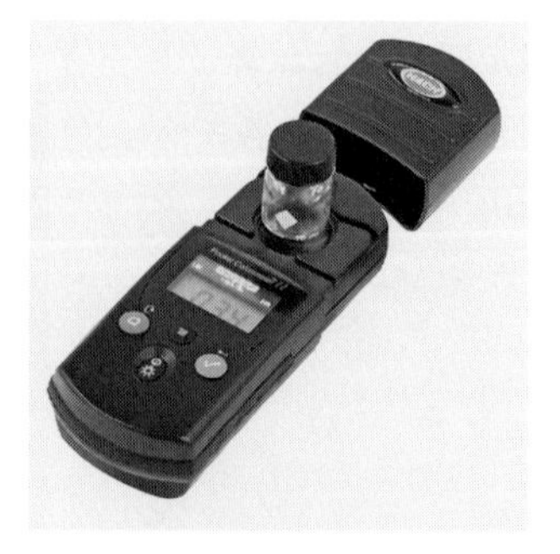

ポケット残留塩素計
〔HACH社製5870000型〕

実験46　一般細菌

●目的

表４－４の水質基準項目（p.164）に病原生物による汚染の指標として一般細菌が１mLの検水で形成されるコロニー数が100以下と定められている。水道法では、水道水中の生菌数を測定するために、標準寒天培地を用いて36±１℃で24±２時間培養する。この培養条件で培地に形成されたコロニーを総称して「一般細菌」と呼んでいる。これはあくまでも衛生学的な指標であるため、この培養条件では検出されない細菌が水道水中に多数存在している。標準寒天培地よりも栄養分の少ないR２A培地などを用い、20～30℃のやや低めの温度で７日間以上培養すると、コロニーが形成されることが多くみられる。一般にこれらを「貧栄養細菌」と呼ぶが、水道水の公定法では「従属栄養細菌」と呼ばれ、「有機物を比較的低濃度に含む培地を用いて低温で長時間培養したとき、培地にコロニーを形成するすべての細菌」と定義されている。実験方法は、実験１ 生菌数（p.47）に記述してあるので、ここでは水道法に基づく取り扱いの概略を示す。

●使用培地

- 標準寒天培地

●採水方法

蛇口から水道水を約５分間放出した後、滅菌した容器に採水する。採水時に微生物汚染が起きないように配慮する。また、検査精度を確保する上で、採水後12時間以内（５℃保管）に検査を開始する。保管する場合は、残留塩素の影響を除くため、滅菌ハイポ入採水瓶（水道中の塩素を中和するためのハイポ（チオ硫酸ナトリウム）封入）を使用する。

●操作方法

標準寒天培地に試料１mLを入れ、混釈培養（37℃、22～26時間）する。その後、コロニーの計測を行う。

●判定

コロニーの計測結果より、コロニー数が100以下であることを確認する。

実験47　大腸菌

●目的

表４－４の水質基準項目（p. 164）に病原微生物による汚染の指標として大腸菌が検出されないこととなっている。

●検出原理

特定酵素基質培地法（ピルビン酸添加XGal－MUG培地）は、図４－４に示したように、大腸菌の有する酵素β－グルクロニダーゼによりpH７～８において、合成蛍光酵素基質（MUG）が特異的に分解され、蛍光色素（４－メチルウンベリフェロン）が遊離し、紫外線照射下で淡青～青紫色の蛍光を発することを利用する分析法である。培地に対応する比色液よりも蛍光が強い場合は陽性と判定し、蛍光が弱い場合は陰性と判定する。なお、呈色反応は青色～青緑系の色のほか、緑色、黄緑色を呈する場合がある。β－グルクロニダーゼは大腸菌の約98%が保有しているが、腸管出血性大腸菌O157：H７は、β－グルクロニダーゼを産生しないため、本培地で大腸菌としての検出はできない。

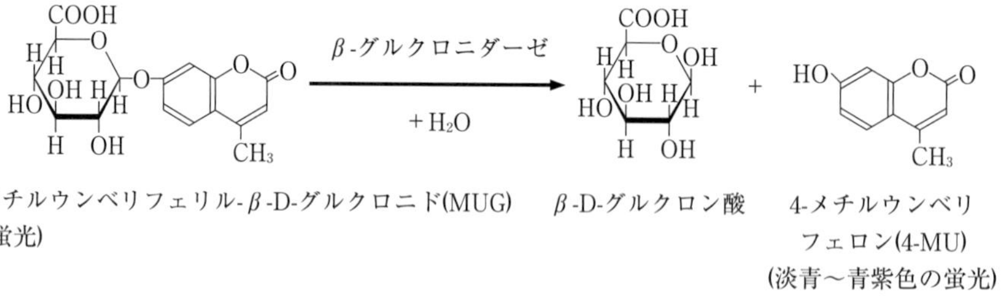

β-グルクロニダーゼ
$+H_2O$

4-メチルウンベリフェリル-β-D-グルクロニド(MUG)
(無蛍光)

β-D-グルクロン酸

4-メチルウンベリフェロン(4-MU)
(淡青～青紫色の蛍光)

図４－４　特定酵素基質培地法（ピルビン酸添加XGal－MUG培地）の検出原理

●使用培地

- ECブルー100「ニッスイ」（ボトル入り滅菌顆粒培地）〔日水製薬〕

●器具

- 紫外線照射ランプ、紫外線防護めがね

●採水方法

実験46 一般細菌（p. 169）に準ずる。

●操作方法

培地ボトルに試料100 mLを加え、36±１℃、24時間培養後、366 nmの紫外線を照射する。判定は検出原理を参照する。

4 － 6　洗浄度検査

実験48　でんぷん性残留物

●目的

主食となる米飯や麺類などは、食器に付着して固化しやすく、特に食器の傷やくぼみ部分には、でんぷん性の残留物が認められることが多い。また、食器や調理器具の材質や部位によっても付着状態が異なる。ここでは、食器類の洗浄が適切に行われているかを、ヨウ素でんぷん反応を用いて検査し、洗浄度を調べる。

●反応原理

でんぷん性残留物の検査には、ヨウ素でんぷん反応が簡単かつ鋭敏に検出できる。米飯のでんぷんはアミロース（20～25%）とアミロペクチン（75%）であり、もち米はアミロペクチン100%で構成されている。ヨウ素がでんぷん分子中に取り込まれると、アミロースでは鮮青色、アミロペクチンでは赤紫色、でんぷんでは青藍色を呈する。

●試料

- ご飯盛り付け後、洗浄した食器

●試薬

- ヨウ素溶液：ヨウ化カリウム 2 gを純水10 mLに溶解し、ヨウ素 1 gを加えて100 mLとして褐色瓶に保存する。

●操作方法

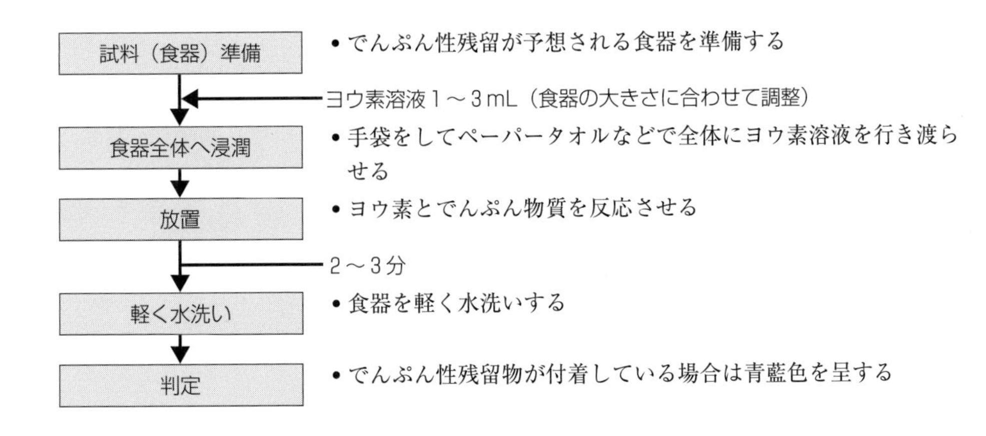

実験49　タンパク質性残留物

●目的

タンパク質性食品（肉、魚、乳製品、卵、大豆）は、調理すると加熱変性が起こり、盛り付けた食器に付着する場合が多い。タンパク質性残留物は、そのままでは微生物が繁殖しやすい可能性が高く、しっかりと洗浄することが大切である。ここでは、ニンヒドリン反応を用いて検査し、タンパク質性残留物の洗浄度を調べる。

●反応原理

アミノ酸にニンヒドリンを作用させると、アミノ酸は酸化的に脱アミノ化を起こし、離脱したアンモニアはニンヒドリンと青色の化合物を生成する。この呈色反応は、アミノ酸、タンパク質、尿素、アンモニアなどアミノ化合物特有の反応である（図４－５）。

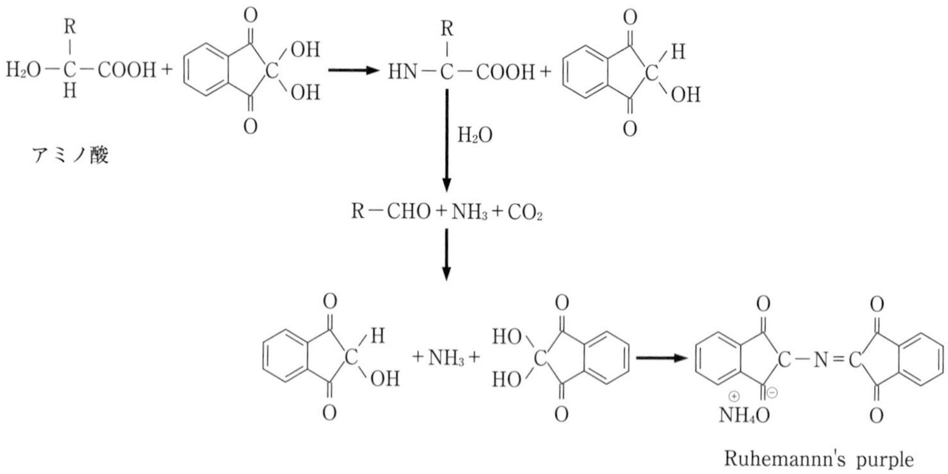

R
$H_2O-C-COOH$ + (C)(OH)(OH) → $HN-C-COOH$ + (C)(H)(OH)
H
アミノ酸
H_2O
$R-CHO+NH_3+CO_2$
(C)(H)(OH) $+NH_3+$ (HO)(HO)(C) → C－N＝C
NH_4O
Ruhemannn's purple

図４－５　アミノ酸とニンヒドリンの反応機構

●試料

- タンパク質性食品（ヨーグルトなど）盛り付け後、洗浄した食器

●試薬

- 0.2%ニンヒドリン・n－ブタノール溶液：ニンヒドリン0.2 gにn－ブタノール100 mLを加えて溶解。

●操作方法

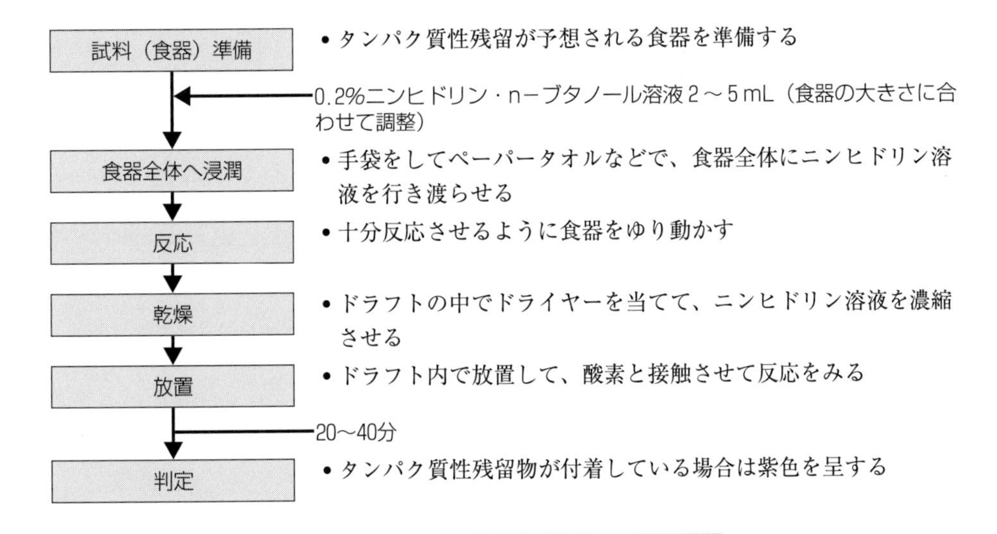

実験50　脂肪性残留物

●目的

油脂類は水に不溶のため、洗浄方法によっては、食器に残存しやすい成分である。また、食器の材質が合成樹脂製品（お弁当容器、ポリカーボネイト製）では、特に油脂が残りやすい傾向にある。そのため、油脂類成分が食器に残っていないように、洗浄度を検査することは重要である。ここでは、クルクミンエタノール溶液を用いて検査し、脂肪性残留物の洗浄度を調べる。

●反応原理

脂溶性色素であるクルクミンが、油脂類に吸着することを利用した検査法である。脂溶性色素を含むアルコール溶液を食器に加えると、色素が残留している油脂類に溶解して黄色に着色する。脂肪による着色は鮮やかな黄色を示し、脂肪以外の着色は黄褐色を呈する。さらに紫外線（波長 365 nm）を照射すると、脂肪性残留物は黄緑色の蛍光を発する。

●試料

- 脂肪性食品（バターなど）盛り付け後、洗浄した食器。食器は廃棄できる材質（紙皿など）を利用するとよい。

●試薬

- 0.1％クルクミン・エタノール溶液：クルクミン0.1 gをエチルアルコール100 mLに溶解する。

●操作方法

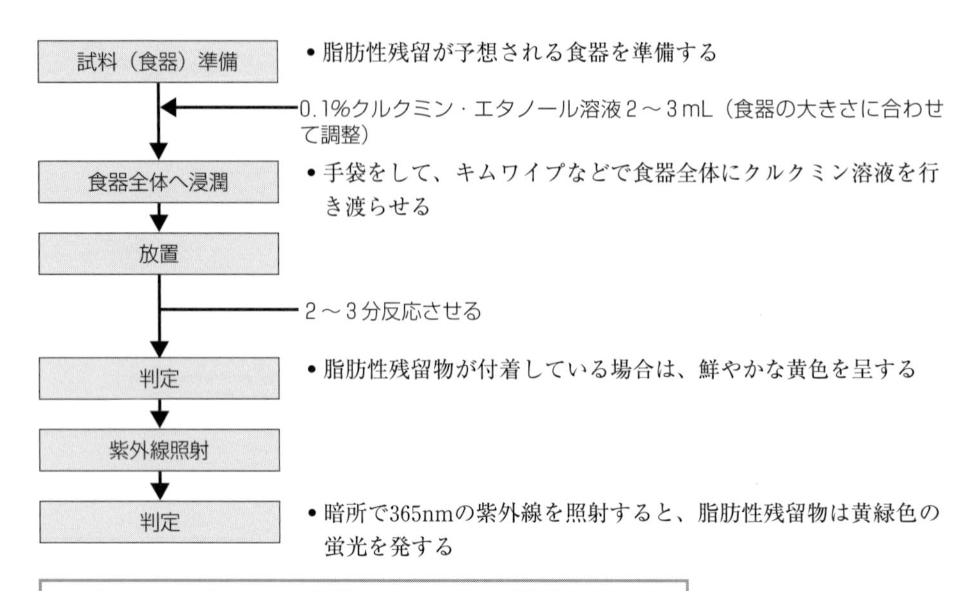

クルクミンはエタノールに溶解しているので、廃液は回収する。

4－7　洗浄剤の残留試験

実験51　洗浄剤の残留試験

●目的

洗浄剤は、野菜、果物、飲食器などの洗浄に使用するものであるが、油脂および脂肪性食品の消費増大に伴い1955（昭和30）年頃から急速に普及した。しかし、洗浄やすすぎの方法によっては食品や食器に残留し、体内に摂取される可能性からその安全性が論議され、1972（昭和47）年に食品の安全性確保を多面的に行うために、洗浄剤もその規制対象となった。

洗浄剤の規格基準は、1973（昭和48）年厚生省告示第98号により「食品、添加物等の規格基準」が改正され、「第5　洗浄剤」として制定された。成分規格の規定には「もっぱら飲食器の洗浄の用に供されることが目的とされているものを除く」とあり、自動食器洗浄機などに使用される洗浄剤は対象外である。成分規格は表4－5に示すように、ヒ素、重金属、メタノール、液性（pH、酵素や漂白剤の含有禁止、香料、着色料、界面活性剤の生分解性）などについて規格が示され、使用基準についても併記されている。

表4－5　洗浄剤の成分規格と使用基準

分　類	規　格
成分規格※1	・ヒ素※2、※3：0.05ppm以下（As_2O_3として）。 ・重金属※2、※3：１ppm以下（Pbとして）。 ・メタノール※2：１mg／mL以下（液状のものに限る）。 ・液性（pH）※2：脂肪酸系洗浄剤、6.0～10.5。 　　　　　　　　脂肪酸系洗浄剤以外、6.0～8.0。
	・酵素又は漂白作用を有する成分を含まないこと。
	・香料：化学的合成品にあっては、食品衛生法施行規則別表第１掲載品目。
	・着色料：化学的合成品にあっては、食品衛生法施行規則別表第１掲載品目、インダントレンブルーRS、ウールグリーンBS、キノリンイエロー及びパテントブルーＶ。
	・生分解度：85％以上、ただし、アニオン系界面活性剤を含むものに限る。
使用基準	・使用濃度（界面活性剤として）：脂肪酸系洗浄剤は0.5％以下。 脂肪酸系洗浄剤以外の洗浄剤※1、※2は0.1％以下。
	・野菜又は果実は、洗浄剤※1溶液に５分間以上浸漬してはならないこと。
	・洗浄後の野菜、果実及び飲食器は、飲用適の水ですすぐこと。その条件は次のとおり。 流水を用いる場合：野菜又は果実は30秒間以上、飲食器は５秒間以上。 ため水を用いる場合：水を変えて２回以上。

※１　もっぱら飲食器の洗浄の用に供されることが目的とされているもの（自動食器洗浄機専用の洗浄剤をいう）を除く。

※２　固型石けんを除く。

※３　脂肪酸系洗浄剤は30倍、脂肪酸系洗浄剤以外は150倍に希釈して調製した試料溶液中の濃度。

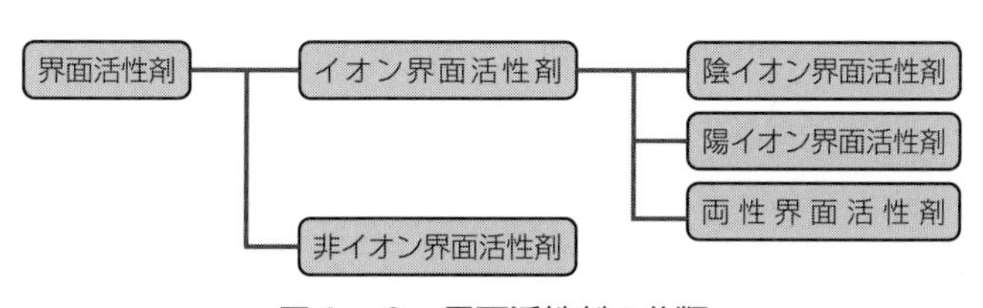

図４－６　界面活性剤の分類

洗浄剤の汚れを落とす主成分は界面活性剤であり、その分子は親水基と親油基を合わせもっており、油脂などの汚れを落とす働きをする。これらの界面活性剤は図４－６のように分類される。

このような界面活性剤のうち、飲食器洗浄剤（いわゆる台所用洗剤）に多く使用されているものは、陰イオン系界面活性剤であり、高級アルコール系（アルキルエーテル硫酸エステルナトリウム、アルキル硫酸エステルナトリウムなど）、直鎖アルキルベンゼン系（直鎖アルキルベンゼンスルホン酸ナトリウム）などであり、これらとともに非イオン系や両イオン系も配合して使用されている場合が多い。その含有量は20～40％程度である。

食品や飲食器への洗浄剤の残留試験を行うにあたっては、成分規格に示される微量な成分よりも、含有量の多い界面活性剤を指標に検査する。その中でも陰イオン界面活性剤は、使用頻度が高いので指標として有効である。

●試薬および器具

陰イオン界面活性剤は、メチレンブルー活性物質として検出する方法が使われる。この方法は、石鹸を除くすべての陰イオン界面活性剤の検出ができる。また、この方法の感度が大変高いため、検査に使用する器具の洗浄は慎重に行い、コンタミネーションを排除する必要がある。実験準備としての洗浄にかかる労力の軽減を考慮し、検出キット（陰イオン界面活性剤測定セットWA－DET〔共立理化学研究所〕）を用いた簡易測定法を紹介する。

●操作方法

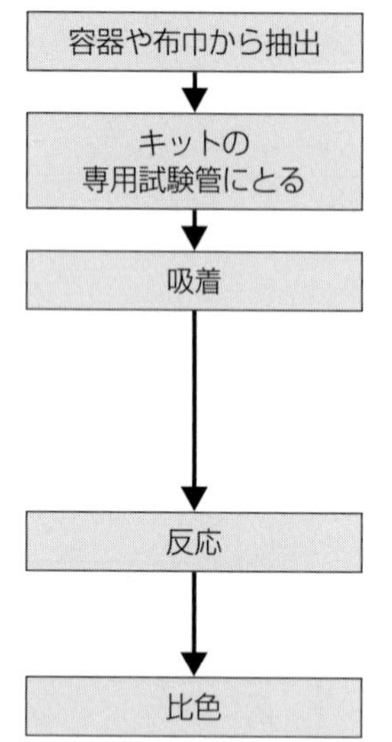

- 飲食器などの容器の場合は60℃に加熱した精製水を50 mL入れ、容器全体に行き渡るようにゆり動かす
- 20 mLをキットの専用試験管に入れる
- R－1試薬を2滴加え、キャップをして、30秒間キャップに液をぶつけるように激しく振り混ぜる
- その後、試験管内の液を捨て、よく振り切るようにしてできるだけ水滴を取り除く
  この一連の操作で界面活性剤は試験管の内壁に吸着される
- R－2試薬を付属のポリピペットで0.5 mL加え、キャップをして試験管の壁面全体に試薬が行き渡るように、試験管を上下に激しく振り混ぜる
- 標準色と試験管を密着させて比色する

布巾などは食器を拭く、食品を包むなどで間接または直接に食品に触れるものであるから、検査対象となる。試料採取は、布巾を清浄なビーカーに入れ、そこへ60℃に加熱した精製水を50 mL入れ、布全体に行き渡らせた後、その20 mLをキットの専用試験管に入れ、容器の場合と同様の操作で検査する。

●結果の評価

容器や布巾に残留している陰イオン界面活性剤の基準値としては、水道水の基準0.2 mg/L以下が妥当と考えられる。この値以上の場合は洗浄方法を検討し、洗浄剤の変更も含めた対応が必要である。

4 － 8　異物と寄生虫

実験52　異物

●目的

食品や食品添加物に、本来の成分以外の物が混入して問題になることがしばしばある。異物としては様々なものが報告されているが、大きく次のように分類できる。

❶動物性異物

節足動物（昆虫・ダニなど）およびその卵、幼虫、サナギ、イトズリ、それらの排泄物、死骸、寄生虫卵、ネズミ、その他の動物の毛および排泄物など。

❷植物性異物

植物の断片およびその種子、ワラ・モミがら、種子がら、紙片、糸屑、その他の繊維類など。

❸その他の異物

土砂、金属、ガラス、陶磁器、プラスチック、輪ゴムなど。

これらのものが混入している食品は、原料、製造、加工、調理、保存、運搬、陳列その他の各過程において衛生管理に欠陥があったことを示すものである。異物試験は、これらの異物を食品中より取り出し、そのものを注意深く観察、試験し、これらの汚染がいずれの段階で発生したかを推定するための方法である。したがって、異物試験の結果は、原料から消費者に至るまでの広範囲にわたる衛生状態を知るのに役立つ場合が多い。また、食品の種類によっては簡単な試験方法により現場で検査をすることができるため、生産管理にも利用できる。異物試験の概略を図 4 － 7 に示す。

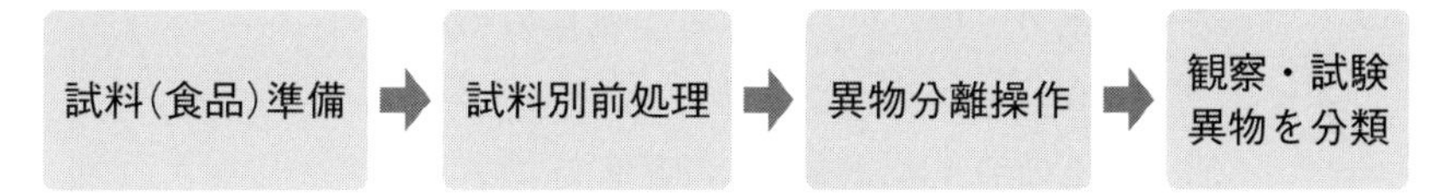

図 4 － 7　異物検査の流れ

●試薬および溶剤

- 水：異物試験の場合は、特に指定しない限りろ過水のことをいう。温湯はろ過水を50～60℃に温めたものをいう。
- ガソリンおよび灯油：無色透明で、鉛を含まないもの。
- 石油エーテル、石油ベンジン、エーテル：普通のものでよい。
- エタノール、メタノール：無水またはそれに近いもの。指定の濃度に水で薄めて使用する。
- ヒマシ油：日本薬局方のもの。
- クロロホルム：試薬一級程度のもの。
- 四塩化炭素：試薬一級程度のもの。
- 塩酸：試薬一級程度のもの。指定の濃度に薄めて使用する。

- 水酸化ナトリウム：試薬一級のもの。10％または5％の濃度のものをあらかじめ調製しておき、pH調整に用いる。
- 第三リン酸ナトリウム：試薬一級のもの。5％の濃度のものを調製しておき、pH調整に用いる。
- パンクレアチン溶液：パンクレアチン（日本薬局方）5gを水50 mLと混ぜ、約30分間放置する。または、5～15分かき混ぜる。泡立ちが激しければ、減圧と常圧を繰り返すなどで泡をとる。その後、約15分間、2,500 rpmで遠心し、大粒の不溶物を除き、上澄みを水で湿らした脱脂綿でろ過する。さらに、ろ液は、迅速ろ紙を用いて吸引し、ろ過する。パンクレアチンのろ液が50 mLより少なければ、水を加えて50 mLとする。使用時に調製する。
- エチレンジアミン四酢酸四ナトリウム（EDTA－4Na）：純度の高いものなら、工業用でもよい。指定濃度溶液は少量の水で溶かしたのち、指定の溶媒で指定濃度に調製する。
- 飽和食塩水：食塩約370 gに水1,000 mLを加えて煮沸後冷却し、ろ過する。
- グリセリン・エタノール：異物をろ過したろ紙の透明度をよくし、検鏡しやすくするために使用する。グリセリンとエタノールの混合比は1：1が普通である。

●器具

- ワイルドマントラップフラスコ（以下「ワイルドマンフラスコ」と略す）：図4－8に示すような三角フラスコで、1,000 mLのものと2,000 mLのものがある。首の部分がやや狭くなっており、中に入っている金属棒のついたゴム栓が容易に抜けない構造になっている。首より上の部分は、約50 mLの容量で、ゴム栓は溶剤におかされにくい合成ゴムを使用する。

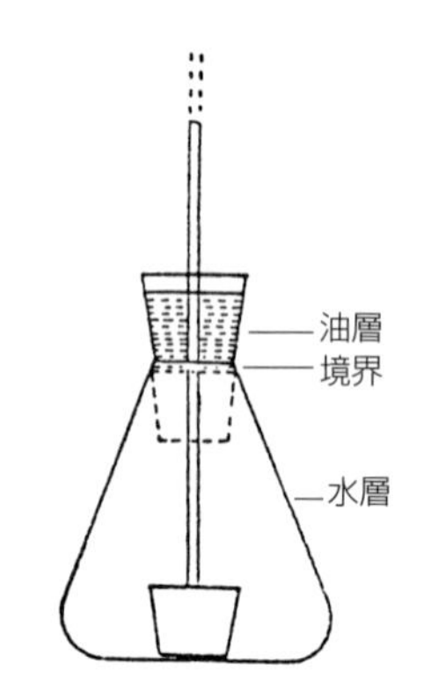

図4－8　ワイルドマントラップフラスコ

- ろ過器：ろ過器としては、ヒルシュロート（ふるい板の直径約6 cm）を使用する。ブフネルロートを用いてもよい。どちらを用いても、ふるい板に凹凸がないものを選ぶこと。温湯によるろ過をする場合もあるので、ロートは磁製のものがよい。接続する吸引瓶は、1,000 mL程度のものが使いやすい。
- ろ紙：ろ紙は直径9 cmの迅速ろ紙に約7 mmの間隔で平行線を引いておくと、異物を数えるのに便利である。
- セディメントディスク：圧搾脱脂綿でつくられたもので、直径33 mmのものを用いる。
- セディメントテスター：圧力型と真空型があるが、どちらを用いてもよい。上記のセディメントディスクを取り付けて使用するもので、ろ過面の直径は33 mmのものを使用する。

- 水ろ過器：異物試験に用いる水は、すべてろ過したものを使用するため、水道の蛇口に取り付けるタイプのものが便利である。簡単に脱脂綿を用いたろ過でもよい。
- ふるい：通常は50、70、100、140メッシュの4種類を用意する。
- 顕微鏡：異物試験では20～40倍の実体顕微鏡と、100～400倍の一般生物顕微鏡を用いて観察する。
- シャーレ：検鏡する時に異物をろ過したろ紙を入れる。

●操作方法

1　食品別前処理

食品によりそれぞれ前処理が異なる。ここではそのすべてを紹介できないが、代表的なものについていくつか解説する。

A．小麦粉

塩酸処理をする。

①小麦粉50 gを1,000 mLのビーカーにとり、少量の水を加えてよくかき混ぜ、糊状にする。

②さらに水400 mLを加え、濃塩酸17 mLを加えた後、焦がさないように注意しながらよくかき混ぜて10分間煮沸する。

③室温程度まで冷却した後、ワイルドマンフラスコに移す。

B．魚肉練り製品（カマボコなど）

パンクレアチンによる消化法を用いる。

①試料50 gを約7 mm角の大きさに切り、500 mLのビーカーに入れる。

②1％塩酸300 mLを加えて煮沸し、およそ45℃に冷却後、水酸化ナトリウムでpH 6.0とする。

③さらに第三リン酸ナトリウム溶液でpH7.0～8.0に調整し、パンクレアチン溶液50 mLを加え、十分かき混ぜて40℃に30分間保つ。

④pHを調べ、7.0～8.0に調整し、一夜40℃の定温器に入れて消化する。この間2回程pHを調べ、pH7.0～8.0に保つようにする。

⑤消化後、ビーカーの内容物をワイルドマンフラスコに移し、ビーカーを水または60％アルコールで洗い、洗液はワイルドマンフラスコに合わせる。

⑥捕集液としてガソリン25 mLを加える。

C．脱脂粉乳

EDTA（エチレンジアミン四酢酸四ナトリウム）法を用いる。

①2％EDTAの水溶液を300 mLのビーカーにとり、ガラス棒を用いて25 gの脱脂粉乳をかき混ぜながら徐々に加える。

②完全に脱脂粉乳が溶解した後、しばらくかき混ぜ続けると、次第に淡黄色半透明

の溶液となる。

③これをろ過法により検査する。

D．トマトペーストの中より昆虫片の捕集

①トマトペースト100 gをワイルドマンフラスコにとる。

②捕集液としてヒマシ油20 mLを加えてよくかき混ぜた後、温湯（50～60℃）を加える。この場合、捕集液としてガソリンは用いない。

2　異物分離操作

A．ふるい分け法

微細な粉末食品はふるいを用いて、ふるい上に異物を捕集する。

B．ろ過法

食品が液体であるものや、水や湯に溶けやすいものである場合は、その液体あるいは溶液をろ過し、ろ紙上に異物を捕集する。同様な食品で、比較的異物が少ない場合にはセディメントテスターを用いてろ過し、セディメントディスク上に異物を捕集する。

C．ワイルドマンフラスコによる捕集法

ふるい分け法やろ過法で異物の捕集が困難な食品に対して行う方法である。

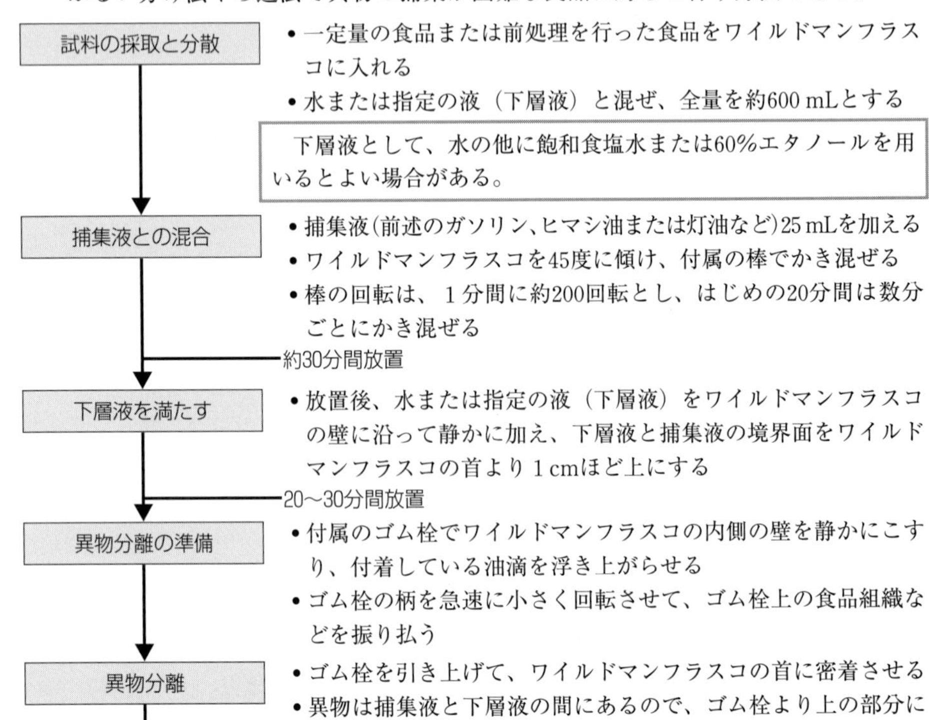

スコの首より上の部分の内側をよく洗って、ビーカーに合わせる

異物分離の繰り返し

- ゴム栓をワイルドマンフラスコの首から静かに外しておろし、捕集液を20 mL加える
- 前記同様に、捕集液との混合をした後、水または指定の液を境界面が首より１cm上になるように加え、同様に操作して前記ビーカーに合わせる
- 繰り返しは１回以上行う

異物の観察

- ビーカーに集められた液を吸引ろ過し、ろ紙は約２mLのグリセリン・エタノールを入れたペトリ皿に移す
- ろ紙を一様に湿らせた後、実体顕微鏡などで観察する

Ｄ．沈降法

前記のワイルドマンフラスコで分離した後の下層液から、重い異物を分離する方法である。

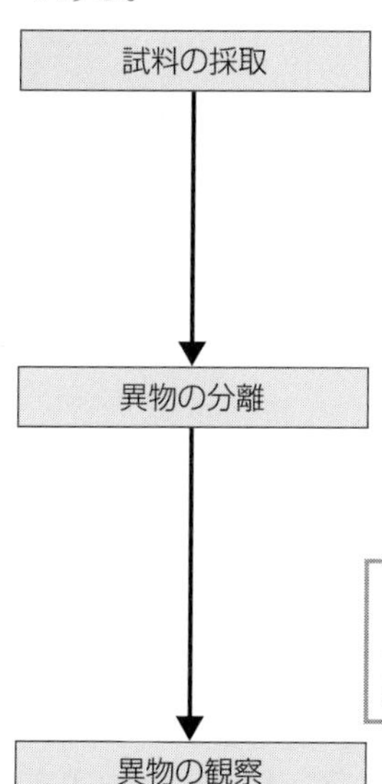

試料の採取

- ワイルドマンフラスコで分離した後の下層液を静かに、できるだけ傾斜して取り除き、残りの少量の食品組織と下層液をビーカーに移す
- 少量の水または60%エタノールでワイルドマンフラスコを洗い、ビーカーに合わせる
- これに50 mLのクロロホルムを加えてかき混ぜ、30分間放置した後、静かに傾斜して上層の食品組織を捨てる

異物の分離

- ビーカーの底に残った土砂やネズミの糞などを水またはクロロホルムなどで洗い、ろ紙上に吸引しながら捕集する
- この操作で食品組織を捨てる時、ビーカーの底にある重い異物が浮き上がらないようによく注意する

> クロロホルムの代わりに、四塩化炭素にエーテルまたはメタノールを加えて、クロロホルムの比重1.49に等しくしたものを使用してもよい。

異物の観察

- 実態顕微鏡などで観察する

なお、異物分離操作を行うにあたっては、以下の点に注意する。

- 食品の組織を細片にする時、ミキサーなどで粉砕すると異物を破損するおそれがあるので行わない。
- 消化操作を行う時には、強酸や強アルカリを用いてはならない。例えば、１％水酸化ナトリウム溶液で毛を煮ると溶ける。硝酸や、硫酸は用いないほうがよい。塩酸の作用はそれほど激しくなく、５％塩酸で15～45分煮ても壊れない。昆虫体は毛よりも酸・アルカリに強いが、アルカリで煮ると特有の色がなくなる。
- ワイルドマンフラスコによる捕集操作で、捕集液と下層液をよくかき混ぜる時、付属の棒を上下してかき混ぜないようにする。これを行うと空気が入り、捕集液と下層液が分離しにくくなる。
- 引火性のある溶媒や有機塩素系の溶媒などを多く用いるため、加温、煮沸などの操作および溶液の廃棄処理には十分注意することが必要である。

3　異物の分類

A．節足動物

異物試験の結果、問題になる節足動物は、昆虫類（表４－６、表４－７）やダニ類（表４－８）である。昆虫類は、侵入昆虫類と定着昆虫類に分けられ、定着昆虫類はさらに甲虫類とガ類、その他昆虫に分けることができる。写真では体全体を示してあるが、実際に異物は脚や羽根の一部であり、顕微鏡で注意深く観察する必要がある。

表４－６　侵入昆虫類の特徴

分　類	特　徴	代表的な種
ゴキブリ類	食品製造所、醸造所、食堂、料理店、乳製品製造所、一般家庭の台所、その他人間の生活環境のいたるところでみかけられる。	わが国でよくみられる種は、チャバネゴキブリ、クロゴキブリ（図４－９）、ヤマトゴキブリなどである。
アリ類	この類は一般的によく知られているものである。	問題になる種類は、イエヒメアリ、ヒメアリ、トビイロケアリなどがある。

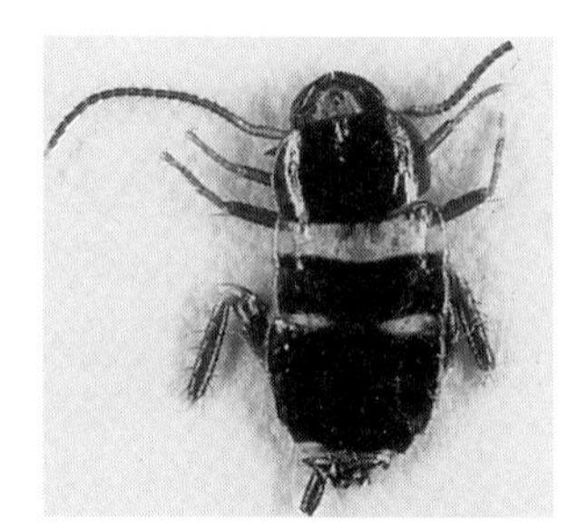

図４－９　クロゴキブリ(若齢)（体長６㎜）

表４－７　定着昆虫類の特徴

(a)　甲虫類

分　類	特　徴	代表的な種
シバンムシ類	乾燥した食品を好み、水分６～15％の穀粉類、ビスケット、ココアなど多くの食品でみられる。	主な種は、ジンサンシバンムシ、タバコシバンムシ（図４－10）などである。
ヒラタムシ類	多くの食品を害すことから、食品害虫として重要である。穀粉類をはじめ、干菓子、乾燥果実、ナッツ類などが多大な被害を受けることがある。	カクムネヒラタムシ、ノコギリヒラタムシなど
ゴミムシダマシ類	主に穀類を害する。	コクヌストモドキ、ヒラタコクヌストモドキなど
コクゾウ類	米の中によくみられる。主に穀類を害する。	コクゾウムシ（図４－11）、ココクゾウムシ、グラナリアコクゾウムシなど

注）以上の他に、甲虫類には、マメゾウムシ類、カツオブシムシ類（図４－12）、コクヌスト類などの食品害虫があげられる。

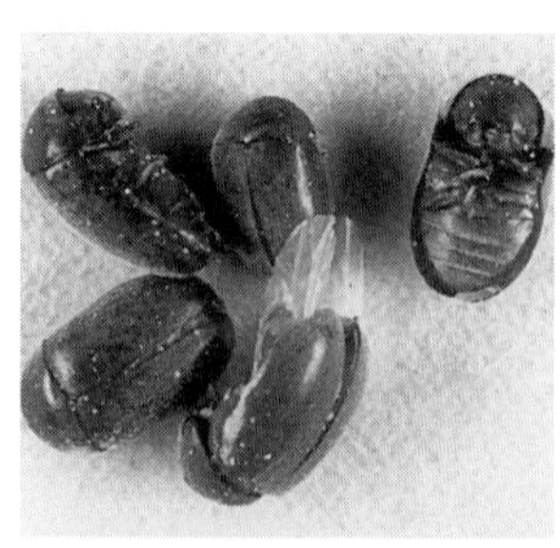

図４－10　タバコシバンムシ（体長2.5㎜）

図４－11　コクゾウムシ（体長３㎜）

図４－12　ヒメマルカツオブシムシ（体長2.5㎜）

(b)　ガ類

分　類	特　徴	代表的な種
メイガ類	食品害虫が多く、穀類、穀粉、乾燥果実、菓子類などに相当な被害を及ぼす。	主な種は､ノシメマダラメイガ(図4－13)、スジマダラメイガ、スジコナマダラメイガ、ツヅリガなどがある。
コクガ類	穀類、穀粉、デンプン質のものなどを食害する。	主な種はコクガであるが、本来衣類や繊維の害虫であるイガ、コイガなどが食品に混入する場合もある。

注）これら以外に、バクガ類がある。

図４－13　ノシメマダラメイガ（成虫）（体長８㎜）

(c)　その他昆虫

分　類	特　徴	代表的な種
チャタテムシ類	穀粉類や粉末食品にみられる。	主な種はコナチャタテ、ヒラタチャタテ（図４－14)、カツブシチャタテなどである。
ハエ類	どこでもみられ、あらゆる食品に付着する。	主な種はイエバエ、ヒメイエバエ、ヒロズキンバエ、ショウジョウバエ（図４－15)、チーズバエなどである。
シミ類	他の昆虫類と異なり、食品に直接付着することは少なく、屋内や包装紙から食品に混入する場合がある。	主な種はヤマトシミ、マダラシミなどである。

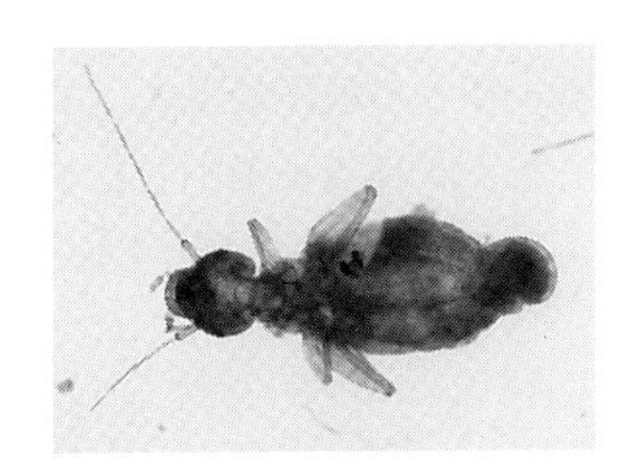

図４－14　ヒラタチャタテ（体長１㎜）

図４－15　ショウジョウバエ（体長２㎜）

表４－８　ダニ類の特徴

特　徴	代表的な種
形態的に昆虫と異なり、脚は４対（８本）である。食品の被害も多いが、時には、生きたダニを食品とともに食したことによる人体ダニ症もある。特にコナダニ類は広範囲の食品中で繁殖するので多くみられる。タンパク質が少しでもある食品には、コナダニ類が入り繁殖する。	最も普通にみられる種はケナガコナダニ（図４－16）である。その他の種としてはアシブトコナダニ、チビコナダニ、ムギコナダニなどがある。

注）この他には、砂糖や味噌にサトウダニがみられ、また、このようなコナダニ類の捕食者であるツメダニ類が食品に入ることもある。

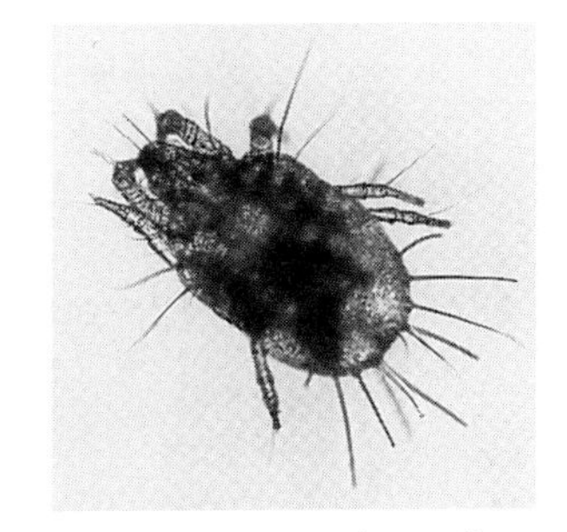

図４－16　ケナガコナダニ（体長0.1㎜）

B．動物の毛

動物の毛のうち食品に混入する機会の多いものとしては、人毛およびネズミの毛である。動物の毛は、その動物の種ごとに形態的特徴がみられるので、顕微鏡で検査することで判定できる。

(a) 人の毛（図４－17）

食品に混入するものは主に頭髪であり、散髪直後は特に注意が必要である。人の毛の特徴は、毛の髄質がところどころ欠けていることである。

(b) ネズミの毛（図４－18）

ネズミは、排泄する時に必ず陰部の毛を落とす習性があるため、食品中からネズミの毛が発見された場合は、その食品はネズミの排泄物により汚染されているとみなされる。ネズミの毛の特徴は、毛に節間があり、髄質は連鎖状で、色素粒がわずかにみられる。

C．動物の糞

動物の糞のうち、特にネズミの糞尿は土塊と区別が困難である。そこで、スライドガラスに水を１滴落とし、その上に試料をおき、さらに上からもう１枚のスライドガラスをかぶせ、指で押しつぶすようにしながらスライドガラスをこすり合わせると、ネズミの糞は腸粘液によりヌルヌルした感じになる。さらに、顕微鏡でみると、ネズミ特有の毛がみられる。

D．植物の種子

輸入穀類の中には、しばしば有害植物の種子が混入している場合がある。米、麦類、大豆、ゴマなどに混入している有害植物の種子としては、アサガオ、チョウセンアサガオなどが多い。

E．鉱物性異物

主なものとしては、土砂、ガラス片、金属片、陶磁器片など重い異物である。食品の原料、加工過程、運搬過程などいろいろな場面での混入が考えられる。ほとんどのものが沈降法により検査できるが、顕微鏡観察時に透明または半透明な鉱物性異物は偏光顕微鏡を用い、全く不透明なものは金属顕微鏡または落射光で観察する。

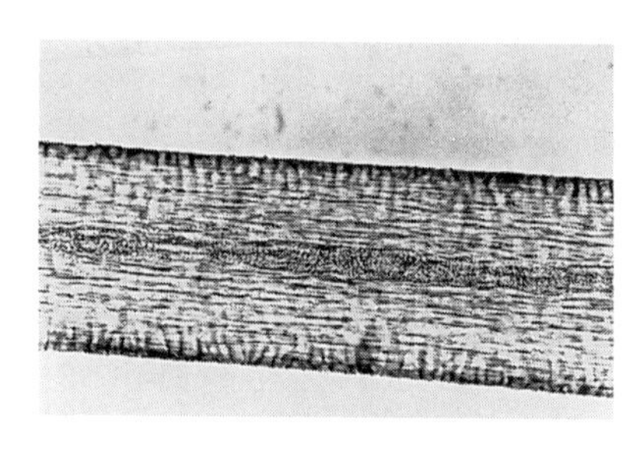

図４－17　人の毛

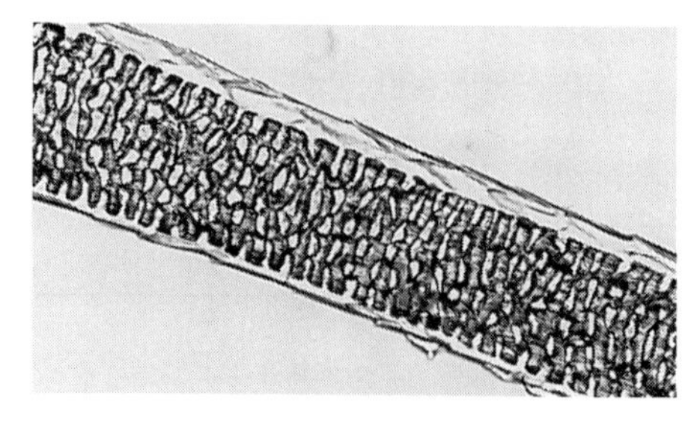

図４－18　ネズミの毛

実験53　寄生虫

●目的

寄生虫は、単細胞生物の原虫と多細胞生物の蠕虫に分けられる。食品を介して感染する寄生虫は多様であるが、汚染の様式には二通りある。一つは食品内に寄生虫が寄生している場合であり、もう一つは偶発的に寄生虫が付着している場合である。前者は魚介類、鳥類、哺乳類などの動物が寄生虫の中間宿主となっている場合で、後者は植物およびその加工品に寄生虫卵が付着している場合である。現在、わが国では食品を介する寄生虫感染症は食中毒として取り扱われており、2012（平成24）年からは食中毒事件票の「病因物質の種別欄」の寄生虫に該当するものとして「クドア、サルコシスティス、アニサキスおよびその他の寄生虫」が示されている。その他の寄生虫には、原虫類ではクリプトスポリジウムやトキソプラズマなどが例示されている。食品から検出される主な寄生虫を表4－9に示す。

これらの寄生虫による食品の汚染状況を把握することは、寄生虫由来の食中毒（感染症）予防のために重要である。

表4－9　食品から検出される主な寄生虫の種類

寄生虫の形態		寄生虫	感染源となる主な食品など
線虫類	幼虫	アニサキス	スケソウダラ、サバ、イカなどの海産魚介類
		旋尾線虫	ホタルイカ
		顎口虫	ドジョウなどの淡水魚類
		旋毛虫	ブタ、ウマ、クマなど
	卵	回虫・鉤虫・鞭中	野菜、果物、漬物
吸虫類	幼虫	横川吸虫	アユ
		肝吸虫	コイ科の淡水魚類など
		肺吸虫	サワガニ、モクズガニ
		ウェステルマン肺吸虫	イノシシ
条虫類	幼虫	日本海裂頭条虫	サクラマス、シロザケ、カラフトマスなど
		有鉤条虫	ウシ
		アジア条虫	ブタ
	卵	有鉤条虫	野菜、果物、漬物
原虫類	―	クドア	ヒラメ
		サルコシスティス	ウマ
		クリプトスポリジウム	飲料水
		トキソプラズマ	ブタなど

●寄生虫の検査法

寄生虫の検査に際しては、検査対象になる食品にどのような寄生虫がどのような形態で寄生するのか、さらに、どこを検査すればよいのかなどを考慮する必要がある。原虫類は0.1mm以下の大きさであり、肉眼ではみることができないので検体の洗浄、遠心分離、ろ過などの方法を用いて採集し、分類は顕微鏡観察やDNA検査などの方法により判定する。蠕虫類が寄生している動物からの虫体の検出は、肉眼や実体顕微鏡などによる直接観察や、人工消化液を用いて組織を消化して検出する方法がある。寄生虫卵の検出は、原虫類と同様に洗浄法や検便などにより虫卵を採取し、顕微鏡で観察する。ここでは、線虫類に属するアニサキスの検査法について示す。

●アニサキスの検出と観察

冷凍されていない新鮮なスケソウダラ、サバ、イカ類を解体して内臓や筋肉を注意深く観察し、幼虫を取り出す。筋肉や内臓では被のう内でゼンマイ状にとぐろを巻いた状態で観察されることも多い（図４－19）。採取後、幼虫を生理食塩水に入れると活発に運動する様子がみられる。アニサキスには数種がみられ、頭部の穿歯の有無や尾端の形状により分類される。

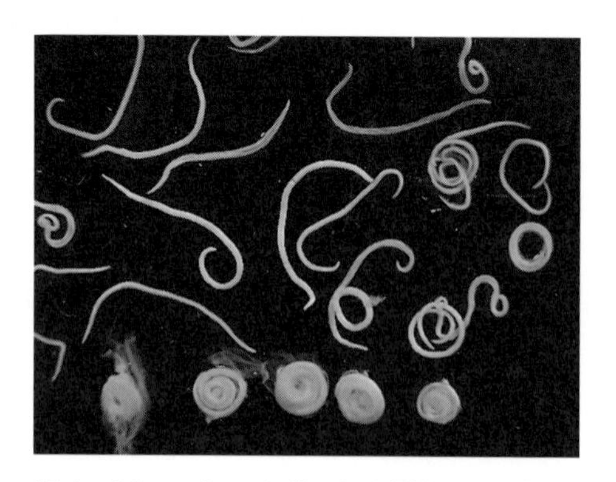

図４－19　スケソウダラから採集されたアニサキス幼虫

注）円形のものは、被のうに包まれた幼虫。

コラム　アニサキス（蠕虫類・線虫類）

アニサキスは、海産魚介類の生食に起因する寄生虫症の中で最も頻発し、年間7,000件以上の症例がみられる。アニサキスはクジラやイルカを最終宿主とする線虫で、中間宿主であるオキアミに寄生した後、魚やイカに摂食され、その体内では第３期幼虫で寄生している。アニサキス幼虫が寄生した魚介類をクジラやイルカが摂食すると、その胃内で成虫になり、生活環が完結し、産卵を開始する。ヒトが魚介類の生食により感染すると第３期幼虫のままで消化管粘膜に侵入し、激烈な痛みを伴う胃アニサキス症を引き起こす。

引用・参考文献

栄研化学ホームページ
http://www.eiken.co.jp/technique/es/
川井英雄・丸井正樹・川村堅編著『カレント食べ物と健康　食品衛生学』建帛社　2015年
花王ホームページ
http://www.kao.co.jp/pro/hospital/pdf/01/01_00.pdf　pp.13-17
川井英雄編『食べ物と健康　食品の安全性と衛生管理』医歯薬出版　2006年
細貝祐太郎・松本昌雄・廣松トシ子編『食べ物と健康・食品と衛生　新食品衛生学要説』医歯薬出版　2015年
蔵楽正邦他『環境衛生学実験』建帛社　1997年　pp.161-162
矢野俊博・岸本満編著『管理栄養士のための大量調理施設の衛生管理』幸書房　p.78　pp.83-84　pp.90-92
森地敏樹監修『食品微生物検査マニュアル』栄研化学　2002年　pp.252-253
後藤政幸編著『食品衛生学実験』建帛社　2009年　pp.99-104　pp.107-108
U.S Food and Drug Administration : Guidelines for effectiveness testing of surgical hand scrub（glove juice test）. Federal Register, 43. 1978, pp.1242-1243
森田師郎他『日本食品微生物学会誌』16巻1号　1999年　pp.65-70
Milind S.Shintre et.al : Infection control and Hospital epidemiology.28（2）, 2007, pp.191-197
池田清栄「ジエチル－*p*－フェニレンジアミン（DPD）法による水中の残留塩素測定について」『衛研技術情報』26巻42号　2002年　pp.1-4
柴田科学ホームページ
https://www.sibata.co.jp/products/products425/
「水質基準に関する省令の規定に基づき厚生労働大臣が定める方法」厚生労働省告示第261号　2003年
藤原祐治「DPD法による簡易残留塩素測定法について」『大阪府学校薬剤師会報』第46号　2001年　pp.17-21
古畑勝・福山正文「病院内水道水からの貧栄養細菌の分離状況」『防菌防黴』34巻6号2006年　pp.323-328
食品衛生検査指針委員会『食品衛生検査指針　微生物編2015』日本食品衛生協会　2015年
「水道法に基づく水質検査試料採水マニュアル」総合衛生研究所（TBL）　東邦微生物病研究所
http://www.toholab.co.jp/wp-content/uploads/2013/11/sampling_manual.pdf
厚生労働省健康局水道課「水道における指標菌及びクリプトスポリジウム等の検査方法について」2007年
http://www.mhlw.go.jp/topics/bukyoku/kenkou/suido/kikikanri/dl/ks-0330006.pdf
ECブルー「ニッスイ」日水製薬
http://www.yama-yaku.or.jp/gakuyaku/Q&A/ecb.pdf
キリヤ科学ホームページ
http://www.kiriya-chem.co.jp/q&a/q21.html
白尾美佳・中村好志編『食品衛生学実験』光生館　2011年

索　引

あ

か

さ

た

な

は

ま

や

ら

わ

編者略歴

杉山　章（すぎやま　あきら）

1952年　長野県生まれ

1976年　三重大学大学院農学研究科修士課程修了

1986年　医学博士

現　在　元名古屋女子大学家政学部　教授

主　著　『公衆衛生ファイル』八千代出版　2001年（共著）

岸本　満（きしもと　みちる）

1959年　愛知県生まれ

2004年　岐阜大学大学院連合農学研究科生物資源科学専攻博士課程修了

2004年　博士（農学）

現　在　名古屋学芸大学管理栄養学部　教授

主　著　『食品の安全性』東京教学社　2009年（共著）

『食品衛生学実験』建帛社　2009年（共著）

『管理栄養士のための大量調理施設の衛生管理』幸書房　2005年（共著）

和泉　秀彦（いずみ　ひでひこ）

1966年　三重県生まれ

1995年　名古屋大学大学院農学研究科満期退学

2001年　博士（農学）

現　在　名古屋学芸大学管理栄養学部　教授

主　著　『食品学』朝倉書店　2014年（共著）

『食品学Ⅰ』『食品学Ⅱ』南江堂　2007年（共著）

食品衛生学実験

ー安全をささえる衛生検査のポイントー

2016年12月25日　初版第1刷発行
2022年3月1日　初版第6刷発行（補訂）
2022年9月15日　初版第7刷発行（補訂）
2024年3月1日　初版第8刷発行

編　者	杉山　章・岸本　満・和泉秀彦
発行者	竹鼻均之
発行所	株式会社みらい 〒500－8137　岐阜市東興町40 第五澤田ビル TEL　(058)-247-1227㈹　FAX　(058)-247-1218 https://www.mirai-inc.jp/
印刷・製本	サンメッセ株式会社

ISBN978-4-86015-396-0　C3043
Printed in Japan　乱丁本・落丁本はお取り替え致します。

株式会社 みらい　https://www.mirai-inc.jp/　〒500-8137　岐阜市東興町40番地　第五澤田ビル
TEL（058）247-1227（代）　FAX（058）247-1218